本译著受“中国民航大学外语学科发展专项经费”资助

故事与大脑
——叙事的神经科学

［美］保罗·B. 阿姆斯特朗（Paul B. Armstrong）著
王延慧　译

重庆大学出版社

图书在版编目（CIP）数据

故事与大脑：叙事的神经科学 /（美）保罗·B. 阿姆斯特朗（Paul B. Armstrong）著；王延慧译. -- 重庆：重庆大学出版社，2024.12
（认知文化与文学研究译丛）
书名原文：Stories and the Brain: The Neuroscience of Narrative
ISBN 978-7-5689-4309-3

Ⅰ. ①故… Ⅱ. ①保… ②王… Ⅲ. ①神经科学 Ⅳ. ① Q189

中国国家版本馆CIP数据核字（2024）第002031号

故事与大脑
——叙事的神经科学

GUSHI YU DANAO
——XUSHI DE SHENJING KEXUE

［美］保罗·B. 阿姆斯特朗（Paul B. Armstrong） 著
王延慧 译
策划编辑：孙英姿 张慧梓 陈筱萌
责任编辑：陈 力 版式设计：陈筱萌
责任校对：刘志刚 责任印制：张 策

*

重庆大学出版社出版发行
出版人：陈晓阳
社址：重庆市沙坪坝区大学城西路21号
邮编：401331
电话：（023）88617190 88617185（中小学）
传真：（023）88617186 88617166
网址：http://www.cqup.com.cn
邮箱：fxk@cqup.com.cn（营销中心）
全国新华书店经销
重庆长虹印务有限公司印刷

*

开本：720mm×1020mm 1/16 印张：17.25 字数：253千
2024年12月第1版 2024年12月第1次印刷
ISBN 978-7-5689-4309-3 定价：78.00元

认知文化与文学研究译丛
编 委 会

总　序

20 世纪末，美国社会学家维多利亚 · E. 邦内尔（Victoria E. Bonnell）和林恩 · 亨特（Lynn Hunt）在《超越文化转向：社会与文化研究的新方向》中道，“自第二次世界大战以来，社会科学领域的新思潮层出不穷”，他们关注的是“语言转向”和“文化转向”。其实，何止是社会科学领域，人文科学乃至自然科学领域也出现了诸多标志为“转向”的新思潮，如叙事转向（Narrative Turn）、情感转向（Affective Turn）、视觉转向（Visual Turn）、空间转向（Spatial Turn）、认知转向（Cognitive Turn）、非人类转向（Nonhuman Turn）、社会学转向（Sociological Turn）、伦理转向（Ethical Turn）、文化转向（Cultural Turn）、跨文化转向（Transcultural Turn）、后世俗转向（Postsecular Turn）、星际转向（Planetary Turn）、后现代转向（Postmodern Turn）、人类转向（Human Turn）、后人类转向（Posthuman Turn）、神经转向（Neurological Turn）、身体转向（Corporeal Turn），等等。其中，一些“转向”仅发生在某一特定学科，如近年的经验转向（Empirical Turn）出现于文体学领域，预防性转向（Preventive Turn）仅发生在犯罪学领域，论证转向（Argumentative Turn）发生在政治学领域等。也有一些“转向”发生在多个学科领域，如修辞转向（Rhetorical Turn）发生于新闻、国际关系等领域；语用学转向（Pragmatic Turn）发生于哲学、认知科学以及各种批评理论之中；审美转向（Aesthetic Turn）主要发生于哲学、管理学、政治学等领域。但是，有几种“转向”却是普遍发生的，如“叙事转向”和“情感转向”，最具代表性的是“认知转向”。

“认知转向”源于 20 世纪 50 年代以来的两次“认知革命”。所谓“认知转向”，就是相关学科将自身的研究与认知科学结合起来，从认知科学中汲取灵感、方法和研究范式。这种影响遍及心理学、语言学、人类学、社会学、哲学、文化学、政治学、历史学等领域。马克·特纳（Mark Turner）对人文学科中的认知转向作了一个概括，他说：

> 人文学科中的认知转向是当代人类研究中更为普遍的认知转向的一个方面。由于它与认知神经科学相互作用，所以人文学科的学生对它并不熟悉，但实际上它的许多内容、许多核心问题以及许多方法，都来自诸如修辞学之类古老的人文学科传统之中。它的目的是整合新与旧，整合人文学科和科学，整合诗学和神经生物学，不是为了创造一个学术的混合体，而是为了发现一种实用的、可持续的、可理解并且在知性上是连贯的研究范式，用以解答关于艺术、语言和文学的认知工具的那些一再出现的基础性问题。（2002：9）

自 20 世纪 70 年代起，“认知转向”开始影响文学研究领域。艾伦·理查森（Alan Richardson）和弗朗西斯·F. 斯迪恩（Francis F. Steen）的论文《文学与认知革命简介》（*Literature and the Cognitive Revolution: An Introduction*）从学理上论述了文学中认知转向的动因：文学研究和认知科学对语言、心理行为和语言艺术同样有兴趣，对类似的阅读现象、想象力的投入和文本模式都发展出了不同的研究方法。文学研究中的“认知转向”发展至今，已经初步形成了“认知诗学”和“认知文学研究”这种新的边缘学科或新的研究范式。

大约与之同时，社会学科也开始出现了“文化转向”。20 世纪六七十年代，西方相继出现了各种运动，如争取公民权利的运动、反战运动、争取福利权的运动、女权运动等。社会学家维多利亚·E. 邦内尔和史学家林恩·亨特指出：20 世纪六七十年代各种运动的相继出现，使人们对社会科学的信心遭受了严峻考验。对社会生活的解释是否客观或者至少是否不带偏见，这个问题在几乎每一个领域都受到质疑：社会科学被批评为不科学、不客观，甚至根本不是解释。这就导致社会科学的认识论基础、学科基础、政治学基础甚至伦理学基础，都存在很多争议。许多不同的力量汇集起来改变了社会科学家从事研究的阵地。于是，到了 20 世纪 80 年代初期，新的分析模式已经开始取代社会历史学，宣告语言转向或文化转向的到来（Bonnell & Hunt，1999:1–2）。

文化转向最初是发生在社会科学领域，特别是社会学、历史学和政治学领域，随后蔓延到文学、经济学、宗教学等领域，所以，乔治·斯坦迈茨（George Steinmetz，1999:3）说：当代文化研究在人文学科和社会科学中发挥了同样的作用。从学科分布的情况看，文化转向和认知转向一样，是一种跨学科、超学科的现象。因此，社会学家萨沙·萝丝尼尔（Sasha Roseneil）和史蒂芬·弗罗施（Stephen Frosh）认为："文化转向"实际上应该是"复数"的，不仅是因为转向的不同形式，而且是因为"转向"在不同学科意味着不同的东西。在一些学科（比如历史学）中，它可能意指研究中的自反实践；在另外一些学科（比如地理学）中，它可能是一种谈论物体或人类产品的方式；还有一些学科（比如批评社会学理论，尤其是在心理分析影响下）中的"文化转向"则反映了在相对性背景下对身份建构的关注（Roseneil & Frosh，2012:4）。

20 世纪八九十年代以后，文化的认知研究逐渐盛行。宝拉·J. 开普兰（Paula J. Caplan）等人（1997:10）编著的《人类认知中的性别差异》（*Gender Differences in Human Cognition*）言简意赅地指出，"人类的认知处于生物与文化的界面"，这就明确指出了"认知"既是生物性的，同时又是文化的。它意味着对认知的研究不能排除社会、语境等文化因素。事实上，不少学者也都注意到认知与文化的密切关系。唐·利潘（Don LePan, 1989）的一本专著就名为《西方文化中的认知革命》（*The Cognitive Revolution in Western Culture*）。该书的基本观点是：人类的认知从其生物性角度看，并没有显著的不同，最终造成差异的是文化，特别是环境和教育。作者断言：如果让一个出生于非洲丛林中的婴儿自幼便在加拿大多伦多接受抚养和教育，他长大成人后必然具有西方人的思维习惯，反过来也是如此（LePan，1989:21）。这一观点从生物–文化界面的角度间接地批驳了"西方优越论"，有着深远的意义。无怪乎作者把认知科学的崛起称为“西方文化中的认知革命”。

国外迅猛发展的认知文化和认知文学研究，引起了国内学界的高度重视和热切关注。这些年，国内学者发表了不少高水平研究成果，也获批了不少省部级和国家级认知研究项目。但是，认知文化与文学研究在国外的兴起不过三十来年，21 世纪初才逐步形成热潮，因此国内虽然多有介绍，却缺乏系统性的引进，迄今仅见外语教学与研究出版社出版了一套“认知诗学译丛”。由于相关外文原著都是跨学科研究成果，超出了国内传统的语言文学学科范畴，这对许多感兴趣的读者构成了阅读障碍。所幸重庆大学出版社独具慧眼，决定翻译出版一套以“认知文化和认知文学研究”为主题的代表性著作。我受托主持了这套译丛的遴选和翻译工作。

本译丛以“认知文化与文学研究”为主题，着眼于语言文学学科范围内的认知研究前沿著作，依据前沿性和代表性两个标准遴选翻译对象，首批选出了 13 部相关著作。其中，有广义认知诗学的两部代表性著作，即彼得·斯托克维尔（Peter Stockwell）的《认知诗学导论》[*Cognitive Poetics：An Introduction*（Second Edition），2020] 和丽萨·詹塞恩（Lisa Zunshine）的《牛津认知文学研究指南》（*The Oxford Handbook of Cognitive Literary Studies*，2015）。这两部著作分别代表了文学认知研究的两种主要路径，一是以认知语言学和认知心理学为主要理论和方法论基础，斯托克维尔是其代表；二是以神经科学和脑科学以及认知文化和进化理论为基础，同时囊括众多，不拘一格，詹塞恩主编的《牛津认知文学研究指南》是标志性著作。文学研究的这两种认知范式有学理、目标和方法等方面的差异，也有不少共同点。因此，本译丛将二者纳入其中。斯托克维尔的《认知诗学导论》堪称“经典认知诗学”的代表作，是国际上一部影响力很大的认知诗学专著。而詹塞恩主编的《牛津认知文学研究指南》则是认知文学研究成果的集大成者，以 30 章的宏大篇幅集中展示了西方认知文学研究这一新兴领域具有代表性的研究成果，是迄今反映认知文学研究领域最为全面的一部文集。

斯托克维尔的《认知诗学导论》初版于2002年出版，全书共12章，入选本译丛的第二版则有14章。第一章为总论，介绍本书基本观点和认知诗学的研究目的与对象，其后每章围绕一个来自语言学尤其是认知语言学和认知文体学的重要概念进行讨论，其中有些概念最初来自心理学，比如“图形－背景”；也有从逻辑和哲学中输入文学和心理学的，如“可能世界”。作者认为：“认知诗学就是关于文学作品的阅读”，其研究的着眼点是文学阅读和普遍认知之间的基本关系。但是它的研究对象不单是文学的写作技巧，或仅仅是读者，而是两者结合的“更自然的阅读过程”（Stockwell，2002:1）。它也关注文学的技巧，也要“概括出结构和原则”（Stockwell，2002:2），而且它并不否认传统文学研究的任务与目的（它不满意的主要是其手段），也赞成探讨“文学价值、地位和意义问题”，更关注“文本和环境、环境和功用、知识和信仰”等问题。其在方法论上坚决“摈弃那种印象式的阅读和不准确的直觉”，要努力做到“精确而系统地分析读者阅读文学文本时到底发生了什么”（Stockwell，2002:4）。目的是“提供一种方式，讨论作者和读者对世界的理解和阐释如何在语篇组织中体现这些阐释。从这个意义上讲，认知诗学不仅仅是其重点的一个转向，而是对整个文学活动过程进行彻底的重新评价”（Stockwell，2002:5）。所以，从根本上说，“认知诗学是对文学的一种思考方式，而不仅仅是一种框架”（Stockwell，2002:6）。该书结构清晰，语言朴实，最初是作为教材编写的，晓畅易懂，所以该书问世后影响很大，也更易于中国读者接受。虽然该书声称要发展自己专门针对文学的理论体系和有用的术语以及方法论体系，但是其理论体系尚不甚周密，尽管对文学起源、本质、功用等文学的基本理论问题都有涉及，但缺乏系统、深入的论述，它与经典诗学在上述问题上有哪些差异、哪些重合，也尚未得到彰显；作为诗学应有的创作论、人物论、体裁论等也涉及较少。

《牛津认知文学研究指南》是一部大型文集，原著正文共632页，除“导言”外，其余30篇文章按主题分为五编。主编丽萨·詹塞恩是国际知名的认知文学研究权威。整体而言，该书具有新颖性、广博性和专业性三大特点。“认知文学研究”的提法已有十来年，相关研究更早，著述很多，但分布零散，既没有一个统一的名称，也没有就其理论、目的、研究对象、研究方法等达成共识，所以其面目长期模糊不清，国内学者自然对此如同雾里看花。直到这部《牛津认知文学研究指南》出现，“认知文学研究”才为国内学者所关注。《牛津认知文学研究指南》作为第一部冠名“认知文学研究”的大型文集，整合了众多相关研究成果和理论、方法论探索，使“认知文学研究”从个人提法上升为一种新的范式和研究视域，其意义不同寻常，认知文学研究遂逐渐成为热点。2015 年，我在《当代外国文学》发表的《文学认知研究的新拓展:〈牛津认知文学研究指南〉评述》首次提出“认知诗学”和“认知文学研究”有广义与狭义之分，并主张以广义的“认知诗学”一词泛指所有的认知文学研究。

除了以上两部经典著作以外，本译丛也充分考虑了选材方面的广泛性和代表性，尽可能较为集中、准确地反映认知文化和认知文学研究在多个方面的最新成果。如《劳特里奇翻译与认知手册》（*The Routledge Handbook of Translation and Cognition*, 2020），也是一部大型文集，分为四个部分共 30 章，收集了来自 18 个国家的主要研究人员的原创性成果，囊括了该领域最新和最重要的理论框架与方法，探索与译者和工作场所相关的主题，包括机器翻译、创造力、人机工程学、认知努力、能力、培训和口译，另如多模态处理、神经认知优化、面向过程的教学法和观念转变等，也提出了认知和翻译研究的未来方向。

《文体与读者反应：心智、媒体、方法》（*Style and Reader Response: Minds, media, methods*, 2021）是认知文体学领域的一部比较新的文集，共 12 章。该文集反映了文体学近年来的一些新的发展，以读者接受理论为基础，就文体学的基本范式和方法做了梳理和探讨。编者指出：最近文体学的经验转向（Empirical Turn）已经改变了这门学科，整合了读者反应研究，导致了理论化、分析和编纂“读者”及其“反应”的新方法。编者同时提出，实证研究在未来应该成为文体学研究的中心焦点。编者认为，文体学中“读者”的性质在过去十年中发生了变化。与以往基于分析者的内省回应或对“理想”读者的态度和经验的假设不同，实证研究已经开始出现，更多关注真实读者以及玩家、听众和观众的回应。而且，文本类型及其受众的多样性意味着“读者”一词已不仅仅指那些阅读印刷文本的个人。“读者”由以往专注于“理想的”（实则是“精英”）开始指向了“真实的”（往往是“普通人”），这是对传统读者接受理论的一种超越。

《基于身体：叙事理论与具身认知》（*With Bodies: Narrative Theory and Embodied Cognition*, 2021）是著名叙事学家詹姆斯·费伦（James Phelan）等人主编的“叙事的理论与解释”丛书之一。全书由“导论”和 9 章正文组成，分别以时间和空间为轴，讨论故事世界的具身动力学和时间与情节的具身动力学。该书立足于第二代认知叙事理论，特别是以“4E 认知”为标志的具身认知最新研究成果，讨论了具身叙事学的主要概念、方法和文学研究中的实际应用。其核心主张是，在与具体环境（嵌入认知）的交互作用中，人类身体的组成独特地塑造了心灵，这些环境来自知觉、情感和主体间模式（激活的认知）。两位作者之一的卡琳·库科宁（Karin Kukkonen）是挪威奥斯陆大学的博士生导师，她是近年来十分活跃的认知文学研究学者，著述颇丰。该书反映了认知叙事学的一种最新发展动态，是正在兴起的具身叙事学的第一部代表性著作，对文学研究、认知研究和人文学科研究均有重要的参考借鉴意义和前沿的资料价值。

《认知生态诗学：抒情诗新理论》（*Cognitive Ecopoetics: A New Theory of Lyric*, 2021）融合了当今三种文学理论：生态诗学、认知诗学和抒情诗理论。除“导论”外，全书正文有 4 章。作者自陈“高举生态大旗”，重新审视抒情诗的认知属性和生态蕴涵。她把抒情诗建立在感知的基础上，和生态诗学的基本主张一样，她认为诗歌必须反映生态过程。由此她得出结论：所有抒情诗都是“生态”诗，至少在某种程度上是这样。这种关于抒情诗与生态和自然关系的见解，不无启发。不过，她所主张的“消解主体”，则未必恰当。

《诗歌作为符号：审美认知研究》（*The Poem as Icon: A Study in Aesthetic Cognition*, 2020）一书的作者玛格丽特·H. 弗里曼（Margaret H. Freeman）是著名的美国认知诗学学者、牛津大学出版社“认知与诗学”丛书的合编人。她认为诗歌的成功在于它能够成为现实中感觉“存在”的象征，进而解释了表征、暗喻、图式和影响等特征如何使一首诗成为一个象似符，并列举了不同诗人的详细例子。作者通过分析诗歌提供了洞察人类认知运作的方式；艺术的品位、美和乐趣只是审美能力的产物，而不是审美能力本身；审美能力应该被理解为人类感知的科学，因此构成了注意力、想象、记忆、辨别、专业知识和判断等认知过程。她利用认知语言学的基本理论，如概念隐喻、概念整合等对文学语篇［尤其是艾米莉·迪克森（Emily Dickson）的诗歌］进行了认知阐释，为传统诗学研究提供了新的视角。

《心有灵诗：当代诗学文体的认知》（*Poetry in the Mind: The Cognition of Contemporary Poetic Style*, 2020）的作者乔安娜·盖文思（Joanna Gavins）是著名的认知诗学学者，她认为自己是一个“认知文学语言学家”（cognitive-literary-linguist），因此她着意于与前人对话，围绕着诗歌风格的一些关键维度，如对时间和空间、互文性、缺席、性能和隐喻等展开讨论。与之前对这个主题的大量研究有所不同，她的核心关注点是试图解释某些文学解读是如何以及为什么会出现的。她把诗歌视为一种共享的文化和艺术语言事件，诗歌话语是我们与世界的物理关系的一种特殊表达。因此，她在这本书中所关注的不仅仅是诗歌文本，而是在特定的语境中阅读诗歌文本，以及这种阅读对心灵产生的影响。

《情感心智：文化与认知的情感根源》（*The Emotional Mind: The Affective Roots of Culture and Cognition*, 2019）是一部专著，共 9 章，讨论了人类的情感系统在人类认知进化和文明发展过程中的作用。两位作者通过追踪情感在心灵进化中的主导作用，揭示了思想和文化对人类理性能力的贡献。从史前的洞穴艺术到汉克·威廉姆斯（Hank Williams）的歌曲，两位作者探索了情感思维的进化是如何刺激人类丰富多样的文化表达的。结合哲学、生物学、人类学、神经科学和心理学的新发现和数据，情感思维为理解是什么使人类如此独特提供了一个新的范式。

《美与崇高：文学与艺术的认知美学研究》（*Beauty and Sublimity: A Cognitive Aesthetics of Literature and the Arts*, 2016）一书的作者帕特里克·科尔姆·霍根（Patrick Colm Hogan）是美国康涅狄格大学教授，在英美文学尤其是认知诗学、比较文学和文化研究方面享有盛誉，著述甚丰。这本著作延续了作者对认知、情感和文化的关注，以及艺术作品分析和实证研究相融合的方式，讨论了文学审美、审美普遍性、审美反应、美学论证与评价、崇高等一系列文艺美学问题，重点是描述和解释经验的美或"个人"美，也谈及有关美的政治问题。作者认为，成功的文学作品往往将丰富的细节整合到对复杂的、社会嵌入的情感和互动的高效描述中。在这方面，文学作品是研究情感，包括美感的特别合适的资源。

《文学如何与大脑互动：阅读和艺术的神经科学》（*How Literature Plays with the Brain: The Neuroscience of Reading and Art*, 2013）也是一部专著，共5章，论及大脑和审美体验、文学阅读、审美和谐与不和谐、诠释学领域的神经科学、阅读的时间性和退化的大脑、社会的大脑和另一个自我的悖论。作者主要基于认知神经科学研究文学阅读时大脑的审美反应。这是第一本利用神经科学和现象学的资源分析审美体验的专著。作者指出，在神经科学的实验发现与其作为文学评论家和理论家所知道的阅读、解释和审美体验之间，有着大量意想不到的趋同，这些相似性是广泛而深刻的，其原因与审美体验中发挥作用的基本的大脑过程有关。作者的主要目的就是要详细地找出这些相似之处和趋同之处。

《故事与大脑：叙事的神经科学》（*Stories and the Brain: The Neuroscience of Narrative*，2020）解释了大脑如何与社会世界互动、为什么故事很重要，回答了大脑如何让我们讲故事和理解故事、故事如何影响我们思维的问题。作者分析了构建和交流故事的认知过程，探索了它们在心理功能和神经生物学中的作用。作者认为，故事按照时间顺序排列事件、模仿行为以及将我们的体验与他人的生活联系起来的方式，都与大脑的时间绑定加工过程、行动与感知之间的回路以及潜在于此的具身主体间性的镜像操作相关。本书揭示了关于大脑如何运作的神经科学发现，如何在没有中央控制的情况下集结神经元合成，从而阐明了对于叙事至关重要的认知过程。

《小说的诱惑：文学阐释的情感维度》（*The Seduction of Fiction: A Plea for Putting Emotions Back into Literary interpretation*, 2016）的原著文种为法语，出版于 2013 年，2016 年被译成英文出版。这部篇幅不大的专著共 9 章，内容却比较丰富，讨论了阅读的多种可能性、作为艺术的文学阐释、文学阐释中语境的重要性等，也讨论了作者的诱惑技巧和讲故事的艺术。后半部分重心在文艺心理学方面，讨论了心理分析与小说的共生关系、小说是一种不诚信的作品、不可能的真理探求等话题，最后以“开辟新天地”为题，探讨了小说的心理文学进路。

以上我们大致介绍了这套译丛首批书目的基本内容，而更多信息则需要读者根据自己的兴趣和需要去阅读原书或译作。

中国的认知诗学研究是 2008 年开始步入体制化轨道的，同年我们在广西南宁主办了首届全国认知诗学学术研讨会。2013 年，我们在重庆成立了全国性认知诗学学会并主办了首届认知诗学国际学术研讨会。会议邀请了彼得·斯托克维尔教授和夫人乔安娜·盖文思教授以及马克·特纳、杰拉德·斯蒂恩（Gerard Steen）、埃琳娜·塞米诺（Elena Semino）等教授。此后他们和丽莎·赞希恩（Lisa Zunshine）教授等多次应邀出席我们的认知诗学国际学术研讨会。2020 年，我主持的“认知诗学研究与理论版图重构”入选国家社科重大项目；2021 年，我们在中国比较文学学会支持下成立认知诗学分会。从这时起，我们决定组织出版“认知文化与文学研究译丛”。从开始酝酿、组织这套译丛时，我们就得到了彼得·斯托克维尔教授和丽莎·赞希恩教授等人的热情支持，为本译丛的书目遴选提供了推荐意见和宝贵资料。此外，本译丛组织之初便得到了中国比较文学学会认知诗学分会副理事长封宗信、杨金才、尚必武、支宇、赵秀凤、马菊玲以及常务理事何辉斌、雷茜、梁晓晖、柳晓、刘胡敏、戚涛、唐伟胜、徐畔、陈湘柳和认知诗学分会秘书长肖谊等教授的支持，他们的支持对本译丛乃至对中国认知诗学的发展，都是至关重要的。际此，我们对上述国内外专家致以诚挚的感谢。

本译丛得以顺利出版，要深深感谢重庆大学出版社对学术研究尤其是对认知科学研究的长期支持，以及对本译丛翻译出版的扶助；感谢编辑们的具体指导和严谨编校。他们高远的学术眼光、勤勉的敬业精神和踏实的工作作风保证了本译丛的顺利出版。同时，我们也感谢本译丛诸多主译的辛勤工作与通力合作。而本译丛在翻译方面的诸多不如意乃至舛误之处，概由译者负责，敬请读者批评指正。

总主编　熊木清

前　言

故事如何在时间上塑造体验和组织事件，是文学如何与大脑互动的一个特别有趣和重要的例子。正如我在上一本关于神经科学与艺术的书（2013）中所说，阅读一部文学作品通常会启动在和谐与不和谐的体验之间来回往返的相互作用。一部小说、诗歌或戏剧可以通过其形式的对称性、平衡性和统一性来加强和完善我们对世界模式的观念；也可以通过违反既有的常规和拒绝满足我们对各部分如何组合成整体的期望来中断和推翻我们的习惯性合成。在审美体验中，这种和谐与不和谐之间的相互作用，有助于协调我们认知生活的基本矛盾，即我们需要模式和恒常性与同样强烈需要灵活性和开放性之间的矛盾。大脑处理这些竞争的需要的能力在我们讲述（tell）故事和跟随理解（follow）故事的表达能力中也很明显。例如，情节将一个接一个流逝的时刻转换成有意义的模式，利用、支撑和塑造我们的认知习惯，从而构建一致性和建立联系。但是故事中的迂回曲折（twist and turns）也吸引着我们的注意力，让我们感到惊讶，迫使我们不限制可以需要重新考虑和修正我们对事物秩序感觉的可能性。大脑中模式的形成和分解之间有用的不平衡实现了叙事中模式的构建和破坏的游戏，正如我们彼此讲述的故事中模式的构建和中断会促进大脑在模式和变化开放性之间的平衡行为。

本书提供了一个叙事的神经现象学模式，描绘了我们作为故事的讲述者及跟随理解者生活的、具身的体验，与潜在和约束这些相互作用的神经生物学加工过程之间的相互关系。建立在阅读和叙事现象学理论家［特别是沃尔夫冈·伊瑟尔（Wolfgang Iser）和保罗·利科（Paul Ricoeur）］的成果基础上，我构建了一种叙事的解释，即在构型（figuration）模式的产生和接受之间基于体验的相互作用。我在第一章中解释，体验已经被预塑型，因为理解总是一个“视作为”（seeing-as）的过程——一个循环递归的、模式构建的塑型操作，具有视觉、阅读和所有其他认知加工过程的特征。叙事抓住了体验预塑型的某些方面（包括文化上共通的惯例、假设和实践），并将其重新塑型成各种各样的仿佛（as-if）模式（“很久很久以前”，以及“他们从此过着幸福的生活”——或者没有）。阅读或听故事的体验反过来可能会促使接受者重新塑型他或她对世界的理解，然后故事讲述者和观众通过这个循环再次塑造、交流和重塑他们的体验。

这种关于叙事的产生和接受的现象学解释有着悠久而多样的历史，在接下来的几页中，我利用这些历史探索了叙事理论中与故事和体验之间的关系有关的不同的被广泛讨论的话题：例如，叙事如何组织和操作我们时间体验的中断（第二章的重点），情节如何构建行为的模式（第三章），以及故事的交流如何使不同的世界形成相互关系（第四章）。我对这个传统的贡献是增加了神经科学的视角。这些相互作用以什么神经生物学加工过程、功能和结构为基础？我们讲述和跟随理解故事的能力是如何被我们的大脑所限制和具体表达的？简言之，我们要有什么样的大脑才能够相互讲述故事？还有故事如何影响我们的大脑？

这种神经现象学（neurophenomenology）运用的目的是阐明认知体验与其生物学基础之间的关联。然而，相关性并不是因果关系。一则神经现象学导论（Thompson，Lutz & Cosmelli ，2005：40）评论道：“尽管神经科学家提供了意识各个方面的神经模式，并发现了关于意识的神经相关物（neural correlates of consciousness，NCC）的证据，但是在我们对如何将意识的神经生物学和现象学特征联系起来的理解中，仍然存在着一个‘解释的空缺’（explanatory gap）。”这一空缺在广泛讨论的难题中是显而易见的，即如何用科学的第三人称语言来解释第一人称的体验（例如，我在第四章中提出的一个问题，即对神经元活动的分析是否可以解释看到红色是什么感觉）。它也是涌现问题（the problem of emergence）的核心，也就是大脑中的电化学加工过程如何引起意识（见 Deacon，2012；Nagel，2012）。

一方面，以生物学为基础的加工过程明显地限制了意识和认知。例如，我们人类的成员只能将有限的一部分电磁频谱转换成可感知的光和颜色体验，而我们的听觉皮层同样也受到它能识别为声音的声波长的限制。众所周知，狗和蝙蝠的听觉能力使它们能够听到比我们反应更高的频率，而大象和鲸鱼对我们没有注意到的低频声音非常敏感［因此有人推测，有些动物可能通过接收低频地震振动来预测地震（见 Bear，Connors & Paradiso，2007：346）］。另一方面，描述这些局限并将我们能看到和听到的东西与我们的视觉和听觉能力联系起来，并不等同于有理由解释体验是如何产生的。这些限制和关联也无法解释视觉和听觉体验的感受。神经现象学的目的"不是弥补解释空缺（在概念或本体论的简化意义上），而是通过在主观体验和神经生物学之间建立动态的相互制约来消除隔阂"（Thompson，Lutz Cosmelli，2005：89）。这个空缺应该提醒我们不要从相关性跳到因果关系，但它仍然是一个有用的差异，而不是一个无用的分歧，这是因为它允许进行相互启发的比较。我之前提出过（见 Armstrong，2013：1–12，175–182），并在本书中再次表明，文学理论家和神经科学家无法克服他们观点之间的差异并不是坏事，因为这给了他们机会，从独特的学科优势出发，就共同关心的问题交换见解。

如果我们的大脑和身体没有我在这本书中探讨的那些特征，我们就无法相互讲述故事，但仅靠神经元活动不足以产生和维持叙事活动。大桶里的大脑不会讲故事，也不会理解故事。当然，我指的是一个经典的思维实验，在这个实验中，想象大脑存在于一桶装有传感器的流体里，问题是："你（或你的）大脑能分辨出区别吗？"埃文·汤普森（Evan Thompson）解释道："作为有意识的受试者，我们不是装在颅腔里的大脑；我们是世界上神经活跃的生物。"（2007：242）如果没有身体让我们处于在社会世界中，我们大脑提供的认知素质（cognitive equipment）就无法产生我们在相互讲述的故事中交流的体验。但是，这种素质的特征和能力也限制和开启了故事的构建。

我在第二章中探讨的大脑矛盾的时间过程就是特别好的例子。各种神经元和大脑皮层加工的时间是不寻常地分离和非同步的，大脑皮层的不同部分以不同的速率反应，神经元组合以不同的速度形成和分解（大脑皮层不同部分之间的连接形成比大脑某个特定区域内的连接需要更长的时间）。本杰明·李贝特（Benjamin Libet）著名的心理时间实验证明（2004），这些中断的一个后果是，意识总是滞后于我们知觉器官已经做出反应的事件的半秒，然后我们才意识到自己做的事（就像为了躲避一个在街对面追逐球的孩子而猛踩刹车，但这时我们还没有完全意识到，我们已经避免了这种危险）。这些神经中断体验的相关因素是那些让奥古斯丁（Augustine）觉得时间令人困惑的著名悖论。利科指出，亚里士多德（Aristotle）的情节理论将这些难题转化为故事。如果大脑皮层的加工过程不是暂时的、多样和非同步的，我们就不能讲故事了。这种同时性（simultaneity）发生在神经科学家称之为“超同步”（Hypersynchrony）的情况下，即类似睡眠和癫痫等状态的特征（见 Baars & Gage，2010：245–247），而超同步显然会使故事的构建和交流（除其他外）无法实现。

我在第二章中阐明大脑皮层时间性（temporality）的非同一性（nonsimultaneity）、体验时间的悖论和叙事活动中被广泛讨论的矛盾之间的关联，这可以告诉我们很多关于产生故事的大脑－身体－世界之间的相互作用。但描绘这些相关性并不意味着大脑中的神经元加工过程本身就足以产生故事。事实并非如此。我们作为具身的社会存在所拥有的体验受到我们大脑类型的限制，这就是当我们讲述和跟随理解故事时交流的体验。然而，如果我们没有大脑，我们就不能做到这一点，而我们如何做到取决于叙事所引发的各种基于大脑的认知能力。

我对叙事相互作用中大脑、身体和世界的关系的分析，意在纠正所谓的“4E”认知一些版本的片面性，这些说法将意识视为（算上 E 类研究）具身的（Embodied）、生成的（Enacted）、嵌入的（Embedded）和延展的（Extended）。这一活动对将身体加工过程、社会结构和技术设备整合到认知解释的项目做出了重要贡献。我认为这是一个有价值的尝试，公正地对待体验的身体、文化和历史维度，这些维度是后来的埃德蒙·胡塞尔（Edmund Husserl）、早期的马丁·海德格尔（Martin Heidegger）、莫里斯·梅洛－庞蒂（Maurice Merleau-Ponty）以及各种存在主义和解释学现象学家所强调的，也有如威廉·詹姆斯（William James）、查尔斯·桑德斯·皮尔斯（Charles Sanders Peirce）和约翰·杜威（John Dewey）等实用主义者强调，所有这些人物的观点就是我在这本书中延续的传统。但我在第一章谈到，认知的嵌入性和延展性很重要，因为我们的大脑与世界是相互连接的，而且这种连接是双向的——从世界到大脑，又从大脑到世界。用一位为约翰·霍普金斯大学出版社（Johns Hopkins University Press）审阅这本书的匿名评论员的话来说，重要的是"可以说，不要把大脑和洗澡水一起扔出去"（这位评论员承认了这一点，同时他坦白自己的生成主义观点比我提议的更激进）。一些"4E"认知的支持者热衷于反对笛卡尔的精神和身体，但他们在另一个方向太过极端，忽视了以大脑为基础的加工过程，而这些过程对于完成其工作位于社会中的具象认知来说是必要的。为了纠正这种片面性，我对叙事的神经现象学解释提供了一个具身的神经科学模型，包含基于大脑的概念。

虽然我反对神经简化主义，但我相信，通过比较生活体验和意识的神经关联，有很多东西可以学习，这本书的目的是展示这种关联揭示了关于叙事的什么内容。接下来的几章描绘了我们作为故事讲述者和理解者的体验，与促成和约束这些互动的神经元加工过程之间的各种关联，这些关联对叙事理论有着不同的影响。无论如何，叙事学中并非所有的问题都可以通过求助于科学来解决，而是有些叙事理论与科学不一致，而且这些差异应该让叙事学家们停下来思考。随着认知科学和语言的变化，叙事理论也随之改变。

例如，我在第一章中解释，负责语言的大脑皮层加工过程和大脑－身体－世界之间相互作用的递归的、非线性变革动力，要求摒弃结构主义假设，这些假设仍然困扰着认知叙事学的某些说法。当代神经科学已经摒弃了语言发展和大脑功能的形式主义的、模块化的解释，而识别有序的、普遍的思维和语言结构的计划就是建立在这个基础上的。语言固有的、有序的、受规则支配的结构的形式主义模式并不符合我们现在所知道的关于时间上分散的大脑的不稳定均衡，以及神经元集合同步（synchronize）、异步（desynchronize）和再同步（resynchronize）的概率进程（probabilistic processes）。某种认知叙事学的生物分类目标，旨在识别和分类框架、脚本和那些据说是支撑我们讲述和理解故事能力的偏好规则应该受到怀疑，因为这个程序过分简化和具体化了语言和认知中运行的相互作用的神经生物学加工过程。

叙事学家喜欢建立分类方案，这种分类原则有时甚至会让最忠实于叙事理论的学生陷入术语迷雾。与其完全拒绝分类，我们应该问某个既定的方案是否有探索性的价值来指出叙事体验的某些方面，否则这些体验可能不被注意到。但分类模型及其伴随的术语不应具体化或本体化。认知形式主义与最伟大的科学是不一致的，应该放弃它，以支持我在第一章中描述的那种实用的、互动的方法。我解释为，这种方法的许多有前景的说法正在叙事学领域中越来越突出，而比起形式主义认知叙事学提出的模型，偏爱它们的原因之一是它们更符合科学。

第二章探索了叙事组织我们时间体验的神经和大脑皮层基础。神经元和大脑皮层时间加工过程的不同步性与许多被广泛讨论的叙事时间悖论有着奇怪的关联——例如，讲述时间和被讲述时间的相互作用，以及杰拉德·热内特（Gérard Genette）（1980）著名分析的不同时序排列（chronological permutations）。我们对叙事时间性的体验在多个层面上与大脑加工过程的时间性相关，从神经元集合之间的短期毫秒相互作用到记忆和想象的长期相互作用。这些相互关联表明，叙事作品如何组织我们的时间经验上下波动，并且跨越多个维度的具身时间，这些维度是动态的、递归的、相互塑造的。叙事与我们的时间体验在如何将事件编写成情节（故事的层次）以及如何讲述这些事件（话语的顺序）中游戏，这些相互作用可以有持续的重大影响，因为认知时间加工过程的多种类型和层次，它们相互协调和联系。

第三章审视了动作在认知中的作用和动作在叙述和情节编写中的组织之间的关系。大量的众所周知的实验证据表明，大脑对动作的语言表征有反应［例如，当我们读到关于踢或扔球的内容时，与我们进行这些动作时相同的运动皮层区域会被激活（见 Pulvermüller & Fadiga，2010）］。然而，运动等效性（motor equivalence）和动作理解本身不足以解释语言，因为遭受不同种类身体失能的人仍然能够理解他们不能执行的动作。但是，对动作的叙述性摹仿可以深刻地影响许多远离运动控制领域的认知加工过程，因为我们在世界上动作的能力与我们理解世界的能力密切相关。本章解释了，行为在知觉和认知中行为的普遍作用增强了动作的表现模式的力量，以加强或再塑型认知活动模式。在我们对世界的日常体验中，动作协调不同的知觉模态的方式有助于解释叙事中不同类型行为的相互作用——即情节化的动作（故事）、叙述的行为（话语）和接受活动（阅读、倾听以及对叙事的理解）之间的关系。

一些有影响力的“4E”模型将认知描述为模拟，因为它建立在具身体验的基础上，当类似的情况再次出现时，这些体验会被重新激活。第三章表明，这种再生成（reenactment）的过程比通常所理解的更为矛盾，因为模拟是一种“作为”关系（“as” relation），既“像”（like）又“不像”（not like）所再创造的东西。模拟的机械和因果确定性模式并不能公正地反映这些“作为”关系的可变性，例如，如何再塑型以前的体验，以应对一个新的认知挑战，其痕迹以不完全预先确定或可预测的方式重新组合。本章也表明，因果关系模式同样无法解释具身体验的不同隐喻的异质性，比如痛苦和愤怒，这些经历使我们成为生物文化的混合体。这些形象中的一些是基于广泛共享的、身体的体验，但另一些则是我们恰好融入的文化和历史世界的惯例所独有的，并且可能与另一文化或时期盛行的构型相悖，即使我们拥有同样的身体和大脑。

第四章解释，类似的问题使人们经常质疑，听到的通过阅读或听故事来模拟社会体验可以预期且无意识地增加同理心，或者提高我们理解他人思想的能力。体验的叙事重塑型可能会产生许多不同的效果，有些忠实于社会准则，有些是反社会原则的，如果虚构的模拟过程是一个线性的、单向的因果机制，它们就不会产生这种效果。叙述需要双重化（doubling）的过程，借此我的世界与其他的世界建立联系，而且这不是一个因果关系。这种双重化的矛盾，借此我用我的认知能力使一个既像我自己的，又不像我自己的世界活跃起来，这就形成了现象学上称为另一个自我的悖论（the paradox of alter-ego）。各种社会关系，包括故事的讲述和跟随理解，从根本上讲都是矛盾的，因为它们的主体间性和唯我性相互交织。从胡塞尔到梅洛 - 庞蒂的现象学家解释，在我们共同的世界里，我们总是在主体间与共同世界中的人相关联，因为我们假设，例如，另一个感知者的观点将以与我们的视角一致的方式来填补我们看不到的东西，即使不可避免的唯我的体验的自身，让我们无法了解其他人自身的自我（self-for-themselves）[海德格尔称之为不可分享的体验的 Jemeinigkeit（向来我属性），如死亡（他的例子）或（我妻子的）分娩]。

因为阅读或听故事需要一些世界的双重化，它可以采取许多不同的、不可预测的形式。认知模拟的机理模式未能认识到这些双重化的多样性和不可预测性。当我们互相讲述故事时，我们通过塑型的环路来交流经验，这确实可以塑造和重塑我们的生活，但它并不一定如一些心理学家和哲学家所热切宣称的那样，具有一致有益的效果。第四章解释，关于阅读的道德和认知效应的实验发现因此有趣地自相矛盾。对叙事互动中自我和他人关系悖论的现象学描述，解释了故事如何促进冲突或关怀、攻击性或同情心、摹仿性暴力或扩展我们的共情能力。体验的叙事模拟中双重化的“仿佛”（as-if）关系也可以揭示协作的相互作用中的一些矛盾，越来越多的神经生物学家已经开始探索，因为在科学界普及了这种认知，在功能性磁共振成像（fMRI）机器隔离界限中研究单个大脑，过度简化了社会世界中具身大脑与现实生活的相互作用。

正如学习叙事学的学生必须向神经科学学习一样，神经科学也要向叙事理论学习。神经美学（Neuroaesthetics）的一些最先进的成果已经在音乐的神经科学领域完成了，因为这些跨越解释空缺（explanatory gap）的双向交流在那里非常成功。许多研究过音乐的神经科学家本身就是音乐家，因此他们理解并尊重从音乐理论中借鉴概念指导他们研究的需要（例如，参见 Patel，2008 关于语言、音乐和大脑和 Koelsch，2012 关于音乐和感知）。相比之下，视觉艺术的神经美学常常受到基本错误的损害，这是视觉科学家们的推测和天真造成的，他们去博物馆时，认为他们关于视觉的神经生物学的知识足以解释他们所看到的（批评的一些著名的实例，见 Conway & Rehding，2013；Hyman，2010）。神经美学需要好的美学和好的科学。

文学的神经美学落后于艺术的神经科学研究的其他领域，部分原因是文学是如此复杂和异质的事物状态，但也因为缺乏足够的理论框架（欲弥补这一缺陷的尝试，可以详见 Starr，2013；Zeman et al.，2013；Jacobs ，2015）。我指出，结构主义认知叙事学无法提供这样一个框架，因为它对语言和大脑的假设与伟大的科学不一致。然而，一个关于阅读和叙事如何与大脑游戏的神经现象学模式可能开始解决这一需求。本书利用了阅读、诠释和叙事现象学理论丰富而多样的资源，据此可以为音乐理论提供一种美学框架，以引导音乐理论为音乐的神经科学提供新的研究。

本书试图面向多样的读者，从对认知人文科学有普遍兴趣的读者到叙事学家和神经科学家。我希望，对认知批评和文学理论感兴趣的学生和学者会发现，这本书阐明了一个古老的问题：我们讲故事的能力揭示了关于语言和精神的什么内容。这个问题吸引了几代专家，也同样吸引了非专业读者。对于认知批评家来说，正如我所解释的，本书纠正了在分析具身认知加工过程时忽视的基于大脑概念的错误，而它提供了一个有神经科学根据的具身的和生成认知的模式。对于叙事学家和叙事理论家来说，这本书提供了许多大大小小的建议，关于如何根据神经科学的发现来完善我们对叙事相互作用的理解。对于神经科学家来说，最后，重要的是，本书旨在为研究涉及叙事的认知加工过程提供一个理论上有根据的框架，这对于指导研究问题的系统阐述是必要的，这些研究问题不仅基于合理的科学，而且基于合理的美学。

这样一个框架可能有助于认知科学家认识到故事的重要性，以证明研究大脑间的神经耦合（brain-to-brain coupling），以及斯坦尼斯拉斯·迪昂（Stanislas Dehaene）（2009）称之为我们“纵横交错”（bushy）大脑的非线性动力学。以阅读和叙述为特征模式的来回往返（to-and-fro）的游戏是探索大脑网络和神经连接体动态的潜在沃土，而这些正日益成为神经科学研究的中心（例如，见 Varelaet al.，2001；Raichle, 2011）。叙事是研究这些加工过程的一个尤其未被充分利用的模式，并且神经科学由于忽视它而贫乏。一位科学家偶然进入了神秘而又常常令人困惑的叙事学和叙事理论的世界，他可能不会立刻明白这些学科中流通的技术术语和概念对神经科学研究有什么用处，但或许本书可以为他们指明方向。

目 录
Contents

第一章　神经科学和叙事理论

讲述和跟随理解故事的才能需要认知加工的能力，而认知加工能力是心理功能神经生物学的基础。当然，神经科学不可能揭示我们想知道的关于故事的一切，但另一个事实是，如果叙事对我们的大脑和我们与世界的具象互动没有某种程度上的益处，人类可能不会创作如此丰富的叙事。我们有什么样的大脑能让我们互相讲故事？故事如何塑型我们的大脑？神经科学和叙事理论对人类的能力和对故事的迷恋有很多可以交流的内容。故事情节如何在时间上排列事件，故事如何摹仿动作，以及叙事如何将我们与其他人的生活联系起来，无论是在怜悯还是恐惧中——从亚里士多德到保罗·利科的叙事学家们的这些核心关注点，或许与我所探讨的当代神经科学的热点话题一致：时间同步性（temporal synchrony）及其捆绑问题（binding problem），认知中的动作－知觉的环路（action-perception circuit），以及具身的主体间性（intersubjectivity）的镜像（mirroring）加工过程。故事协调时间、表现具身动作和促进社会合作的方式是大脑和身体相互作用的基础，据此人类进化并且构建我们所融入的文化。关于大脑如何工作的关键问题——如何在没有中央控制的情况下集成神经元综合体——与涉及叙事中核心的时间、动作和他人关系的问题有关。这本书的目的是探索和解释这些殊途同归的内容。

故事有助于大脑协调其追求模式、综合和恒定性与需要灵活性、适应性和开放性之间无休止的矛盾。大脑在这些相互竞争的需要之间以来回往返的方式进行游戏的显著而矛盾的能力，是其无中心组织作为相互作用的部分之间自上而下、自下而上联系的交互网络的结果。叙事理论家西摩·查特曼

（Seymour Chatman）将情节的形成归因于“我们的思维将事物联系在一起的处理”（1978：47）；他指出，“我们的思维生来就要寻找结构”（1978：45）。这确实是当代神经科学的一个基本定理。然而，心理学家威廉·詹姆斯反对一致性的认知需求（James，1950［1890］，1:139），将大脑描述为“一个在自然状态下就不稳定平衡的器官”，不断地以某种方式波动，使“所有者能够使其行为适应周围环境中最细微的变化”。大脑通过形成和消解神经元的集合来了解世界，建立模式，这些模式通过反复活跃成为我们与环境相互作用的惯常方式，即使这些综合体的持续波动阻止僵化趋势，并且促进新的皮质连接的可能性。大脑在模式的形成和消解之间的不断平衡行为，使过去的平衡和未来的不确定性之间的探索性游戏成为可能，而这对成功的心理功能和人类的生存至关重要。

故事有助于这种平衡的行为，通过与和谐和不和谐游戏。借用弗兰克·克莫德（Frank Kermode）（1967）的著名术语，保罗·利科（Ricoeur，1984a：65–66）将情节编写（emplotment）描述为“协调中的不协调”（concordant discordance）——“异质性的综合”（a synthesis of the heterogeneous），通过将“事件（events）或偶发事件（incidents）的多样性”转化为一个连贯的故事，将部分塑型为一个整体。根据利科的观点，“创作情节”的行为将“不协调的存在负担”（33，31）转化为叙事综合体，通过构建动作模式赋予生命的分裂意义。即使是在最简单的叙事中，接近于杰拉德·热内特（Genette，1980：35–36）假设讲述者的事件顺序和受述者的事件顺序之间的 “零度”差异，连接情节要素的连词也总是在解决问题的过程中由于迂回曲折而中断。热内特所说的时间“倒错”（anachronies）进一步利用和谐和不和谐的竞争冲动［例如，闪前（flash-forwards）和闪回（flashbacks），破坏了讲述者和被讲述者之间的对应关系］，这是叙事的基础。大脑中模式形成和消解之间的不平衡使得这种和谐与不和谐之间的叙事游戏成为可能，即使在我们给彼此讲述的故事中模式的构建和中断，与大脑中在秩序和灵活性的竞争需要之间中的紧张关系相互作用。这些相互作用的神经科学部分解释了故事是如何塑造我们的生活的，即使是我们的生活产生了故事。

故事可以借鉴体验，将其转化为情节，然后重塑听众和读者的生活，因为不同的构型加工过程贯穿于构成叙事活动的互动和交流的环路中。我在第二章解释，叙事的神经基础始于大脑认知加工过程中跨越大脑和身体的特别分散的时间性——以及皮层内部和大脑－身体相互作用时间上的中断，这不仅可能，而且实际上也需要那种开头、中间和结尾的叙述顺序中包含的回顾性和前瞻性的模式形成。接下来，第三章表明，运动认知加工过程不仅异常普遍地参与对动作和姿态的理解，还参与其他知觉模态，这说明了为什么创造模拟动作结构的情节的工作会对我们塑型世界的模式产生如此深远的影响。最后，第四章解释，如果故事能够促进同理心，并以其他方式促进人类特有的协作活动所需的共同意图，那么它们改变社会生活能力的力量和限制最终取决于通过镜像、模拟以及认同使双重化自我和他人的具身加工过程，这些过程的局限性反映在叙事作为道德和政治手段的优势和劣势上。

下面的每一章都详细探讨了这些汇合中的一个部分。在所有这些领域，叙述通过调用基于大脑模式形成的加工过程来塑型生活体验，这些加工过程是心理功能神经生物学的基础。然而，要为这些分析做好准备，我们首先需要考虑一些关于神经科学和叙事理论之间关系的初步问题。叙事学的学生为什么要关注认知和语言的神经科学发现？叙事学的研究项目应该如何考虑科学？

语言、大脑和认知叙事学

我们作为故事讲述者（tellers）和跟随理解者（followers）的现象学体验与关于具身认知的神经科学发现，以及关于情节、虚构和阅读的叙事理论形成一种三角形结构的稳定关系，这是为了理解语言、认知和叙事之间的关系——这是有思想的各种跨学科研究者所追求的目标。哲学家、文学理论家和日常阅读者都想知道我们为什么以及如何讲述故事，其中一个原因是，叙事似乎掌握了语言和思维如何运作的关键。叙事学在理解语言、认知和叙事之间的关系上正处于一个转折点，（一方面）使继承自结构主义的形式主义图示、脚本和偏好规则模式，和（另一方面）作为具身主体间相互作用的语用导向叙事理论达到平衡。重要的、未解决的问题是：这些模式是否可以被调和，如果可以，那么如何调和。通过展示讲述和跟随理解故事的能力如何与大脑加工语言的方式相一致，了解叙事的神经生物学基础有助于回答这些问题。并非所有的叙事学学生之间的冲突都能通过科学的发现来解决，但有些主张被证明比其他观点更为有力，而另一些则明显错误。叙事学的目的和方法需要根据我们对语言和大脑的神经科学的了解进行调整。

古典叙事学的目标是建立一个理想的分类——即识别叙事的基本要素及其组合规则的分类方案，根据语法和句法如何通过建立符合逻辑的有序体系的组成部分之间的结构关系来确定意义。[①] 无论是索绪尔（Saussure）对语言（langue）优先于言语（parole）（假定是稳定、有序的语言结构，而不是言语的偶然性）的启发，还是乔姆斯基（Chomsky）关于普遍语法的主张（构成Pinker, 1994 明确地称为"语言本能"的先天认知结构）的启发，假设都是思维、语言和叙事的结构是同源的、先天的和普遍的。古典叙事学家安·班菲尔德（Ann Banfield）（1982：234）表达了许多叙事理论家共同的观点，例如，她主张故事中"所表现的言语和思想的因素"是"通用语法中给定的"，而且我们创作和理解故事的容易程度是由叙事结构和"说话者的内在语法"之间的基本一致性来解释的。

认知叙事学的一些版本仍然在结构主义范式下运作，无论是默认的还是明确的。例如，最近出版的《故事与心灵：文学叙事的认知方法》（*Stories and Minds: Cognitive Approaches to Literary Narrative*）一书的编辑们断言，"认

① 关于结构主义叙事理论的经典陈述，见 Barthes，1975；Todorov，1969；Lotman，1990。另请参见 Phelan，2006：286-291，以获得叙事模型作为形式体系的假设和历史的清晰总结。

知叙事学家们并没有远离结构主义叙事学……以结构主义的见解为基础，并将其与认知研究相结合”（Bernaerts et al.，2013a：13）。詹姆斯·费伦（Phelan，2006：286）解释，“认知叙事学……与［结构叙事学］共同的目标是发展叙述本质的综合形式解释”，并“将其形式系统设想为叙述在其生产和消费中所依赖的思维模式的组成部分”。这些“思维模式”是曼弗雷德·雅恩（Manfred Jahn）在《劳特里奇叙事理论百科全书》（*Routledge Encyclopedia of Narrative Theory*）（2005：6771）中对认知叙事学的权威阐述中定义和解释的框架、脚本和偏好规则。简·阿尔贝（Jan Alber）和莫妮卡·弗洛德尼克（Monika Fludernik）（2010b：Ⅱ）明确“后古典叙事学”的目标，认可了这个方案：“认知叙事学家……表明接受者使用他或她的世界知识投射虚构世界，这些知识被存储在称为框架和脚本的认知图式中。”

然而，这些思维构念是否能公平对待它们声称要描述的认知过程是非常值得怀疑的。形式主义的目标是识别有序的、普遍的思维、语言和叙事结构，并不匹配时间上无中心的大脑的不稳定平衡，或认知连接据以发展和消解的概率进程（probabilistic processes）。越来越多的科学共识是，语言的形式主义模式是一种天生的、有序的、有规则控制的结构，应该被抛弃，因为它不符合我们对大脑如何运作的了解。随着认知和语言科学的转变，叙事学也必须改变它的方法和目的。

认知叙事学的新版本对结构主义范式提出了挑战。“4E”认知观点的倡导者们认为，与其把“思维想象”理解成一种“抽象的、命题性的表征”结构，比如框架和脚本，叙事理论应该“将人类思维理解为由我们的进化历史、身体构成和感觉运动可能性所塑造，并且在主体间相互作用和文化实践中与其他人类思维密切对话产生的”（Kukkonen & Caracciolo，2014：261–262）。尽管第一代认知科学“牢固地建立在计算思维的基础上”，“框架、脚本和图式”作为“心理表征（mental representations），使我们能够通过充当特定情境或活动的模式来理解世界”，第二代认知科学与现象学以及杜威和詹姆斯的实用主义共同强调了“反馈循环”（feedback loops）中具身意识与世界之间的互动，据此“经验塑造文化实践”，即使“文化实践帮助思维理解具身经验”（Caracciolo，2014：45；Kukkonen & Caracciolo，2014：267）与其为了通过揭示其潜在的认知结构解释大脑如何运作，而优先考虑分类法、图式和规则体系的构建，第二代叙事学强调读者参与故事的情境和具身的性质，以及意义如何从文本和读者体验互动中产生（Caracciolo，2014：4）。对结构和规则的追求已经被强调具象思想、故事和世界之间的相互作用所取代。

一些根源于第一代认知科学的著名叙事理论家并没有将这种转变视为一种范式的转变，而是寻求将具身的、生成主义的叙事学与图式理论上和形式主义的、基于语法化的模式相协调。例如，弗洛德尼克（Fludernik，2014：406）否定第二代认知科学取代早期理论的观点，并且提出它们应该被视作相互了解的：“认知研究的历史也许最好从认知运作中固有的二元性开始——研究是静态的、抽象的，着眼于身体和人类体验的侧面研究。”这让人想起结构语义学是如何将语言的共时性（synchronic）和历时性（diachronic）研究并列起来，这一观点认为框架和脚本是“静态的、抽象的”结构，是在体验中被驱动，尽管结构主义者认为语言（langue）的规则在言语（parole）的语言行为中表现出来。大卫·赫尔曼（David Herman）似乎已经抛弃了他早期构建的“故事逻辑”项目，这个项目反映了超验的、普遍的“心理模式”（mental models）（2002：1–24），转而支持他所说的“论述心理学”（discursive psychology）（2010：156）。根据这种观点，意义并不是“人们说什么和做什么‘背后的’心理过程”的产物；“思维并不先于话语存在，而是通过它的产生和诠释过程不断地实现”（2010：156）。尽管如此，他还是希望能像弗洛德尼克一样拯救形式主义和图式理论，但他还是提出了这样的问题：“我们致力于如何重新研究两者之间的差异：（1）以话语为导向的研究思维方法作为一种情境互动的成就，和（2）认知语法和认知语义学方面的操作，同样地也将阐明叙事结构与思维的关联性，但聚焦于个体说话者的话语产生上。”

（Herman，2010：175）赫尔曼再次响应了结构主义对语言和言语的反对意见，提出我们认为语言有社会和个人的方面，可以单独但可以兼容地研究——转换为语用的、互动的理论而不是形式结构来解释社会方面，虽然基于语法的图式理论为个体的心理结构提供了模式。[①]

然而，这两个建议的问题是，第一代和第二代认知科学的认识论假设是不可调和的对立：第一代认知科学把意义视作潜在框架、脚本和规则的表现，而第二代认知科学则把意义视作相互生成的产物，是大脑、身体和世界之间历史性演化的相互作用。以这些对立的认识论为基础的叙事学程序在根本上也是相悖的。第二代认知科学聚焦于通过构型的、相互作用的加工过程来构建和体验故事，而第一代认知科学优先考虑它们可能潜在的图示、结构和规则。[②]问题不在于是否强调身体和世界之间的互动发生了什么，或者脑子里发生了什么。现在的问题是如何将基于神经元的、具身的认知加工过程与我们对世界的体验以及我们讲述和跟随理解故事的能力联系起来。这里有两个问题岌岌可危。我们如何理解我们认知素质的模式形成能力，第一代认知叙事学将其形式化成框架、脚本和偏好规则（preference rules）？我们应该如何理解语言的规律性，形式主义者将其系统化成有序的分类方案和规则支配结构？认知叙事学需要对语言进行神经学上的合理理解，从而解释神经元和大脑皮层的加工过程如何与我们的社会世界的生活体验相互作用。

可以肯定的是，在第一代认知叙事学中并不是所有的东西都需要被抛弃。雅恩（Jahn，2005：67）描述了认知叙事学中“将‘X视作为Y’（seeing X

---

① 我在本章中表明，形式主义模式和分析模式仍然在瓦德·赫尔曼［2013年出版的《讲故事与思维的科学》（*Storytelling and the Sciences of Mind*）］一书中普遍存在，尽管他声称接受了生成认知的观点，并摒弃了他早期叙事学作品中的结构主义假设。这可能反映了他试图“和解”，但我对于他的项目评论意在说明，这种折中是不充分和不连贯的。

② 这种对立重演了结构主义与其现象学和实用主义反对者之间的辩论。比如说，利科在他的经典文章《结构、词、事件》（*Structure, Word, Event*）（Ricoeur，1968）中，对语言－言语区别的批评是静态的，没有足够的历史性和互动性来解释句子层面的新意义构建。还有梅洛－庞蒂坚持反索绪尔式的观点，即身体姿态是我们语言的来源《表达的自然力量》和他将惯例分析为“言语行为的储存和沉淀”（Merleau-Ponty，2012［1945］：187，202），而不是先验结构。

as Y）是一个基本公理”，这一理念在科学上确实是正确的。存在现象学家马丁·海德格尔（Heidegger，1962［1927］）同样称之为理解的“作为结构”［as structure（“Als-Struktur”）］对具身认知和叙事至关重要，但它们需要以非图示化的互动形式来理解。格式塔理论之所以让神经学家如塞米尔·泽基（Semir Zeki）(2004）、认知心理学家詹姆斯·J. 吉布森（James J. Gibson）(1979）和现象学家莫里斯·梅洛－庞蒂（Merleau-Ponty，2012［1945］）都多次参照，原因之一是它对构型或“视作为”在认知中所起作用的领会。例如，这就是著名的鸭兔格式塔图形的认识论寓意（如果我们把形状视作兔子，鸭子的喙会发生变化，一种新的部分和整体的塑型把它转化成一对耳朵）。这个格式塔是一个认知模型，因为塑型模式构建（视作为）的循环、递归行为不仅激活了视觉，而且激活了各种认知过程。理查德·卡尼（Richard Kearney）(2015：20）在为他所称的“肉身诠释学”（carnal hermeneutics）辩护时同样发现，“‘作为结构’已经在我们最基本的感觉中起作用了”。梅洛－庞蒂(Merleau-Ponty，2012［1945］：162）指出，这是因为“除非被整合到某种塑型中，并且已经被‘明确表达’，否则给定的最轻微的感觉都呈现不了”。因此，“分类（categorization）［概念化（conceptualization）］或是人类大脑中的一个基本加工过程”，是当代神经科学的一个基本原则……关于分类如何起作用的争论一直在进行，但分类起作用的事实并不是问题（Lindquist，et al.，2012：124）。

分类的作用结构是看到如何总是需要“视作为”(seeing-as)，这在文学诠释的循环中也很明显（Armstrong，2013：54–90）。文学理论家们早就认识到，诠释本质上是循环的，因为理解一个文本或任何一种事务的状态都需要事先掌握部分和整体之间的塑型关系（configurative relation）。任何诠释的行为都启动了部分和整体之间交互的相互作用，因为只有当细节被视为与整个文本有某种联系时，它才有意义，即使整体只有通过部分才能理解。这种关于模式需要的认识论——即部分和整体相互构建，并一起被解释为某种塑型关系——是人文学科和认知科学的共同基础。

然而，将这些塑型过程具体化为与具身大脑的大脑结构无关的思维模块，或者假设认知决策的线性逻辑模型与体验、大脑皮层或大脑、身体和世界之间相互作用中的构型中交互的、来回往返运动不一致，是错误的。这些是认知叙事学在框架、脚本和偏好规则等术语方面的一些问题。雅恩（Jahn，2005：69；见 1997）承认，这些概念是由人工智能理论家开发出来的，“用更明确和详细的结构取代环境的概念”，这些结构“旨在再现人类认知对标准事件和情境的知识和期望”，框架指的是“诸如看到房间或许下承诺等情景”以及包含“标准动作序列的脚本，例如去参加生日聚会，或者在餐馆吃饭”。然而大脑不是一台电脑。休伯特·德雷福斯（Hubert Dreyfus）（1992）指出，计算机缺乏语境、环境和先前的体验，这些体验是我们作为具身意识的存在，通常用来检验关于如何塑型我们遇到某个情境的假设，无论是在文本中还是在世界中，用预设的心智构念（mental constructs）来代替这一缺陷只会置换需要解决的问题。这些构念并没有解释具象大脑如何塑型体验的环境，而是让人们注意到计算机不能做的事情。

“视作为”把易变的、相互的、开放的大脑、身体和世界之间的相互作用调动起来，而且像框架和脚本一样，预设认知图示的心理图式太过严格和线性，无法公正地处理这些类型动态的、递归的过程。这就是为什么心理学家理查德·格里格（Richard Gerrig）（2010：22）在阅读方面的成果在认知叙事学家中广泛地（并且恰当地）受到尊重，最近却与雅恩所描述的主流观点相分离，在这个过程中，他正在反对将 “图式”（schema）这个词过于僵化和公式化。而格里格更喜欢提及“基于记忆的加工处理”（memory-based processing），这个概念承认“‘读者’对常识的使用”比框架和脚本所能捕捉到的术语“更加易变和独特”。

那种线性、过于有条理的概念使认知受偏好规则支配，也需要被摒弃。根据雅恩的说法，“偏好规则通常表现为给定一组 C 条件的情况下，将 A 视作为 B”（Jahn，69）。对它有利的是，偏好的概念并不是绝对的，给概率变化留下了一点回旋余地，但将偏好组织为“规则”的问题是，它们假设了一个决策的线性链，遵循一个逻辑命题的形式：如果条件 C 成立，那么 A 意味着 B。无论是在神经生物学还是在体验中，这种线性、机械的逻辑结构都不能充分地描述认知决策是如何发生的。在神经生物学上，它与大脑中同步（synchronization）和去同步（desynchronization）动态系统的相互作用的、自上而下、自下而上的过程没有什么关系。神经元集合的形成和消解是根据相互加强的连接所产生的习惯化的模式进行的，而这些联系又可以被其他合成所取代，而且这些相互作用不像线性的、机械的算法（Edelman，1987）。根据经验，偏好规则的单向逻辑无法捕捉到文本或生活中塑型部分 - 整体关系的现象学过程中“视作为”的来回往返循环。阅读不是一种线性的逻辑处理过程，具身认知不能用有序的模块层次结构或机械的线性算法来恰当地做出模型。

“视作为”的工作并不局限于大脑皮层的任何特定区域，而是延伸到整个大脑、身体和世界。它不受规则的支配，而是通过反复的经验发展出习惯性的模式，因此总是有可能破坏、变异和变化。形式主义者的目标是识别思维、语言和叙事有序的、普遍的结构，这与大脑的混乱或认知模式如何从我们对世界的具身体验中出现的认知模式并不匹配。神经科学家的共识是，大脑是有解剖学特征的纵横交错的整体，其功能只有一部分是由基因遗传决定的，并且在相当大的程度上是可塑的和可变的，这取决于它们如何与其他通常是广泛的皮层区域的网络相联系。根据赫伯定律（Hebb，2002 [1949]），这些联系通过体验发展和变化，这是神经科学的一个基本公理：“一起活跃的神经元，连接在一起。”斯蒂芬·E. 纳多（Stephen E. Nadeau）（2012：1）指出，“大脑的秩序是混乱的，而不是确定性的；规则不是被定义的，而是从大脑网络行为中产生的，受大脑网络地形和连通性的限制”（不是大脑皮层所有的部分都能做所有的事情，如果没有神经元交换电化学电荷的轴突连接，它们就不能相互作用）。他解释说，无论在语言和认知结果中能找到什么样的秩序，从"通过体验习得"的交互关系模式来看，这些模式比起先天的、基因决定的大脑结构，更多归因于"体验的统计规律"。[①]

简言之，大脑不是一个有序的结构，那种由固定元素之间的规则控制的关系组成，就像一台计算机，在按照逻辑算法运行的部件之间有硬连接的联系。大脑比线性的、机械的模式所推断的更加混乱、易变和可能无法预测（如果不是没有限制的）的发展，大脑是一个不断变化的整体，由相互作用的各个部分组成，它们的功能可能根据它们与其他元素的结合方式而变化。当人工智能概念主导第一代认知科学时，曾经流行过的大脑模块模型（Fodor，1983）已经不再受青睐，因为大脑皮层区域不是自主和有序的。肖恩·加拉格尔（Shaun Gallagher）（2012：36）发现，大脑是"一个动态系统，不能根据其单独组成部分的行为来解释，也不能根据其各部分的同步、静态或纯机械相互作用的分析来解释"；"动力系统的各个部分之间不以线性方式相互作用"，而是"以一种非线性的方式，相互决定彼此的行为"（Kelso，1995：2000）。这些关系的模式会随着时间的推移而得到承认，因为特定的相互作用再次出现，并且加强现有的连接，或者传播和强化新的连接，但是比起由认识论的形式主义者假定的遗传上固定的、有序的结构，重复的体验如何通过赫比式"活跃和连接"导致习惯的形成是更好地理解这些形式的一种模式。

---

① 纳多那本引人入胜的书对反对普遍语法的神经科学案例提供了彻底而严格的（尽管技术上很难）解释（见 Changeaux，2012：206-208），为了获得一个更简洁、易懂的解释，解释为什么当代神经科学拒绝了乔姆克西的"心理器官"模式，认为它是"先天的""基因决定的""适合某个物种的"。对语言是基于先天的、普遍的认知结构的说法提出了质疑的神经科学发现的全面综述，请参见 Evans & Levinson，2009；Christiansen & Chater，2008。南希·伊斯特林（Nancy Easterlin）（2012：163-179）从认知和进化的角度对结构语义学及其文学应用进行了深刻的批评。贝里克和乔姆斯基（Berwick & Chomsky，2016）最近试图使先天"语言能力"的假设与当代神经生物学和进化理论相协调。然而，科学界对此普遍持怀疑态度，由于认知语言学家维维安·埃文斯（Vyvyan Evans）（2016：46）和神经科学家艾略特·墨菲（Elloit Murphy）（2016：8）的评论中概述的原因。埃文斯礼貌地指出，他们的"现在的观点似乎比过去更不合理"，他们更尖锐地批评了他们对"大脑如何实际运作"（通过振荡和各种耦合操作）的"过时假设"的依赖，并详细表明他们关于语言操作本地化的主张不符合实验证据。另请参见《经济学人》（*Economist*）语言专栏作家的高度批判性评论（Greene，2016）。要更加赞同此观点的综述，见 Tattersall，2016。

预定程序的模块和线性算法并不是理解大脑运行的好模式。

神经大脑结构学的结构有局限性，而没有最终的定义。不同的大脑皮层位置有独特的功能，如果受损，这些功能会被破坏，但是没有一个区域是单独运作的，并且每个区域的作用会因为它与其他区域交互的相互作用方式而有所不同。功能和连接性会随体验而改变。例如，盲人的视觉皮层在他阅读盲文时，可以适应触觉并对触觉做出反应（Changeux，2012：208），一些丧失视力的人和动物已经被证明有更好的声音定位能力，因为他们的视觉皮层的未使用部分被用于听觉功能（Rauscheker，2003）。这些可变性的例子可能看起来很特殊，但它们是关于普遍规律的例子，克里斯汀·A. 林德奎斯特（Kristen A. Lindquist）及其同事（2012：123）的一项研究解释，“个别大脑区域的功能在某种程度上是由它所激活的大脑区域网络决定的”。根据林德奎斯特小组的观点，这就是为什么“很少有证据表明，个别的情绪类别可以一致而具体地定位到确切的大脑区域”（2012：121）。例如，他们对实验证据的综述表明，杏仁核不仅唯独和专门与恐惧有关，而且在对“新颖的”“不确定的”“不寻常的”“动机相关的刺激物作出定向反应”时也很活跃（2012：130）。他们指出，各种研究同样表明，通常与厌恶有关的前扣带皮层（anterior cingulate cortex）“在许多涉及意识到身体状态的任务中被发现”，包括“身体运动”“胃扩张”，甚至性高潮（2012：133–134）。

这项研究质疑帕特里克·科尔姆·霍根（Patrick Colm Hogan）的主张（2010：255；2011a；2011b）“情绪是……专门用途的神经生物学系统对具体体验的反应，而不是对有关目标的变化情况评估的功能”。林德奎斯特是丽莎·费尔德曼·巴雷特（Lisa Feldman Barrett）实验室的成员，该实验室对保罗·埃克曼（Paul Ekman）和西尔万·汤姆金斯（Silvan Tomkins）提出的基本情绪理论提出了质疑（Colombetti，2014：26–52）。巴雷特（Barrett，2017：22，23，33）解释，大量且不断增加的神经科学和心理学研究质疑了情绪是具有客观生物标记的普遍类别的观点：

> 总的来说，我们发现没有大脑区域能完全确认唯一对应任何情绪。运动产生于活跃的神经元，但没有一个神经元是专门为情绪而存在的。像“愤怒”这样的情绪词，不是指具有某一独特物理指纹的特定反应，而是指与特定情况相关的一组高度易变的实例。你所体验和感知到的情感并不是你基因的必然结果……你熟悉的情绪观念之所以是固定的，是因为你生长在某个特殊的社会环境中，在那里的这些情感概念是有意义和有用的，你的大脑将它们运用到你的认识之外去构建你的体验。

情绪是生物学和文化的混合产物，比起逻辑范畴或者具有固定神经生物学基础的通用类别，它们更容易被视为可变的、内部异质的总体。

大脑结构学位置和大脑皮层结构不能单独解释具身认知。大脑－身体－世界的相互作用不仅影响特定皮层区域的内部连接性，而且影响其功能。要理解一个复杂的认知现象，如视觉、情感或语言，仅仅识别结构和模块性是不够的（正如形式主义模型所假设的那样）；而是需要追溯塑型的、非线性的来回往返过程，我们的动态认知系统通过这个过程实现各个组成部分的相互作用并相互构成。

大脑结构学的专门化和变化的开放性相结合有一个很好的例子，视觉皮层适应遗传机能的方式，以支持非自然的、文化习得的阅读书面文本的能力(见 Armstrong， 2013：26–53）。斯坦尼斯拉斯·迪昂（Dehaene ，2009：4）指出，我们通过调整人类在非洲大草原上获得的大脑皮层能力来学习阅读莎士比亚的作品。这是迈克尔·L. 安德森（Michael L. Anderson）(2010）所说的“神经再利用”（neural reuse）的一个例子，即皮层区域获得最初没有进化出来的功能的能力。对于世界新的、不可预测的体验可能会在大脑和身体的不同区域之间，以及与人类的其他成员之间启动多变的相互作用，这可能产生大脑皮层结构和功能的根本变化。由于视觉和听觉皮层在通常费力的加工过程中相互作用，初级读者通过这个过程学会将词形与语音联系起来（同时激活与嘴和嘴唇相关联的运动皮层部分，这些部分不仅在发音过程中，而且在言语识别过程中也会活跃），大脑不同区域之间的联系得到建立和加强，产生将视觉皮层的某个特定区域转换为文化上的特定用途的影响（视觉单词形式的识别）的效果，而这并不是天生的，是遗传预先决定的。阅读能力的习得可能是一项不寻常的文化和神经生物学成就，但作为神经再利用的例子，它只是例证安德森所说的"大脑的基本组织原则"（Anderson，2010：245）。

人类阅读能力的发展说明了认知功能的双重历史性（historicity）（Armstrong，2015）。我们的一些认识素养是基于长期的、进化稳定的能力，比如视觉系统对边缘、方向、线条和形状的反应能力，但这些能力是可能根据学习和体验改变的——在这种情况下，他们可以被调用来识别字母符号——因为某个大脑皮层区域的功能取决于它如何与它所参与的动力系统的其他组成部分相互作用。大脑可以由文化体系（如读写能力）来塑造，可以根据本身的目的调整特定的区域和能力，但与阅读一样，这些能力在每一代人身上需要重新学习，直到或除非通过改换意图重新利用，在进化上改变人类的生物构成。大脑的结构和功能是历史性的，而不是普遍的，因为它们是进化的产物，但有些能力比其他能力更持久，并且在不同时间和全球范围内为人类所共有，即使它们通过特定的、历史的、文化背景下的学习体验被重塑和改变用途。

语言是神经科学家称之为"生物文化的混合体"（Evans & Levinson，2009：446），是通过大脑中遗传功能和大脑结构与交流和教育在文化上可变体验的相互作用而发展起来的。尽管已知大脑的某些部分与语言有关［例如，布罗卡和韦尼克区（Broca's and Wernicke's areas）的损伤会中断句法或语义过程］，纳多指出，"语言功能会影响整个前脑（cerebrum）"（Nadeau，83），最近基于功能性磁共振成像（fMRI）的研究证实，语言需要大脑皮层的广泛合成以及大脑和身体之间的连接（见 Huth，et al.，2016）。没有单一的模块来管理语言，也没有一组不连续的、大脑结构学上可识别的区域组成结构语义学所预测的语法单元。纳多解释，"我们每个人使用的语法本质上都不是普遍的……相反，它是基于我们自身语言体验的统计学规律（在神经连接中有实例），这是由我们与之交谈或阅读过的适度群体所决定的”（Nadeau，164–165）。各种语言中失语症的案例揭示并不是基于大脑结构学的、普遍的语法系统会随着语言功能的丧失而被打乱，而是纳多所说的“功能衰减”（graceful degradation）（Nadeau，17）。并非每件事都会简单地瓦解和消失，但有些功能或多或少地被坚定地保留在不同的弱点模式中，通过赫比式（Hebbian）式连接建立并通过经验发展起来的随机的概率性规律，比逻辑有序的固有语法更好地解释了这一证据。

这样一个概率模式也有助于将语言的二重性解释为一组可以创新、变化和改变的规律。让－皮埃尔·尚热（Jean–Pierre Changeux）提出，赫比对随机规律性的解释比加前缀的形式系统能提供更好的解释语言的创造性张力（2012：206–207，316–317）。·方面，语言是一组共享的代码，它的重复模式可以证明，支持主体间的交流和结构合理的句子。另一方面，语言的不规则性也至关重要，因为它们通过受规则约束或打破规则的创造性，使语言创新在受限制的条件下变得不可预测。根据概率模式，结构并不会完全预先决定它们可以使用的所有方式（规则内的创新是可能的），有时新的塑型可能会随着先前的连接被新的连接所取代而出现［违反现有规则并不总是错误的，就像一个新颖的比喻，开始可能看起来像一个错误，但后来被接受并被采用到辞典中（Ricour，1977）］。

如果语言和叙事是生物文化的混合体，那么它们的功能和形式中任何跨文化、跨历史的规则都是大脑、身体和世界之间可变但受限制的相互作用的产物，而不是与思维逻辑结构相一致的共性。这些规律性的来源通常是生物学和文化，并不是简单地说自然是固定的，文化是可变的。同理，在我们彼此讲述的故事中，任何重复出现的模式都是我们物种的神经生物学素质和我们可能经历的重复体验之间相互作用的混合产物。如果世界各地的故事都有反复出现的形式，这并不是因为叙事结构反映普遍认知图式。更确切地说，各种叙事理论所确定的模式作为生物文化的混合体，有可能得到发展，因为人类的成员所共有的进化认知倾向与反复出现的、典型的体验相互作用，从而在大脑、身体和世界之间产生表现出统计规律性的塑型关系。这些模式不是符合逻辑的结构，而是习惯性的塑型，它们是可变的，但受限于由生物学和体验规律造成的范围内。

例如，想想霍根（Hogan，2003：230–238）的主张，某些叙事共性是思维及其故事的特征——这些故事结构是浪漫的、英雄主义的和牺牲性的。如何理解跨文化的“共性”是著名的难题。例如，唐纳德·E. 布朗（Donald E. Brown）（1991：9–38）认为相对主义的主张夸大了不同文化之间的差异，他仔细区分了不同种类型和程度的普遍性——也就是“本质”的共性，这是由人类的生物学特性引起的，与广泛分享的体验产生的“意外”的普遍性相反，其中一些可能是“近似共性”，可能全都包罗万象，但至少是广泛明显的，并且“统计学普遍性”可能并非无所不在，但比偶然预测的更为普遍。霍根（Hogan，2010：48–49）承认不同种类和程度的普遍性，但他像一个结构主义者一样思考和发表言论：“普遍性的层次结构不仅由技术的图式化和一系列逐渐消失的解释性抽象来定义，还由一系列条件关系来定义。尽管无条件的普遍性可以归入抽象的层次结构，隐含的普遍性也可以被组织成类型学。”这种逻辑形式主义不是来思考杂乱无章的、概率性的规律发展的好方式，而这些规律是生物文化混合体（如语言和叙事）的特征。

如果像霍根所认定的叙事模式在不同的文化中反复出现，那并不是因为它们反映了普遍的认知结构。将之理解为生物和文化的混合物更好些——这些反复出现的塑型，因为人类共有体验（出生和死亡、合作和竞争、繁殖和暴力）的某些重复特征，与基于生物学的认知倾向相互作用而发展，以便在文化体系中产生统计上可发现的规律，包括我们在群体中流传的故事。考虑到人类成员从出生到死亡的过程中通常经历的基本体验的共性，如果通过我们大脑、身体和世界之间的赫比式连接建立的认知结构没有显示出我们叙事中会出现的各种规律，那才是令人惊讶的。人类的成员坠入爱河并发生性关系，参与产生赢家和输家的冲突，并形成群体加入一些成员而排斥其他成员，然后基于具身大脑连接能力的模式形成的构型能力构建了关于这些可能表明多种规律的体验的叙事（霍根的浪漫、英雄主义和牺牲的故事）。

将这些称为“叙事共性”或将其归因于“思维及其故事”的结构逻辑有误导性，因为这些术语过于静态、有序和不顾历史性，无法公正地描述生物文化混合体在大脑、身体和世界相互作用中产生的杂乱、动态的过程。这些相互作用可能会产生显示规律性的模式，因为习惯性联系是通过赫比式的加工和神经再利用建立起来的，然后通过文化共享来传递，例如，识字能力就通过这种文化共享的发展和传承。但是形式主义术语和结构主义模式并不是描述这些加工过程的好工具，因为这些概念歪曲了连接和塑型的习惯模式体验和大脑中形成和转化的方式。正式的分类法不足以解释这些相互作用。

叙事和认知中的构型

“构型”或“视作为”是连接认知科学和叙事理论的关键概念，也是我在后面几章中构建的叙事神经现象学模型的核心具身认知的塑型力量，是现象学理论关于我们如何讲述和跟随理解故事的主要关注点，从罗曼·英加登（Roman Ingarden）早期对文学作品多层次的复调具体化的分析，到康斯坦茨学派（Konstanz School）理论家沃尔夫冈·伊瑟尔和汉斯·罗伯特·姚斯（Hans Robert Jauss）提出的“阅读是建立一致性和填补空缺的过程”的理论。[①] 保罗·利科关于时间和叙事的不朽著作同样预示了塑型加工过程在认知和审美

① 见 Ingarden，1973 [1931]，1973 [1937]；Iser，1974，1978；Jauss，1982。简要概述有关文学现象学理论及其与定义这一哲学运动的认识论理论的关系，见《当代文学与文化理论》（*Contemporary Literary and Cultural Theory*，2012）中我的文章《现象学》（*Phenomenology*）（2012：378–382）。

体验中的作用。[①] 用叙事的现象学模式解释构型加工过程的作用是本节的目标之一。

第二个相关目的是展示对认知构型的关注对叙事理论的贡献。有时，叙事理论看起来像是为了本身的目的而产生分类方案的练习，而不考虑它们的实用目的，不幸的是产生了詹姆斯·费伦（Phelan，2006：283）所描述的“在田野上隐约可见的大型‘术语小动物’”。即使需要拒绝隐含在分类学项目中的结构、形式主义认识论，也并不意味着必须将所有的叙述术语视为无用而丢弃。相反，质疑这种认识论，应该突出它们的用途是什么的问题，并且使叙事理论、我们对故事的体验以及具身认知的神经科学成为一个三角形结构是提出这个问题的一种方式。叙事理论词汇中有许多歧义是由于构型活动在叙事的各个方面之间来回往返地交叉，而叙事逻辑的差别试图区分这些方面，但却不能始终保持原样。借助现象学的模式，关注构型活动在叙事的不同方面的传递，可以澄清其中的一些歧义。

利科将情节编写描述为对困扰奥古斯丁（Ricoeur，1961［397-400］：264）的著名时间之谜的回应：“那么，时间是什么？如果没有人问我，我很清楚它是什么；但是如果有人问我它是什么并试图解释它，我会感到困惑。”“时间是一个推测性思想的谎言，因为当我们试图对时间流逝的生活体验进行严格的理论解释时，各种各样的谬论和悖论就会立即出现。”利科问道：“如果过去已不复存在，如果未来还没有到来，如果现在并不总是存在的话，时间会怎样存在？”（Ricoeur，1984a：7）威廉·詹姆斯称之为“似是而非的

① 利科开始研究隐喻和叙事的问题，因为他确信现象学需要进行“解释学转向”，以便参与关于性欲、政治和语言的争论，这些争论曾对意识作为意义控制中心的地位提出质疑。许多理论家将这种“我思故我（cogito）”的错位视为现象学的辩驳，但利科认为这是重新思考和修正现象学的意义创造理论富有成效的、甚至是必要的质疑（Valdés，1991；Armstrong，2012）。他对隐喻、叙事和解释冲突的分析试图扩展和复杂化现象学的解释，即在世存在矛盾既是必然的，也是随意的，位于身体、历史环境和语言结构中，同时约束意义并实现语义创新。利科（Ricoeur，1966）在对“自发和无意识”的最早反思中解释了这些具身的、情境的意义创造的存在主义矛盾，他在其晚期著作《作为他人的自我》（*Oneself as Another*，1992）中重提了这些。然而，这些关注点总是隐含在他对隐喻和叙事的探索中。

现在”（the specious present）（James，1950［1890］，1：609）——我们对当下的日常感觉是“一段持续时间（duration），就像有一个船头和一个船尾，就像它是一个向后和向前看的终点”——比我们通常意识到的更令人困惑。梅洛－庞蒂（Merleau-Ponty，2012［1945］：441）指出，“我的现在超越了本身，走向即将到来的未来和最近的过去，并触动了他们在那里的位置，在过去和未来本身”。因此，胡塞尔（Husserl，1964［1928］：48–63）对过去时刻的描述是受“前摄和预期的视野”（retentional and protentional）限制，这个隐喻意在表明即使我们无法触及，也能穿越界限感觉到现在、过去和未来的体验之间存在着矛盾的联系。但是视域隐喻描述了仍然需要解释的事情：现在如何能够“实际上”触及过去和未来？或者，肖恩·加拉格尔和丹·扎哈维（Dan Zahavi）（2008：75）提出，“我们怎么能意识到那些已经不存在或还没有存在的东西呢？”根据利科的说法，我们通过讲述和跟随理解故事来回应这些谜团。在亚里士多德的著作中找到了奥古斯丁问题的答案，利科认为：“关于时间的推测是无结果的猜测，只有叙事活动就能对其作出反应”，不是从理论上解决这些谜题，而是使它们富有成效——通过创作将生活时间中矛盾的中断和联系转化为连贯的“不协调与协调”的情节（6，22）——富有诗意地——将这些谜题投入作品中。

根据利科的观点，这种将时间的谜题转化为不协调的协调结构的行动，在亚里士多德著名的情节定义的三个部分中证明：1）摹仿一个动作；2）把开始、中间和结尾结合成一个统一的整体，然后在悲剧中；3）引起观众的怜悯和恐惧。利科认为，“只有在情节中，行动才有轮廓（contour）”和“幅度”（magnitude），生活经验的直接性被塑造成戏剧形式（39）。故事情节通过协调紧张关系中变化和模式的竞争性主张来塑型行动，（例如）在决定什么是可能的（而不仅仅是可能的）或在解决故事冲突中预期和意外之间的对立中的紧张关系。同样地，利科主张，“只有通过诗歌创作，某些东西才算是开始、中间或结束”（38）。这种连续的结构转变为一种联系的逻辑，这种逻辑不是由偶然性支配的，而是由"符合必然性或可能性的要求"（39）支配，把生活时间中的一件又一件事转化成一种有区别的秩序，赋予某些事件以开始的状态，有意义地让我们想想自己像以后其他的时刻，这些时刻向后作为结尾与这些开头相关。最后，无论"宣泄"这个词有多大争议，其所引发的怜悯和恐惧情绪也会激起对立的关联和分离活动，因为我们同情角色的艰难处境，只会经受对恐怖的厌恶，在这两种情况下，我们都体验了本身和非本身认同的矛盾双重性。在情节编写的每一个层面上，时间流逝的水平时刻之间的中断和联系，实现了综合异质性的叙事塑型的形成。

叙事是对时间谜题的一种富有成效的回答，因为故事重组了利科（Ricoeur，1984b：338）所说的"日常行动和苦难所承载的时间的普通体验"。故事让我们与世界互动的生活即时性有了可理解的形式，也就是已经有意义，但我们可能不会完全理解的具身体验。按照利科（Ricoeur，1980：151）的说法，叙事的作品是"不间断的时间段……通过被塑型世界的中介，从预塑型的世界到改观的世界"——一个交互的、相互转化的相互作用的循环，他称之为"摹仿1"（mimesis1）、"摹仿2"（mimesis2）和"摹仿3"（mimesis3）（Ricoeur，1984a：52–87）。利科承认，在他心中，"摹仿"（mimesis）是一个潜在的误导性术语。"如果我们继续通过'模仿'（imitation）来翻译摹仿，"他解释说，"我们必须通过再现来理解完全相反于某个先前存在的现实的复制品"或者"某种再现存在"的东西，因为"用文字工作的工匠们不是制造物品，而是制造类似物品的东西；他们创造了'仿佛'"（Ricoeur，1984a：45），"一种模拟的事物，……在这个意义上准确地说，虚构故事就是指'fingere'，捏造和想象，或者更好地塑型"（Ricoeur，1980a：139；Iser，1993）。构型、塑型和再塑型的语言比模仿、表现、复制等术语更可取，不仅是因为后面的术语极具指称关联，而且还因为术语"构型"是指构建完形（gestalt）或模式（pattern）的活动，这是各个层次的具身认知的基础——从神经元集合到大脑、身体和世界的相互作用——而且这对于讲述和理解故事的过程也是不可或缺的。

当故事将体验转化为叙事模式时，不同的构型过程相互交叉、相互作用。摹仿2是通过将生活中的偶发事件和事件塑造成情节来创造故事的塑型工作，但它反过来又借鉴了体验的预塑型模式（摹仿 1），我们无反思的存在是存在（being-in-the world）的有意图活动，包括诗人利用的承袭规范和先前叙事的“文化存量”对“实践领域的隐含分类”（Ricoeur，1984a：47）。因为行动本身的特点是预先写好的“唤起叙事的时间结构”，利科把“生活描述为一种寻找叙事的活动和欲望”（Ricoeur，1987：434）。但生活也总是在文化和象征上受到影响，他指出，“如果没有已经被传承的神话，就没有什么可以诗意地转化”（Ricoeur，1984a：47）。然而，这种将生活塑型成情节和故事本身并不是目的，而是一个过程中的阶段：“结构化是一种有方向的活动，只有在观众或读者身上完成”（Ricoeur，1984a：48）通过理解叙事的潜在转型的（transfigurative）体验（摹仿 3）。对叙事的接受反过来又可以重塑观众对叙事世界由情绪、具身表现和文化介导的感觉。

因此，这个环路完整了，只是准备好重新开始，因为在现世存在文化上共享和成形的模式（摹仿 1）被各种各样的诗人、作家和故事讲述者（摹仿 2）所利用和重构，他们向不断更新的观众提供再塑型的叙事，这些观众可能会利用它转变他们体验世界的塑型（摹仿 3）。利科发现，也许是“故事被讲述而不是经历”，而“生活是经历而不是被讲述的”（Ricoeur，1987：425），但是在生活和讲述之间有一个相互形成和可能转化的循环，这是因为构型的行动结果跨越并连接了摹仿的三种形态。故事有能力促成和再促成我们的大脑的行为模式，因为跨越三种类型摹仿循环中的叙事塑型活动会启动，并能够塑造和重塑具身认知的基本加工过程。

分析叙事的塑型能力和具身大脑可以解决叙事理论中的很多难题。关注故事从我们异质的时间体验中塑造不协调的协调模式的能力，通过表明在一些臭名昭著的争议中体验和认知上重要的问题，至少可以驱散一些术语上的迷雾。例如，考虑一下 E. M. 福斯特（E. M. Forster）（1927）在故事和情节之间的著名但很有问题的区分。这些简单的术语在人们理解它们与不协调的协调和之间产生的关系之前，似乎是无望地令人困惑。[1] 根据福斯特经常被引用的定义，“国王死了，然后王后死了”是故事，因为它叙述了时间上的事件，而“国王死了，王后因悲伤而死”是情节，因为它提供了动机和因果关系。然而，关于国王和王后相继死亡的报道本身是否是故事还不清楚。任何听说过这些事件的人都想知道“为什么”？有联系吗？或者这些死亡仅仅是事故、意外事件、随机发生的事件？在最初的诉诸问题的解释中，缺少的是构型的作为结构。只有通过回答这些问题，使事件序列变得有意义和可理解，从而将它们塑型成一种模式，使不协调的事物和谐一致时，时间序列的一件接一件的事情才会变成一个故事。

利科（Ricoeur，1980b：171；原文强调）简洁而神秘地解释道：“故事是由事件‘构成’的，在某种程度上，情节把事件变成了故事。”换句话讲，故事需要情节才能成为故事，因为编排情节综合了多样化的——构建元素之间的构型一致性，否则这些元素就固定地并排在一起，等待连接和解释。当情节将一系列事件转变成一个故事时，一种叙事模式使事件（如这两起死亡）的并置变得协调，而这些事件在其他方面看起来是随机的、偶然的和不协调的——这种塑型的联系就是“悲伤”提供的补充。其他的解释会通过将事件安排成不同的模式来产生不同的皇帝，例如：“当刺客把枪口从君主转向新娘时”或“因他们服用的毒药逐渐起到了致命的作用”。这些潜在的情节中每一个都通过投射一个不同的“视作为”方式来将事件塑型成不同的故事。

另一个经常困扰叙事理论家的相关歧义性问题是，情节是讲述的元素还是被讲述的元素。讲述中事件的安排通常被认为属于话语，借用了西摩·查特曼的著名术语，而故事是由被讲述的事件组成的。同样，叙述理论家有时会使用俄国形式主义者首先提出的术语“故事”［法布拉（fabula）］和“情

---

① 关于情节和故事之间的困惑，见 Chatman，1978：19-20；Brooks，1984：12-13。

节”［休热特（sjužet）］来区分“叙事所指的事件顺序”和“叙事话语中呈现的事件顺序”（Brooks，1984：12）。当然，这些区别的问题在于，我们只通过话语来了解故事，而讲述塑造了被讲述的故事。对王后悲伤的解释是讲述或被讲述的一部分，还是休热特或法布拉的一部分？它是话语附加的解释，还是故事的关键元素？叙述者插入的心理推断是在讲述所发生的事情，还是在被讲述的内容中其他方面无法解释的事件之间的一个关键的连接因素？彼得·布鲁克斯（Peter Brooks）说：“法布拉显然比休热特优先考虑的是……一种摹仿的幻觉，其中法布拉——‘真正发生的事’——实际上是一种读者从休热特中得到的思维结构，而这正是他一直直接知道的一切。”（13）

在这里，术语迷雾很容易迷失。然而，再次要记住的关键问题是叙事如何进行构型的工作。由于话语中事件的安排本身就是一种异质事物的合成方式，故事与话语之间的界限本来就模糊而不稳定。两者都需要塑型的加工过程（视作为的方式），可以相互混杂、混合并且相互抵消。不协调的协调不仅是编排情节的一个特征（故事中的事件如何被塑型成有意义的模式），而且也是叙事行为的一个特征（它们在讲述过程中是如何组织起来的，不同的呈现模式区分了不同的讲故事者如何看待相同的事件）。“视作为”在叙事中的作用也解释了为什么杰拉德·热内特备受讨论的语气（mood）（“谁看到”）和语态（voice）（“谁说话”）之间的区别是出了名的模棱两可。叙述者的语态本身就必然是一种观看的方式，他通过将其塑造成一种或另一种塑型，将其视为某种特别的完形，即整体中各部分的交互安排。①

讲述和被讲述之间的构型加工过程的相互作用——叙事的塑造、视角活动和由情节组织的行为模式之间的相互作用——可以无限地排列，这使分

① 见 Genette，1980，该书专门为情绪（161–211）和声音（212–262）提供了单独的章节。然而，雅各布·卢特（Jakob Lothe）（2000：41）观察到，“在许多叙事理论中，视角已经开始同时指示叙述者和视野”，尽管他认为，这是“两种叙事能力”，它们“实际上是相互补充，而不是复制对方”。我认为在这两种能力中“看作为”的作用解释了为什么每种能力都倾向于隐藏在另一种能力中。

类学家将它们分类为不同范畴的最大努力也落空了。这些塑型模式之间的交互不会整齐地保留在一个或另一个叙述学特定区域中。然而，万幸的是，这种融合和混合是富有成效的，因为讲述和被讲述之间的塑型加工过程的相互作用使得无限的叙事创新成为可能。例如，从荷马（Homer）的《奥德赛》（*Odyssey*）到詹姆斯·乔伊斯（James Joyce）的《尤利西斯》（*Ulysses*），同样的事件塑型可以在不断变化的叙述行为中重新形成。这种混淆叙事学分类的边界跨越证明了语义创造性是如何通过重塑塑型模式发生的。

建构认知模式的塑型工作不仅描绘了讲述和被讲述，还有他们之间的关系，这也是故事和话语之间区别难以确定的另一个原因。为了跟随理解一个故事，读者不仅需要理解事件，还要理解讲述者巧妙地呈现它们的方式；他们还必须将故事和话语之间有时一致但有时中断，甚至偶尔令人困惑的关系结合。举个例子，想想《奥德赛》和《尤利西斯》之间的区别，乔伊斯的风格实验为他的英雄们的旅程提供了一个讽刺性的评论，这些实验有时在他们古怪的嬉闹中，似乎呈现了自己的生活——因此一位乔伊斯评论家把这部小说描述为“文体的奥德赛”（Lawrence，1981）。阅读《尤利西斯》的乐趣或挫败感（取决于你的视角）是，这些层次并不像T.S.艾略特（T.S.Eliot）声称的那样直截了当，他主张乔伊斯的“神话方法”与荷马的故事和都柏林的布鲁姆日（Bloomsday）事件是平行的。如何理解这些通常拒绝解决的讽刺的、嬉闹的典故是一种挑战，它既不属于故事本身，也不属于话语，而是在于它们如何相互作用和联合（或不太协调）。沃尔夫冈·伊瑟尔（Iser，1978）说，如果阅读是建立一致性的活动，那么在我们的故事体验中构建塑型模式的工作不仅发生在这些叙事理论仅仅人为分离的相互关联的领域内，而且发生在这些领域之间。

在我们的叙事体验中，不协调的协调的塑型描述了故事、话语及它们相互作用的特征。即使在热内特所谓的零度叙事（zero-degree narratives）（Genette，1980：35-36）中，也可能出现复杂的构型模式——在这些故事中，讲述似乎是被讲述者的透明反映，而相关事件之所以有趣，主要是因为它们之间的联系，而不是因为讲述的艺术性。梅尔·斯特恩伯格（Meir Sternberg）（1987）将叙事描述为基于好奇心、悬念和惊奇的结构，即使对这些简单的故事也是如此，因为这些反应可以由故事本身来唤起——被讲述的行为方式形成（patterning）的连接和中断。因此，亚里士多德（Aristotle，1990［前 355］：12–13）在情节构建中反转和认识的著名关注——比如悲剧英雄的倒下这样的命运变化，或是出乎意料的事实或关系的发现——而且他主张“最精细的认识是在反转的同时发生的，就像《俄狄浦斯［雷克斯］》（*Oedipus*［*Rex*］）”中的那种，英雄的死亡是由于他发现了自己的出身而突然发生的。反转和认识的时刻在情节的构建中是至关重要的，因为它们在中断和重建塑型模式中起着重要作用。零度叙事在某种程度上仍然是一种叙事，它是一种协调的不协调结构，并与故事所启动和操纵的模式和变化中竞争的认知需要相互作用。

故事和话语之间界限模糊的另一个原因是，故事中事件的安排本身就很巧妙，即使是最简单的故事也是如此。即使是在故事中，讲述试图消失，而话语本身并没有引起注意，斯特恩伯格的好奇、悬念和惊奇可能会被不同的情节编排方式增强或破坏。毕竟，这就是为什么亚里士多德认为，他可以给出有用的建议，有助于情节变得更好或更差，或多或少巧妙地促成模式。有一种艺术可以编写好的情节，也有一种艺术可以讲述好的故事，有时很难区分编排情节和叙事之间的区别，因为两者都需要塑型行为。

尽管有这些模糊性和复杂性，故事和话语之间的区别仍然有用。将故事和话语分开的界限很难划出，因为构造不协调的协调模式的塑型工作会跨越这个界限来回交叉，但有时问一下我们支持哪种观点是有用的。有时，我们对叙事的兴趣主要与一种观点或另一种观点有关——也就是说，与被叙述事件本身的关系或它们在叙述过程中是如何组合在一起有关。所讲述的内容中的元素可能本质上很有趣，因为它们的连接和中断好像奇异、反常或令人惊讶，或者讲述得巧妙可能会将一系列原本平凡的事件转变为叙事，通过提供、暗示或者保留信息的方式使我们抓住悬念或保持好奇心。不同的讲述者试图不去修饰或离题，将一个故事可以讲述得差不多好。

故事与话语之间的对立有助于揭示以多种方式相互作用的不同构型模式。即使这些术语本身不肯确定下来，它们显示的特点也能使人们看到各种典型的、反复出现的相互作用模式。同样，重要的不是建构一个逻辑上坚不可摧的分类体系，而是理解叙事如何承担构型的认知行为。叙事的这些方面之间的相互作用不仅仅是精确地划定和控制它们的界限。

例如，当话语提供了补充、协助和支持故事塑型行为的解释模式时，会发生什么——就像奥诺雷·德·巴尔扎克（Honoré · de Balzac）笔下全知的叙述者在《佩雷·戈里奥》(*Père Goriot*) 中宣称“一切都是真的”时并要求我们相信他，因为他解释“巴黎的法律”，拉斯蒂涅克必须掌握，以实现他所争取的社会成功；或当乔治·艾略特（George Elloit）在《米德尔马奇》（*Middlemarch*）中富有同情心但又具有批判性的叙述声音，引导读者来判断多萝西娅·布鲁克（Dorothea Brooke）的高尚的但不幸错位的承诺。当讲述和被讲述中的塑型模式以这些方式相互补充时，结果可以(就像和巴尔扎克一样)通过构建连贯的、一致的幻觉或（如艾略特）强化叙事的教学法课程来鼓励读者沉浸在一个栩栩如生的世界中，因为讲述者的判断揭示了讲述内容的道德意义。讲述和被讲述内容之间和谐的塑型模式可以增强被传送到另一个世界的错觉，或者鼓励我们学会视作为的某些做法。

叙事所引发的各种构型模式之间的不和谐也可能是富有成效的，即使(有时尤其是当时)很难确定是否将其归因于故事还是话语时。例如，在《安娜·卡列尼娜》(*Anna Karenina*) 这样的多情节小说中，不同故事线之间的相互作用可以被巧妙地构建起来，使其效果超越可以追溯到故事本身或叙述者跑题的声明。这部小说著名的开场白［“所有幸福的家庭都是相似的。”（All happy families are alike.）］是以赛亚·伯林（Isaiah Berlin）所说的托尔斯泰（Tolstoy）“刺猬”的声音的权威宣言，他知道简单、单一的真理，但是安娜情节和莱文情节的相互作用抵制了这些简化作用，产生了一种悲悯化（sympathies）的对应物，指向不同的、并不总是交互相容的方向，托尔斯泰这个“狐狸”似乎都意识到不容易调和。如果把这两个情节分开并且单独出版，这部小说就没有那么有趣了——一卷是奸妇的衰落和堕落，另一卷是幸福婚姻男人的道德胜利。随着两个情节相互作用和相互拆台，这两个人物的缺点和优点、对他们生活的压力和他们可能得到的机会可以用小说叙事结构启动但不能完全预测或不能完全控制的方式，由读者做出不同的塑型。每一个故事都提供了一个视角来看待另一个故事，而“视作为”在这种视角间的互动并不能只归因于其中一个故事。它也不仅仅是叙述者话语的产物。故事情节之间的相互作用发生在阅读的构型空间中，这里故事和话语相遇，读者试图将它们提供的模式结合起来。

话语与故事之间的协调或者中断可以通过与认知的构型作用互动而产生各种效果。如果说讲述和被讲述的塑型过程一致，有助于沉浸或教育，那么话语和故事之间的中断会使认知过程陌生化和前景化，而这些认知过程在阅读或生活中通常不会被注意到，因为我们专注于习惯性的认知方式。例如，在《吉姆老爷》（*Lord Jim*）一书中，约瑟夫·康拉德（Joseph Conrad）将马洛（Marlow）的讲述和有名无实的英雄故事并置在一起，通过阻碍叙述者（和读者）试图明确表达的方式，唤起人们对认知塑型模式作用的注意。马洛对这个神秘标题人物所接受的不同观点之间的不一致，阻碍了他形成连贯的视角，并因此而感到沮丧和困惑：“他让我看到的他自己的景象，就像在浓雾中从不断变化的裂缝中瞥见的东西——只有一些生动而又突然不见的细节，无法了解这个国家的总体面貌。”（1996［1900］：49）

康拉德的叙述者通过断片的和不连续的视角把吉姆展现给读者——这些矛盾的解释由多个拒绝联合的知情人提供，多项证据的对立含义是无法调和的——话语中的这些中断阻止了单一的、连贯的故事出现。吉姆是浪漫的英雄还是自私的懦夫？马洛对他的同情是一种同胞情谊的高尚典范，还是下意识有动机地希望作恶者逃避惩罚？[1]拒绝综合这些视角，突出了在清晰理解所必需的模式中元素之间构建一致性的动力。马洛断片的、无连接的话语和吉姆难懂的故事之间的不协调产生了歧义的文本，类似于经典的兔子－鸭子形象，在可能的塑型之间振荡，打断了幻觉的建立，以便引起人们对它调动的模式形成价格过程的注意，但却阻止了它固定下来。再一次，故事和话语之间区别的价值与其说与其支持分类方案的能力有关，不如说与其作为分析叙事塑型作用工具的有用性有关。

我所讨论的例子说明了这种区别是如何与行为的叙事塑型相联系的，但它也与时间性（temporality）和主体间性（intersubjectivity）有关，它们是叙事的另外两个方面，也是下面几章的主题。例如，话语和故事之间的关系常常因时间倒错（anachronies，用热内特的术语）而变得复杂，扰乱了讲述和被讲述之间的时间对应关系。如果简单、零度故事从头到尾都能无缝展开，那么巧妙的讲述可以通过时间上的中断来操纵事件顺序，以激发好奇心、悬念或惊喜，这种时间上的中断进一步加剧协调与不协调之间的紧张关系。康拉德曾经的合作者福特·马多克斯·福特（Ford Madox Ford）抱怨说："这部小说的问题在于，尤其是英国小说，它是直接向前的，而在你与同伴逐渐熟识的过程中，你永远不会直接向前。"（1924：136）然而，通过在呈现的时间顺序和事件的先后顺序之间保持大致的平行，福特批评的小说有助于读者发现和构建模式，从而实际上鼓励沉浸在现实主义所依赖的幻觉中。然而，福特的观点是，这种连续性掩盖了它所操纵的过程。在了解任何事物状态的过程中，我们"从不直接向前"，因为我们总是在对超出视域的事物的期望和根据后来出现的证据对先前猜测的更正之间来回穿梭。

时间倒错有很多用途，其中之一是预测构建一致性时间加工过程，否则在

[1] 这是两位最著名的小说翻译家，伊恩·瓦特（Ian Watt）（1979）和阿尔伯特·杰拉德（Albert Guerard）（1958）提出的相反解释。关于康拉德的歧义性，另见《困惑的挑战》（*Challenge of Bewilderment*）（Conrad，1987）。

故事讲述或日常认知的塑型工作会受到忽视。例如，在福特的小说《好士兵》（*The Good Soldier*）中，叙述者约翰・道威尔（John Dawell）在试图弄清楚事件和关系时，在他的过去中来回穿梭，这时他惊奇地发现他完全曲解了，结果是叙述令人困惑，不断地在时间上跳跃，挑战读者以一种有序的方式，把它所提供的不断变化的、不连贯的、不完整的视角拼凑起来："我知道，我以一种非常杂乱的方式讲述了这个故事，因此，任何人都很难在某种迷宫中找到自己的路。我忍不住……我安慰自己说，这是一个真实的故事，毕竟，真实的故事可能最好是用讲故事的人讲述的方式。他们将看起来最真实"（1990［1915］：213）。和其他许多事情一样，道威尔在这件事上可能是不对的。《好士兵》中著名的时间转换实际上可能会阻碍创造"看似真实"的幻觉所需的一致性建设，因为它们的连贯性鼓励我们暂停怀疑——但从这些中断中获得它们提供的机会，让我们反思那些当它们运转平稳时隐形的认知的时间过程。福特通过让困惑的读者比连续叙述更努力、更具反思性，从道威尔话语中零散的片段中构建连贯的故事模式，从而将预期和回顾从隐性认知过程转化为阅读体验中的显性问题。故事和话语的时间性之间的协调可以促进摹仿性的沉浸，而对模式形成的时间运作中断可以揭示塑型是如何起作用的。

不同程度的话语与故事之间的协调与不协调同样可以用来与故事的主体间性做游戏。亨利・詹姆斯（Henry James）（1970b［1883］：237–238）认为，阅读叙事"使我们在体验了另一种生活的时候——好像体验被奇迹般地扩大"。鼓励沉浸在幻象中的叙事可以促进对自我和他者的这种认同。然而，跟随理解故事的体验并没有瓦解自我之间的差异，而是需要我的意识与叙事准备好的意向的双重化，从而生成共同体和描述主体间性的唯我论的矛盾结合。这种认同是矛盾的体验，我把另一个世界当作自己的世界来塑型——当然，这不是我自己的世界，因此，我暂时占据的认知模式的陌生感总是遮蔽着我对它们的沉浸感，即使当我感觉故事在自己的身体里可能会启动的恐惧、悲伤和其他热烈的反应。我对这位悲剧英雄的怜悯或恐惧是对一个与我不完全相同却类似的人的认同，毕竟，他甚至不是一个真正的人，尽管我可能非常关心她的遭遇（可能会为她的不幸流泪）。

如果日常感觉其他世界与我们自己的世界既互补又不可接近，各种一致性和不和谐要应对反常的事，用叙事使这些塑型发生的方式，可能会试图掩盖或突出我的世界与另一个世界的双重化，当我认同不属于自己的生活时，就会出现这种双重性。詹姆斯自己关于观点的著名实验以一种特殊的双重性（doubleness）为标志，这种双重性利用叙事的能力让我们身临自己以外，即使他要求考虑其超越的认识论限制。詹姆斯通过将读者投射到他重新创造视角的人物世界中（例如，当他开始执行大使任务时，斯特雷尔迷恋巴黎的巴比伦），给予我们从内部看到了他自己体验的另一种生活的难得的视角。但是，在将自己投射到另一个生活中时，我们也会体验到它的视角与其他之间的空缺（gap）不同程度上仍然模糊和神秘（我们永远不知道，但可以想象，纽索姆夫人对斯特瑞泽寄回家无疑令人震惊的信怎么想）。这种超越和重新体验不同自我之间差距的双重性活动，在读者自己的体验中戏剧化地表现了关联性和模糊难懂的结合，使另一个自我变得矛盾。

叙事通过在讲述者和受众之间来回往返的互动中塑型和再塑型世界之间的关系，使自我和他者双重化。这可以通过第一人称和第三人称叙事以及不同类型的叙述聚焦（focalization）（叙事学术语中的视角）或叙述语态（narrative voice）（具有不同态度或权威程度的叙述者）来实现。叙述者是谁，或者是什么特殊的技术手段启动这种本身并不重要。同样的语言或叙事结构可以用于各种目的。重要的是讲述者、故事和受众之间的交流如何在不同世界之间发挥各种相互作用，这些互动是塑型和重新塑型动态的、来回往返的过程，无法通过构建静态分类方案或将叙述技术映射到分类网格来充分说明。命名一种技术或结构仅仅是在任何特定的叙述中分析它所启动的模式形成和中断的塑型过程，以及在描述这些相互作用所起的认知作用的第一步。

生活的世界和叙事的世界建构

“世界”这一术语在叙事理论中经常被用来描述这些相互作用，但它是一个不稳定的概念，值得再做分析。对于现象学和实用主义传统中的理论家来说，这个术语指的是具有体验特征的意义创造活动的塑型——梅洛 - 庞蒂称之为不假思索的“运作着的意向性”（operative intentionality），当我们反思自己的生活时发现这种意向性已经起作用，并且发现各种关系模式，塑造了我们与人、地点和事物之间典型的、习惯性的互动（Merleau-Ponty，2012 [1945]：lxxxii）。肖恩·加拉格尔解释，这个“意向性”（intentionality）（现象学词汇中的一个关键术语）有一个作为结构（as-structure）：“所有意识都是某物作为某物的意识”（Gallagher，2012：67；原文强调）。按照加拉格尔的说法，“动作有意向性，因为它们指向某个目标或投射（project），而这是我们在他人动作中可以看到的东西”——因此我们倾向于“将意向性归因于电脑屏幕上以特定模式移动的几何图形……还有非人类动物和人类婴儿，我们并不认为它们遵循特定的社会规范”（Gallagher，2012：77，75）。

认识一个世界需要理解和解释意向性的模式——作为结构，它以一种有意义的方式，在自己的体验中，或在我们将他人理解为拥有类似于自己的体验中，塑型事物的状态。利科（Ricoeur，1984a：61）在追溯世界的概念到海德格尔的《存在和时间》（*Being and Time*）中解释，“在世存在（being-in-the-world）的结构比任何主体与客体的联系更加必不可少”。与笛卡尔二元论相反，主体和客体并不是分开的，而总是在构成我们生活世界的塑型模式中已经结合在一起。连接“在世存在”的连字符是在我们基于所处的环境将自己投射到可能性的未来时启动的意向性模式（因此海德格尔将存在描述为“被抛的筹划”（thrown projection），或“geworfener Entwurf”（Heidegger，1962 [1927]：185）。

叙事将世界带入关系，因为塑型活动的模式在环路中来回交叉，将生活体验、故事的构建以及听众和读者的接受连接起来，这是利科的三重模拟。

利科（Ricoeur，1987：430–431）解释，“文本世界和读者世界的交叉点……打开了一个可能的体验的视野，一个它可能存在的世界”。讲述和跟随理解故事的过程在描绘这些不同世界特征的塑型模式之间启动了相互作用。

虽然“世界”这个术语在从一个领域转到另一个领域时可能显得不稳定，但这种跨越边界是一个必要的，绝不可能是故事对体验开放性的可悲后果。利科（Ricoeur，1984b：349）指出：“文本实际上不是自封闭的实体。它不仅有形式结构；它指向一个超越自身的可能的世界，我可以存在于这个世界，只要我在这个世界中，就可以实现自己的可能性。”“世界”一词在这些不同的语境中的反复出现，表明了故事对他们重新塑造的体验的开放性和接受者存在的可能性。以实用主义方向的心理学家杰尔姆·布鲁纳（Jerome Bruner）（1986：66）同样引用这个术语来描述故事，不是逻辑的、形式的结构，而是我们生活经验的多个方面——对“可能的世界，其中的行为、思想，自我定义是可能的（或者是可取的）”投射。对于利科和布鲁纳这样的理论家来说，在现象学和实用主义传统中，重要的是故事的模式创造能力如何促成纳尔逊·古德曼（Nelson Goodman）（1978）著名所谓的“世界建构的方式”，现象学阅读理论家沃尔夫冈·伊瑟尔在《文学人类学》（*Literary Anthropology*）（Iser，1993：152–170）中也采用了这个概念。

然而，通过将其简化为认知叙述学家有时提出的那种形式的、图解的模式，以描绘“故事世界”的结构，或对区分“实际的”和“可能的世界”的逻辑标记进行分类来把世界建构具体化是错误的。我们讲述和跟随理解故事时那些世界之间的相互作用不能简化为网格和方案。例如，大卫·赫尔曼（Herman，2013：x–xi）有点尴尬、令人困惑地将“叙事的世界建构”（narrative worldmaking）描述为“将故事世界化”和“故事化世界”的好处在于，它认识到叙事的塑型运作是一个动态的过程。但是构建分类方案来解释这些过程的分类学动作是有问题的。赫尔曼备受讨论的著作《故事讲述与思维的科学》（*Storytelling and the Sciences of the Mind*，2013）中，充斥着一个又一个分类系统、图表和分类法，大量增加术语、类别和区别，近乎疯狂地试图将创造世界的动力简化为一个有序的系统。这座由映射、网格和定义组成的精致大厦，歪曲了世界被投射出来并在叙事和生活经验中相互作用的塑型活动，未能捕捉到它试图简化为静态传统的加工过程。

这种方法的根本问题在赫尔曼关于叙事世界构建的两个核心主张（Herman，2013：56）中显而易见——“诠释者将文本模式映射到故事世界的谁（who）、什么（what）、哪里（where）、何时（when）、如何（how），以及为什么（why）的维度”以及“所讨论的模式源于（产生文本）动作的原因”，这些原因可以系统地分类。在网格上绘制这些问题答案位置的静态地图，并不能公正地解释意义产生的塑型加工过程，世界通过这些过程被体验和交流。赫尔曼的疑问地图让人想起报纸记者在收集故事素材时被指引要问的基本问题，但任何记者都知道，他们在笔记本草草记下的答案并不是故事，而是回到编辑室时必须整理的零碎的东西。赫尔曼的地图中缺少的是连接这些点和填充空白（blanks）的模式形成的塑型加工过程。例如，当我读《大使》（*The Ambassadors*）的时候，我可以在一个表格上画出所有这些问题的答案，关于斯特雷尔从巴黎夺回乍得的任务，但我仍然会怀念那些渴望、遗憾和欲望的模式，这些模式激发了他在格洛里亚尼花园里对小比勒姆热烈的恳求：“用尽全力生活吧！不这样做是错误的。”（live all you can! It’s a mistake not to.）激活一个世界的意向性模式反对被简化为一个分类方案，并且不能用地图上的位置来解释。

类似的问题也困扰着马克·特纳（Mark Turner）（1996），他所说的“概念整合”（conceptual blending）的图表中没有图表能够适当处理隐喻创新发生的词和语境之间的相互作用。这种相互作用的特点是尼采（Nietzsche）（2015［1873］）所描述的“相似等于不一样”（das Gleichsetzen des Nicht-gleichen），“不一样的东西”的“平等设定”。利科（Ricoeur，1977：252，197；另见 Ricoeur，1977：21–22，170–171）解释，新的隐喻是“蓄意的错误”，“比得上吉尔伯特·瑞尔（Gilbert Ryle）（2009［1949］）：lx）称为（一个）‘范畴错误’，即‘用适合于另一个范畴的惯用语来呈现属于某个范畴的事实’”。根据利科的说法，某个新颖的隐喻令人惊讶，而且最初可能会令人困惑，因为它在“根据另一个事物来描述某个事物”（197），这个事物既像它又不像它，进行一种超越我们习惯的塑型模式的比较行为。然而，这种不一致性——“有计划的范畴错误”（197）——并不是简单地被视为一种错误而摒弃，而是由于诠释者的调整而产生了新的意义，使最初的不连贯性得以保持一致。在它们被重新塑型成相似和不同的新模式之后，这些不连贯性可能会以意想不到的方式变得“正确”。当一个新奇的隐喻的不一致被如此同化和俗化而不再被注意时，它就可能无效。只有那时，它才是一个“混合体”（blend）——但在这一点上，它的意义是字面上的，而不是隐喻，因为相似和不相似之间的不一致性所引发的互动已经结束，而且它的暗示能力已经消失和无效。

特纳提出了对这些相互作用进行分类的详细方案，并开发出复杂的空间图来绘制它们的组成部分（Fauconnier & Turner，2002）。这些结构必然忽略了相互作用——范畴错误及其引发的重新调整——这构成了隐喻的创新。他的分类法将中断和重组的过程简化为一系列图表和对比，而不是捕捉创造新意义的塑型活动。这里的错误，类似于赫尔曼的地图问题，是根据其结构对各种“混合体”进行分类，忽略了通过“相似”（like）和“不相似”（unlike）的惊人组合引发的新的一致性构建模式的相互作用。出于同样的原因，特纳经常使用的术语“混合”（blending），并没有表达出不协调和不和谐对产生新的一致性是多么必要。赫尔曼和其他面向结构的叙事学者使用映射、网格和图示来描述叙事的协调与不协调，同样注定会错过构型、塑型和再塑型的过程，这些过程被简化为静态分类法。

赫尔曼有效地运用一个静态的、结构的隐喻来描述世界构建：“建立故事世界的过程……为各种意义创造的活动搭建了脚手架”（x；重点增加）。这是“4E”理论家有时调用的一个概念（例如，Clark，2011：44-60），这是赫尔曼反复返回的术语。然而，提到故事世界构建为“脚手架”（scaffolding）

的加工过程，令人尴尬和困惑。脚手架是一种有助于建设建筑物活动的结构。它并没有抓住制造它的必要工作，当建筑完工并可供使用和居住时，它就被丢弃了，为与人类的其他成员进一步的不可预测的、开放式的互动开辟了道路，穿梭于它的结构中，改换它们的意图重新用于目标、关系，以及建筑工人可能没有想到的项目。脚手架的隐喻歪曲了叙事世界的构建过程，以及通过将动态加工过程简化为图示结构，它们可以发挥什么作用。这种令人困惑的说法优先考虑结构，而不是使用它们的过程使之成为可能的意义事件。

脚手架的隐喻可能会吸引结构思维的想象力，但它的笨拙和盲目证明了其加工过程的具体化，在我们生活、讲述和跟随理解故事的过程中，世界是通过这种加工被创造、改造和互动的。叙事世界的建构与互动所涉及的塑型活动，并不是位置地图、理性逻辑或结构的脚手架。像这样的隐喻是结构主义幽灵的痕迹，它萦绕在形式主义认知叙事学中。为了避免将构成生活世界和叙述世界的有意向性的活动具体化，有必要关注世界隐喻所包含的模式形成过程，即现象学和语用学传统中突出的比喻过程。①

这种图解法是第一代认知文学学者对框架和结构优先化的遗留问题。相比之下，不同形式的第二代叙事学关注的是故事塑造我们世界模式的行为和互动。例如，特伦斯·凯夫（Terence Cave）（2016：4，5）将“用文学思考”描述为一个探究、即兴创作和对话的协作结果过程，它“调动了我们的认知推论能力”，并可能“以强大的、可能令人不安的并且完全无法自证的方式改变读者的认知环境”。凯夫基于相关理论的阅读模式（Sperber & Wilson，1995 [1986]），强调文学的“大胆而高度精确的缺乏描述的模式”（27）——伊瑟尔或英加登这样的现象学理论家称之为空白或不确定性，需要通过将故事世界的维度映射

① 另见利科的经典文章《结构、单词、事件》（*Structure, Word, Event*）（Ricoeur，1968），他在文章中主张关注语言的事件性的重要性——当变化莫测的句子以创新的方式利用预先存在的语言结构，反而可能改变这些结构时，以潜在的全新组合阐明词语（创新的隐喻和叙事就能做到）。利科关于语言和隐喻的论文揭示了 20 世纪中叶结构主义中具体化和简化的问题，他的叙事理论现在同样可以用来纠正这些错误，因为它们在 21 世纪后经典叙事学的形式主义研究项目中自己表现出来。

到空间网格中才能捕捉到。对于凯夫来说，“用文学思考”是对文学作品的共同创造性回应，“不是作为一种中立的文本，而是作为一种生动的功能可供性（affordance）”（9），它鼓励并使之成为可能，但并不完全决定我们的解释。借用吉布森（Gibson，1979：55-56）的著名术语，凯夫认为，“当我们将文学惯例重新描述为功能可供性（affordances）时，会发生什么”，即“静态的、仅仅是约束的东西”最终打开了“各种意想不到的可能性，突破进入新领域的方法”。

功能可供性是一个比脚手架更好的比喻，用来描述环境中的动作和相互作用，安迪·克拉克（Andy Clark）（2011：61-68）在描述各种工具和资源可能用于构建环境中的行为和交互作用时，提供性是一个比脚手架更好的隐喻，将此过程描述为“生态位构建”（niche construction）。建造生态位创造了一个环境，反过来又提供了多种用途。同样，通过运用各种技术、惯例和其他叙事资源（脚手架）来塑型的故事世界，然后能提供一个开放的、不可预测的接受者反映历史，这些接受者参与到它实现的意义创造活动中（见第三章中的叙事功能可供性分析）。将一个世界映射为网格上的点，却忽略了这种动态性——凯夫（77，33）称之为“人类超越（我们）环境的直接需求的思考能力”，即文本通过其“隐含性”引起的“从规定话语中可以推论的衍生出的各种有意图的意义”。

其他认知方向的第二代理论家也同样关注于构型模式之间这些类型的相互作用。例如，借鉴现象学和语用学的文本－读者互动理论，马可·卡拉乔洛（Marco Caracciolo）的“生成主义方法”（2014：4）强调“意义是如何从文本和读者之间的体验互动中出现的”——“故事本身就是一种富有想象力的体验，因为它们借鉴和重构了读者对体验本身的熟悉程度”——这是一个来回往返的、时间性呈现的、读者世界与文本世界在一种相互形成的体验交流中的动态关系。费伦（Phelan，2015: 121）将叙事描述为“作者和读者之间有目的沟通的交流”，提出了一种“修辞理论”，类似于前景化互动的加工过程。费伦的“叙事的修辞性诗学”（rhetorical poetics of narratology）被正确地视为一种认知叙事学（因此他被纳入詹塞恩 2015 年的选集），因为他关注观众对作者交际行为的接受和反应方式。费伦继承和改造了芝加哥大学教师在认知文学批评之前的传统，开发了一种修辞理论作为有目的沟通的交流，值得拥有“第二代”（认知叙事学）的地位，因为其前景化了文本和读者互动塑型的、相互形成的结果过程。他对叙事的定义（2017：ix）是“某人在某个场合，为了某种目的告诉别人发生了什么事”，贯通了利科在体验、故事和接受者之间构型的循环。[①]

将塑型过程具体化的错误也破坏了形式主义的计划，即将叙事行为简化为它们“产生”的“原因”的逻辑。赫尔曼（Herman，2010：169–170）认为，“读者之所以能够将人物的‘行为理解为动作’，部分是因为他们所依赖的情绪模型诠释了文本”——他称之为“情感学”（emotionology），定义为“某种文化的集体情绪标准，与情绪本身的体验相反”：“情绪学具体说明，当一个事件 X 诱发一种情绪 Y 出现时，一个代理人（agent）很可能会从事 Z 类的动作。”赫尔曼再次采用了一种基于脚本、框架和偏好规则的模型，他认为“角色的活动可以被解释为不仅仅是一系列个别的、不相关的行为，因为假设情绪模式允许这些行为构成一个有条理的类别（class）”（170；原文强调）。

这种分类的、基于规则的角色、行为和情绪的研究存在一些问题。首先，我解释过，当代最好的情绪神经科学（Barrett，2017）建议，愤怒或尴尬不应被视为一个连贯的、同源的“类”，而应被视为一个相关的、重叠的，但多种主观状态的“群体”。进一步讲，对真实动作和想象动作之间关系的研究表明，我们对文本中发生的动作的反应不像是对某个类别中的某一规则的线性、逻辑的运用，而更像是吉勒米特·博伦斯（Guillemette Bolens）（2012）在其叙事运动学理论中描述的那种基于身体的共鸣类型。在我们了解文本中出现和显露的直观的、具身的共鸣，不能用模式和规则的逻辑充分描述。对文本意向性的身体反应是一种作为关系，它们有能力再塑型我们对世界的感

① 我在后面分析的其他重要第二代理论包括卡琳·库科宁（Karin Kukkonen）（2014a，2014b，2016）作为预测加工处理的叙事的贝叶斯模型（Bayesian model）和伊莱恩·奥扬（Elaine Auyoung）（2013，2018）的具象沉浸分析。

觉，因为它们不仅仅是我们已知图式的应用。相反，它们是另一个自我悖论（paradox of the alter ego）的动态和不可预测的表现，我在阅读时体验到运动感觉“真实的我”（real me）的双重化，以及当我与文本的动作同感和认同时，我调用世界的“陌生的我”（alien me）。

概括和支撑动作逻辑的图示不能适当处理这些具身意向性的塑型在不同的视域中出现、发展和改变的加工过程，跨过不同视域将过去、现在和未来在来回往返的相互作用联系起来。回想一下詹姆斯的小说《大使》，斯特雷瑟在欧洲的冒险经历让他感到惊讶，不仅仅是因为他的新朋友们对他并不完全诚实，更重要的是，因为在这个新世界里，显露在他面前的价值观和可能性，会带来他未曾预料到的感受，也不确定如何起作用。他的过去为这些反应埋下了伏笔——他对自己“未经历的生活”的遗憾，詹姆斯批评中这样说的——但这并不能决定他将如何对这些做出反应。此外，当《大使》的读者发现他们的世界与斯特雷瑟的世界相互作用时，任何地图或图表不能预测读者之间的协调是否会使他们认同并同情这位可怜敏感的绅士（就像我一样）。或者，他的反应和读者的反应之间的不协调是否会导致读者指责他的犹豫、拒绝和放弃的行为（也许还会像许多敌对的批评家那样，把这些归咎于作者）。

重要的不仅是动作来自何处，还有动作要归向何方——不仅是动作的来源，还有动作的目标和方向——而且是这些动作之间变化无常、常常无法预测的相互作用使动作充满活力。例如，伊莱恩·奥扬（Auyoung，2013：60）发现，叙述的行为看起来很逼真，因为它们的空缺和不确定性利用了“我们的准备状态，以应对日常、非文学体验中与部分表征线索”。她指出，故事中表现的动作就像我们在日常生活中体验的动作一样，我们通过对它们未来的路线和方向的预期，填补了我们有限视角之外的问题。类似地，卡琳·库科宁（Kukkonen，2016）指出，文本所引发的各种各样的行为，不仅是人物的行为（情节的行为），还有我们对文体线索的反应（叙述的行为）——与其说是偏好规则的单线性应用，不如说是让我们的反应成为可能，但并没有完全规定我们的反应的功能可供性，指导我们的动作但为即兴创作、创新和惊喜留下了开放的空间。库科宁借鉴了贝叶斯定理的具身认知的预测性加工模型，解释说叙事环境使一些动作可能发生，而其他的则变得不那么可能发生，从而不仅推动了情节的发展，而且也激发了我们在反馈循环（feedback loop），它是动态的、相互作用的加工过程中对叙事进程的预期，这些反馈循环相互串联，加强或中断由各种叙事构型所启动的模式构建工作。这些第二代理论家试图描述的叙事体验中，世界构建的事件性（eventfulness）和多个世界之间相互作用的不可预测性，对故事世界如何运作至关重要，而这些都一定会在空间地图和分类方案中消失。

具体化的、简化的形式主义有时也会同样影响现实世界对比可能世界（possible worlds）的叙事理论。例如，在玛丽－劳雷·瑞安（Marie-Laure Ryan）对虚构世界和虚拟现实的分析中，她尝试适当处理“沉浸性和交互性”的动态过程，也尝试采用逻辑框架来对多个世界之间的本体论差异进行分类，这两者之间存在着一种有趣且揭示性的矛盾。一方面，她认识到沉浸在虚拟现实模拟中的效果取决于他们的“动态特征”（dynamic character）——例如，“它需要如何……从某个可移动的视角获得一个图像深度的完整感觉”（2001：53）——因此她引用了梅洛－庞蒂关于“具身意识”（embodied consciousness）如何包含“灵活性（mobility）和虚拟性（virtuality）”（71）的描述，来解释虚构世界的“仿佛”塑型（as-if configurations）如何获得大量的幻象。“当我的真实身体不能绕着一个物体走动，或抓起并举起它时，”她解释道，“我就知道虚拟身体可以这样做，让我感受到它的形状、体积和物质性。无论是真实的还是虚拟的，物体之所以呈现在我面前，是因为我的真实或虚拟的身体可以与它们互动。”（71）这是对动态结果过程和相互作用合理的现象学分析，塑型模式通过这些加工过程和互动才出现。

但另一方面，瑞安也试图开发“本体论模式”，用“语义和逻辑术语”

（99）来图式化表达现实世界和可能世界之间的差异。她解释说，这个模式是基于“一种集合理论的观点，即现实——可想象事物的总和——是一个由不同的元素或多个世界的多元性组成的宇宙，而且它是由一个明确指定的元素（作为系统的中心）与集合中所有其他成员之间的对立有层次地构造而成（99）。这里现象学家被结构主义者取代了，对构型的相互作用分析让位于对有序分类学的探索。因此，她的重要著作《作为虚拟现实的叙事》（*Narrative as Virtual Reality*）中交替进行：两种令人信服的描述如何沉浸在虚拟世界中如何利用日常体验中熟悉的具身认知的塑型模式，以及过于简单化的图表和方案将这些加工过程简化为基于各种本体论区别的形式结构。逻辑学家的形式和图式范畴像她希望的那样模糊了沉浸性和交互性的现象学体验，将其简化为一组抽象的层次有序的结构，而这些结构一定没抓住构建世界的模式形成的相互作用和塑型加工过程，而没有改善和澄清虚构的世界建构。

叙事学需要破除其结构主义的遗留问题，并且接受各种以实用主义为导向的现象学叙事理论所提出的范式转换（paradigm shift）对形式主义纲领的质疑。如果我们想理解故事，逻辑结构和分类规则起不了作用。更确切地说，第二代理论家认识到，我们需要知道的是元素如何通过它们在生活体验和具身认知中的相互作用而组合成模式。如果我们没有逻辑有序、形式化结构的思维，而是纵横交错的大脑随着时间推移而固定下来的关系的集合，但却可能在未来变化，那么叙事如何参与具身大脑与世界互动的模式的形成和分解才是该探讨的问题。由于它们协调的不协调，这些相互作用是故事帮助大脑在模式和灵活性之间的紧张关系中进行协调的手段。叙事理论词典中的术语在阐明这些相互作用上是有用的，但模糊或曲解它们的概念和措辞应予以摒弃。我们讲述和跟随理解故事构型和重构型来回往返的加工过程是神经科学、叙事和叙事学交汇处动态的、不断变化的基础。

自然和非自然的叙事

基于以神经科学对故事、语言和大脑之间关系的解释可以澄清关于“自然的”（natural）与“非自然的”（unnatural）叙事的争论中的问题。在认知叙事学的倡导者呼吁人们关注故事的产生和理解的自然方面时，这一争论就产生了。当然，问题是什么才算是自然的，而关于这些问题的科学也并非无关紧要。莫妮卡·弗洛德尼克（Fludernik，1996：12–52）提出了一种自然叙事学的理论，认为叙事的基础是能够提供她所谓的“体验性”（experimentality），通过反映具身认知的“自然性图式”（natural schemata）和会话式故事讲述中语言的“自然性参数”（natural parameter）的交流模式。（12；原文强调）她解释在她的模式中，“‘自然的’这个术语不适用于文本或文本技巧”，“而是专门用于解释文本的认知框架”（12；原文强调）。她认为，框架、脚本或图式是自然的，因为它们是“语言的各个方面，似乎是由基于人类在现实世界环境中具身体验的认知参数所调节或驱动的”（17），她所说的“叙事性”（narrativity）是一个自然的过程，它“从自发的对话式故事讲述中出现”，并通过“对其施加叙述性影响的纯粹行为”使陌生体验“自然化”（15，34）。

这种说法部分是错误的，部分是对的。我解释为，框架和脚本不是具身认知的自然特征。相反，它们是人工智能模型的产物，与大脑的结构和功能并不匹配，除非在它们是“视作为”活动的隐喻范围内。我认为这些术语的问题在于，它们将构型活动具体化为实质性模块和单线性机制，这歪曲了那些来回往返的过程，在生活体验和心理功能的神经生物学中模式通过这些过程被塑造、打破和重塑。然而，弗洛德尼克理论的另一部分也有其价值。她强调对话式故事讲述的交易性交流，这对于结构性思维的叙事学家来说是一个有益的呼吁，即在我们讲述和跟随理解故事时，关注在体验交流环路中出现的多个世界之间的相互作用。尽管“体验性”和“叙事性”这两种新造出的词有点不合适而且晦涩难懂（术语怪兽又出现了），但它们的实用价值在于，它们突显了利科描述的叙事协调的不协调中，生活体验的塑型过程与其再塑型之间的环路。[①]

然而，这些过程既有自然的也有非自然的，但以不同的方式和不同程度。我们彼此讲述的故事是融合在一起的生物文化混合体，关于具身认知什么是自然的，什么是人为的、文化的和后天习得的有时并没有差别。例如，最近的一项人类学研究，在土耳其一个地理位置偏僻、几乎没有体验过电影或电视的居民进行的研究发现，他们对一些但不是全部的电影剪辑技术感到困惑。神经学家亚瑟·P. 岛村（Arthur P. Shimamura）总结说："这些发现表明，我们对电影'句法'的理解在某种程度上是一种后天习得现象。"（2013b：19）但他们也提出了相反的结论，即叙事理解在某种程度上是自然的。

该研究的作者斯蒂芬·施万（Stephan Schwan）和塞尔明·伊尔迪拉尔（Sermin Ildirar）（2010：974–975）报告说，几乎没有或根本没有观看电影经验的受试者只有 36%~41% 能够对一段展示一系列典型电影剪辑技术的电影片段做出"标准解释"，而 90% 有经验的观众能够做到。这些百分比背后的细节既有趣又重要："没有经验的观众确实恰当地描述了个别镜头，但他们很难将这些镜头相互关联起来"，而且他们尤其难以"从某个演员的视觉角度描绘一个场景或事件的片段。因此，所谓的视角镜头与自然知觉最为相似，因此应该最容易理解……没有被我们的数据证实"（975）。然而，他们的一个关键发现是，"包含熟悉活动的电影导致标准诠释的比例显著提高"："对于没有经验的观众诠释过程来说，熟悉的动作基线（line of action）的存在是必不可少的；动作基线可以帮助他们克服陌生的知觉不连续。"（975）总结起来，他们得出结论，"不是与自然感知条件的相似性"，例如视角编辑技术，"而是一种熟悉的动作基线的存在，决定了没有经验的观众对电影的理解能力"（970）。

① 莫妮卡·弗洛德尼克在《走向"自然"叙事学》（*Towards a "Natural" Narratology*）（Fludernik，1996：22-24）中阐述了她的模型与利科的叙事理论的兼容性。然而，除了对伊瑟尔的想象理论（Iser，1993：42–43）进行简短的、轻视的评论外，她似乎不知道现象学传统及其为分析体验性和叙事性提供的资源。这不幸的错失良机，如果考虑到弗莱堡与胡塞尔和海德格尔的事业之间有着历史联系，这也是一种偶然出现的忽视，而且这个小镇位于黑森林与康斯坦茨之间的地理位置很近，就在博登塞以南 75 英里，伊瑟尔和姚斯在那里研发出他们的读者接受理论。

这些发现符合早已确立的现代主义人物意识或视角的再创造现象，比如詹姆斯·乔伊斯、威廉·福克纳(William Faulkner),或弗吉尼亚·伍尔夫(Virginia Woolf)的小说,尽管他们的表现方法更接近"自然感知",对于大多数读者来说,通常比传统的、情节驱动的戏剧化更难理解，这种戏剧性可能缺乏认识论上的真实性,但有助于读者遵循动作基线。《达洛维夫人》(*Mrs. Dalloway*) 和《到灯塔去》(*To the Lighthouse*) 可能比《大卫 · 科波菲尔》(*David Copperfield*) 或《简 · 爱》(*Jane Eyre*) 更自然，因为伍尔夫的文体实验试图重现具身认知加工过程的来回往返，但查尔斯 · 狄更斯（ Charles Dickens ）和夏洛蒂 · 勃朗特（ Charlotte Brontë ）的读者通常会发现，这些小说的情节促进了对一个逼真世界的沉浸感（而且似乎是"自然的"），因为它们支持构建不协调的协调模式。也许矛盾的是，不仅在电影中，而且在小说中，反映感知的认知运作反过来显得不自然和令人困惑。

像福克纳和伍尔夫的许多读者一样，土耳其村民可能会发现很难理解通过感知者的视角来描述的叙事，因为他们没有学习过这个惯例，因此，即使它重新生成"自然的感知"。这也不奇怪，因为突显出体验如何被感知的电影和小说中的技术，通过唤起人们对模式是如何形成的关注，而不是促进将事物组合在一起的运作，可能会干扰情节编写。然而，施万和伊尔迪拉尔的研究表明，如果这些观众和读者能够遵循"某个熟悉的活动",并追踪"某个熟悉的动作基线",那么他们还是能够理解某个令人困惑的事物状态。这明显是自然的——也就是当事件被安排成可以从感知者过去的经验中识别的行为模式时，能够跟踪事件序列。编排情节（ emplotment ）是在叙事序列中构型动作的能力，是一种自然的认知能力，即使在不熟悉编辑和叙述的惯例时，也可以使用，这也解释了为什么土耳其村民在超过三分之一的时间里仍然能够理解令人困惑的电影。同样地，不熟悉现代主义技巧的读者仍然可以经常跟随理解克拉丽莎 · 达洛维一天的事件，因为她在伦敦走来走去，买花，缝补衣服，或者为她的晚会做准备。

熟悉性（ familiarity ）也很重要。即使在呈现的方式看起来很古怪或陌生的时候，想办法把不熟悉的东西嫁接到熟悉的东西上，也能让它可以理解。赫比式的活跃和连接可以使知觉习惯化和自动化是公认的神经科学事实。那么,模式看起来很自然,要么是因为它们可以用容易识别的动作序列编排情节,要么是因为它们在日常体验中的重现使它们变得熟悉，通过重复我们大脑和身体进而隐形的认知习惯，使它们塑型根深蒂固。这两种认知现象——动作序列如何促进情节编写，以及熟悉性如何促进理解——根据弗洛德尼克的观点，都有助于解释叙事性如何有能力使某种事务状态自然化。[①]

那么，促进以这些方式构建模式的认知运作的惯例看起来很自然，即使它们是人造的。这一结论也得到了蒂姆·史密斯（Tim Smith）及其同事（2012：107–108）最近对“好莱坞电影制作风格”进行的一项眼球跟踪研究的支持，这项研究是一组人工技术，描述了场景之间的“集中的连续性”和“线索的一致性”的特征。比较了眼跳（saccades）的运动(眼睛的焦点迅速地、急速地跳跃)，在自然感知和观看电影时，这项研究表明好莱坞的编辑已经逐步形成了一种起作用的编辑技术——即促进幻象的理解和形成——因为他们的“形式惯例……与注意力的自然动力学和人类关于空间、时间和动作连续性的假设相配”（107）。史密斯的研究小组观察到普通观看和观看好莱坞电影时的眼跳运动之间惊人的相似之处，得出结论：“通过负担自然视觉认知，好莱坞风格呈现出一种高度人工化的视角序列，这种方式易于理解，不需要特定的认知技能，而且可能甚至被从未看过电影的观众所理解。”（108）好莱坞电影是不自然的，因为它们建立在一套有艺术效果的、人造的惯例之上，但是当它们变得熟悉和习惯时，这些巧妙的方法可以自然化，在这里，当这些惯例利用了眼睛运动和视觉皮层构造场景的自然方式时，这种自然化的过程就会变得更容易。

对“自然叙事学”的提倡几乎可以预见地产生支持“非自然叙事”的论据。

---

① 弗洛德尼克（Fludernik，1996：31–35）认为乔纳森·卡勒（Jonathan Culler）（1975）是她关于叙事具有产生自然化的力量的论点的来源，而卡勒的论点反过来又基于俄国形式主义者关于惯例如何程序化以及知觉迟钝的论点。关于习惯化的神经科学与维克托·什克洛夫斯基（Viktor Shklovsky）（1965 [1917]）著名的陌生化美学之间的关系，见 Armstrong，2013：48–53，111–116。

然而，这些故事只是可理解的，但就其非自然实验而言，在根据生物学的认知过程和熟悉的文化习俗中有着自然基础。根据最近一本关于非自然叙事诗学的论文集（Alber，Nielsen，& Richardson，2013：1），“非自然叙事理论家反对所谓的‘摹仿还原论’（mimetic reductionism），也就是主张叙述的基本方面可以主要或专门地由基于现实主义参数的模型来解释”（另见 Richardson，2015：3–27）。简·阿尔贝（Alber，2009：79）提出，叙事“不仅仅是摹仿性在大脑中重现了我们所知道的世界。许多叙事都会让我们面对一些离奇的故事世界，支配这些故事世界的原则与我们周围的现实世界几乎毫无关系”。然而，这种情况能进行到什么程度是有认知基础上的限制的。实验性的现代和后现代叙事可以检验不和谐在多大程度上可以干扰情节编排的塑型活动而不陷入无稽之谈和噪声，但不和谐没有某种程度的和谐是不可理解的。就像“自然”的故事一样，“非自然”的叙事也会启动，并利用大脑对模式需求来理解世界。他们操纵我们对认知一致性的自然追求，是他们达到非自然的、反摹仿的效果的方式。

詹姆斯·乔伊斯的《芬尼根觉醒》（*Finnegans Wake*）是有书面语言以来最不自然的叙事作品之一，但即使是它在语言和叙事方面的奇特实验，也只能让人理解——或令人愉快（对于一些读者来说，但当然不是所有人都是如此）——以至于读者可以将它们塑型成与文本的许多谜团与熟悉的环境和结构相关的模式，并将这本小说的事件塑造成可识别的行为结构。例如，文本中重复出现的几个混合词，是挑战读者去破译其浓缩的成分谜语，通过发现和测试不同的可能塑型来解密它们的无稽之谈般的废话（甚至表面上无辜的单词“Finnegan”(芬尼根）也可以被视作周期的维柯语双关语，从法语“fin”(芬），直到重新开始，中间音位让人想起“鸡蛋”汉普蒂·杜普蒂倒下了，无法再组合起来：芬尼根 = 芬 – 再一次 + 鸡蛋 – 再一次（Finnegan=fin–again+egg–again）。[①] 汉弗莱·吉姆普登·埃尔威克和他的家人（正如他们一样）这样的

① 关于乔伊斯在《觉醒》（*Wake*）中文字游戏的有益分析，尤见 Attridge，1992；Norris，2004 和 Derrida，1984。

人物可能不是真切的人物，但它们彼此联系，在不同的行为塑型中与文本其他实体联系以便读者唤起情感和冲突、起落的自然模式，以及其他与我们的塑型力量相互作用的变换周期。从标题开始，暗指了一首著名的歌曲，讲述了一个建筑泥瓦工在自己的葬礼上被威士忌泼了一身酒后，他被打倒后才苏醒过来。从“这是杰克建造的房子”（This is the House that Jack Built）到“蚂蚁和蚱蜢”（The Ant and the Grasshopper），鼓励读者寻找塑型模式。同样，著名的“安娜·利维娅·普拉贝尔”（Anna Livia Plurabelle）一章中，乔伊斯记录了一个很长的段落，这是自然的叙事，因为它以弗洛德尼克的对话式故事为模式，在洗衣女工之间展开了一段长时间的闲聊，尽管它对世界河流的百科全书式典故是精心制作的人工语言游戏。

自然叙事与非自然叙事相互依存、相互作用，这不仅是现代主义与后现代主义的新特征。这并不是偶然的，例如，小说在 18 世纪的兴起见证了摹仿性现实主义作品，如《摩尔·弗兰德斯》（*Moll Flanders*）、《克拉丽莎》（*Clarissa*）、《汤姆·琼斯》（*Tom Jones*），还有粗俗的《崔斯特瑞姆·姗蒂》（*Tristram Shandy*），他嘲笑现实主义的许多惯例的不自然性，例如塞缪尔·理查森（Samuel Richardson）的书信体风格“写在当时”的虚假，还有在发生的时候呈现事件（崔斯特瑞姆感叹，他试图描述破坏他出生的不幸和意外的每时每刻，花费了太长时间，以至于在他的叙述开始实现之前，他已经落后了）。

罗伯特·斯科尔斯（Robert Scholes）和罗伯特·凯洛格（Robert Kellogg）（2006 [1966]: 4）在他们的经典著作《叙事的本质》（*The Nature of Narrative*）中主张，“写作要成为叙事，需要一个讲述者和一个故事，不多也不少”（4）。这种基本的对立是叙事的基础，因为讲述者和故事之间的区别提供了各种可能性，把不协调塑型成协调的模式，不仅在故事中，而且在话语中，甚至在它们之间的往返变化。这种对立使得斯科尔斯和凯洛格所说的“观点之间的明显差异”成为可能，这是“叙事反讽”（narrative irony）（240）在许多不同形式中的基础。反讽的不调和要求读者将它们并置合成调和的模式，温和而微妙得就像简·奥斯汀（Jane Austen）在著名的《傲慢与偏见》（*Pride and Prejudice*）开篇中优雅的幽默一样（“有个公认的真理，一个拥有财富的单身男人一定需要一个妻子”），或者它们可以像《尤利西斯》中的多种风格一样千变万化，也可以像《芬尼根觉醒》的文字游戏一样难以驾驭。叙事反讽是一种非自然的、人为的事务状态，可以用任何方式互动和操纵。但是，它的许多变换的自然基础是叙事塑型不同物质协调的不协调的综合体的能力，与大脑秩序和灵活性，模式和变化的开放性之间的平衡行为的相互作用。

尽管神经科学、叙事理论和我们对故事的体验之间的关联可以阐明科学家和人文主义者感兴趣的许多问题，但重要的是要记住认知科学无法告诉我们关于叙事的东西。神经科学的解释限制与所谓的难题（Chalmers，1995）有关，即神经元层面的电化学活动如何产生意识和具身体验。不可否认的是，如果某人有某种体验，一定有某种与之相关的神经元活动。跨过神经元活跃和生活体验之间的分界发生的事情是神秘的，然而意识是如何在细胞水平上从大脑 - 身体的加工过程中产生的，目前还没有人能够回答。托马斯・内格尔（Thomas Nagel）（1974）曾提出一个著名的观点，即单凭实证测量无法捕捉到有某种体验的“是像什么样子的”，他最近（2012）推测，神经元活动如何引起意识的问题可能需要一个学科范式的转变（à la Thomas Kuhn），这是我们无法完全想象的，因为我们仍然处于这种状态（他声称生命是如何从化学相互作用中产生的，一个类似的窘境，是等待着现有科学解释框架的一场不可思议的革命）。体验和神经元活动有相互关系，但两者都不能完全解释另一方，也不能解释它们之间相互作用的神奇魔术。

因此，在神经科学和人文科学研究认知问题的分析层次之间存在脱节。这种脱节就是神经现象学家所称的“解释性空缺”（explanatory gap），它将意识的神经生物学和现象学解释分开——神经科学已经确认的意识的神经相关物与知觉世界的生活体验之间的空缺（Thompson，Lutz & Cosmelli，2005）。这一空缺可能阻碍了 E.O. 威尔逊（E.O. Wilson）（1998）所说的认知科学和人文科学之间的知识融通（consilience），但它也使他们之间从不同学科的立场的对话成为可能（Armstrong，2013：7–8）。我们可以跨越这个边界来比较和关联体验、神经加工过程和叙事理论，这项工作可以有各种各样的方式和各种各样的原因有启发性，但这些三角划分法恰恰是——用来描绘汇合和分歧的类似——而不是解决难题或解释出现之谜的方法。

进行这种三角划分的一个障碍是困扰着文学研究的笛卡尔二元论阴魂不散。探寻大脑的认知运作，有时令人担忧得出谬论，即假设现实是在一个思考的自我的思维中构成的，从而忽略了意识（cogito）总是位于身体和社会中历史背景的事实，以及认知需要跨越边界连接大脑、身体和社会世界的互动。所谓的生成的具身认知的倡导者有时也同样担心，询问大脑中的加工过程可能会错误地忽视大脑在身体与自然和社会性建构的功能可供性世界中的处境（例如，见 Cook ，2018）。然而，如果行为主义以认知不仅仅是大脑中发生的事情为理由，而拒绝研究颅骨内的大脑皮层和神经元过程，就有风险成为一种扭曲的教条。[①] 这些观点不可能是相互排斥，而是相互依存、密不可分地连接在一起。阿尔瓦·诺埃（Alva Noë）（2004：214，222）提醒我们，"大脑是一个涉及大脑、身体和环境的复杂网络中的一个元素" ，他建议说，我们既需要"向里面看，从产生体验的神经管道中看问题"，"也要向外看，管道是如何与世界相连的"。叙事提供了两个方向都是开放的神经科学视角。我们讲述和跟随理解故事的塑型性相互作用展开了基本的认知加工过程，通过身体将大脑与我们世界中的人、地方和事物连接起来。当你处于任何一种交叉点时，"向两边看"都是有用的建议，这包括神经科学和叙事之间的连接。

① 认知是具身的、生成的和延展的理论的两个基础文本（Varela，Thompson & Rosch，1991；Clark，2011；另见 Noë，2009）。安迪·克拉克（Clark，2008：57）在反思这些观点之间的紧张关系时，认为"身体的真正认知作用……是充当桥梁，使生物智能和更广阔的世界能够相互融合有助于适应性成功"。克拉克最近在预测性处理方面的工作（Clark，2016）承认了他早期在扩展思维方面致力的基于大脑的生物智能的重要性（2011）似乎已被边缘化。参见本书第三章和第四章，皮质内基于大脑的认知过程涉及扩展思维运用功能可供性的分析。

第二章　叙事的时间性与无中心的大脑

编排情节的协调与不协调和大脑的无中心的、异步的时间性有着奇怪而复杂的关联。大脑与计算机的不同之处在于，其时间过程不是即时的，也不是完全同步的。与以光速的几分之一速度同时释放的电信号不同，神经元层面的动作电位需要超过 1 毫秒的时间才能活跃，而大脑皮层的不同区域的反应速率也不尽相同。[①] 例如，塞米尔·泽基（Zeki，2003：215）发现，在视觉皮层中，“颜色在运动之前大约 80 毫秒被感知”，“位置在颜色之前被感知，颜色在定向之前被感知”。自觉意识出现的神经元过程的整合可能需要半秒钟的时间。然而，泽基指出，这种“绑定”（binding）（就这样称呼的）本身并不是完全相同的：“颜色与运动的绑定发生在颜色与颜色、或运动与运动的绑定之后”，因为“多个属性之间的绑定比某些属性内部的绑定耗时更长”（Zeki，2003：216，217）。例如，整合视觉和听觉的输入比单独合成视觉信号需要更多的时间。虽然我们通常不会注意到这些中断（disjunctions），但大脑认知过程的非同时性（nonsimultaneity）意味着意识天生就失去了平衡，并且总是在追赶自己。安东尼奥·达马西奥（Antonio Damasio）说，“我们意识的时间可能晚了大约 500 毫秒”（1999：127）。

这种不平衡并不是坏事，因为它让大脑在过去的模式和未来的不确定性之间一直不断变化的水平空间中发挥作用，也就是将情节组织成开始、中间

① 在真空中，电能和光以相同的速度传播，但电线传播电的速度当然会小于这个理论的最大值。在普通电子设备中，这种速度可以是光速的 50% ~ 90%（在铜线中传播速度是光速的 70% ~ 90%）。这些速率比电化学信号通过大脑中的轴突传播的速率快很多倍（在有髓鞘的轴突中，每秒最多 150 米）。

和结束的空间。没有不和谐痕迹的和谐会不起作用。杰拉尔德·埃德尔曼（Gerald Edelman）和朱利奥·托诺尼（Giulio Tononi）发现，在清醒的生活中，“多组神经元动态地集合并再集合不断变化的活跃模式”（2000：72）。大脑跨皮层的脑电波同步化使形成神经元集合成为可能，并协调大脑不同区域的运作（Buzsáki，2006）。伯纳德·巴尔斯（Bernard Baars）和妮可·盖奇（Nicole Gage）解释，“正常的认知需要大脑多区域之间选择性的局部同步”，“高度模式化和差异化”的振荡模式（oscillatory patterns），其中“同步（synchrony）、去同步（desynchrony）和非周期性的‘单次’波形不断出现和消失”（2010：246）。但是，埃德尔曼和托诺尼所指出，“如果大脑中大量的神经元以同样的方式开始活跃，减少了大脑神经元库（neuronal repertoires）的多样性，就像深度睡眠和癫痫一样，意识就会消失”（2000：36）。在那些情况下，“多个分布式神经元群的缓慢振荡活跃在整体范围内高度同步”（2000：72），整体超同步（hypersynchrony）通过中断同步和去同步的来回性使正常的功能不能正常运行。埃德尔曼和托诺尼观察到，与睡眠和癫痫不同，“意识不仅需要神经活动”，“而且需要不断变化的神经活动，从而在空间和时间上有所区别”——“分布的、整合的、但不断变化的神经活动模式。它们丰富的功能实际上需要变化”（2000：73，74–75；原文强调）。

这种模式与变化、同步与波动、协调与分化之间在神经元层面上的必要张力，是一个情节通过时间结构连接协调与不协调的能力的神经关联，这些时间结构对事件进行排序，同时保持事件可能产生惊喜、变化和再塑型。当然，讲述和理解故事的能力需要的不仅仅是神经活动，但是如果神经元集合形成、消解和再次形成的时间过程在这些方面不是异步的，那么我们的认知器官可能无法支持叙事互动。

处理时间差异的能力是一个对叙事起决定性作用的特征。克里斯蒂安·梅茨（Christian Metz）发现，“叙事是一种双重时间序列。一件事有被讲述的时间和讲述的时间（所指的时间和能指的时间）。这种二元性不仅使叙事中司空见惯的时间扭曲成为可能（小说中两句话总结了主人公三年的生活……）。更基本的是，它要求我们考虑到，叙事的功能之一是根据另一个时间安排来创造某个时间安排”（1974：18）。“话语时间”（discourse time）[有时被称为“叙事时长”（Erzählzeit）] 和“故事时间”（story time）[“故事情节的时长”（Erzählte Zeit）] 之间的对立引起了一系列其他的区别，叙事理论家杰拉德·热内特（Genette，1980）在他对马塞尔·普鲁斯特（Marcel Proust）的经典研究《追忆似水年华》（*In Search of Lost Time*）中——权威性地分析了作者巧妙操纵来作用于我们时间感的顺序、持续长度、速度或频率上的差异。热内特把“读者的叙事能力”描述为协调这些时间的复杂情况的能力，然后指出“这种能力正是作者所依赖的，通过有时向他提供虚假的发展情况或圈套（snares）来愚弄读者”，构建一个“没有得到满足的预期、破灭的预感、期待的惊奇，而且尽管如此最终在被期待和发生时更加令人惊讶”（1980：77；最初的重点）。[①]H. 波特·阿博特（H. Porter Abbott）（2002：3）提出“叙事是人类组织其对时间的理解的主要方式”时，只夸大了一点。当然，这也是为了达到这个目的。[②] 然而，他们通过唤起和操纵时间的神经生物学与我们时间流逝的生活体验相同的中断来做到这一点，从而使叙事成为可能。

构成我们时间体验基础的神经生物学过程有些难懂，但科学界的共识是，大脑中没有中央时钟或计时机制，就像没有单一的语言模块，也没有作为中央加工者的“小人儿”（homunculus）。相反，瓦尔特里·阿尔斯蒂拉（Valtteri Arstile）和丹·劳埃德（Dan Lloyd）指出，“视觉和听觉（以及所有其他感官）的组成加工过程在不同的时间表上运行。正如没有一个地方可以让‘所有的

---

① 参见 Lothe，2000：54-62，对热内特的时间类别有一个清晰的解释。关于圈套、歧义和其他激发读者好奇心并推迟其满足的策略，参见罗兰·巴特（Roland Barthes）（1974：76）在 S/Z 中的经典分析，他称之为“解释学编码”，以及“如果话语希望抓住这个不可思议的谜题，保持它的开放，就必须完成相当多的工作”，不管揭露事实的期望如何。

② 关于音乐和时间，见 Koelsch，2012；Drake & Bertrand，2003 和 Samson & Ehrlé，2003。关于舞蹈，见 Hagendorn，2004 和 Sheets-Johnstone，1966，2011。喜剧、电影甚至电子游戏也可以操纵、组织和再塑型我们的时间感，因为它们从根本上来说是叙事艺术（见 Bushnell，2016）。

一切都聚集在一起’一样，也没有哪个时间同时表现同时代的事件”（2014a：200）。迪安·V. 布奥诺马诺（Dean V.Buonomano）认为，“时间加工的实现不是单一的神经过程”是理解“时间的神经基础”的关键（2014：330）。他解释，“大脑似乎已经在不同的时间尺度上发展出了根本不同的时间机制”（2014：337）。

这些机制始于神经元和神经元突触的层面。布奥诺马诺指出，神经元的反应能力“强烈依赖于它们最近的活动史”，正如“神经元之间突触的强度”同样“以一种功能依赖性的方式发生了巨大的变化”，从而提供了“过去几百毫秒内发生的事情的短暂记忆”（Buonomano， 2014：334）。大脑中、大脑与身体之间的神经元集合振荡的耦合（coupling）和去耦合（decoupling）为加工不同尺度的持续时间提供了更多机制。格尔吉·布扎基（György Buzsáki）发现，“神经元的振荡组合（Oscillatory coalitions）可以将同步的有效窗口从几百毫秒扩大到数秒”（2006：174）。这就是为什么最重要的时间神经现象学家弗朗西斯科·瓦雷拉（Francisco Varela）提出三种“持续时间尺度”来区分不同的整合“窗口”，从自觉意识下的“基础或初级事件”（10~100 毫秒），到体验时刻为基础的“大规模整合”（250 毫秒到几秒钟），再到持续数秒描述工作记忆和长期综合的“描述性叙事评估”（1999：273；同见 Thompson，2007：330–338）。

这些“窗口”之间的边界必然是模糊的，关于在哪里划定这些界限也存在一些争议，因为大脑、身体和世界的同步和去同步加工过程总是在变化。劳埃德（Lloyd，2016）观察到，“大脑活动和意识一样，是一个极端不稳定的加工过程，每个级别都在不断变化”。或者瓦雷拉和他的同事们解释，“大脑中没有‘安定下来’，而是一种正在进行的变化，其特征是神经元种群间短暂的协调”（Varela et al.，2001：237）。时间的神经生物学基础不是统一的或集中组织的，而是一组分布的、波动的加工过程，从微秒层面到更长的整合，支持不同时间广度的各种具身体验。

根据瓦雷拉的说法，“一组耦合振荡器达到瞬时同步需要一定的时间，这个事实就是显性关联”和“现在性（nowness）的起源”（Varela，1999：283）。但是，因为任何“同步都是动态性不稳定的”，并且“将不断地、陆续地产生新的集合”（Varela，1999：283），所以任何“现在”（now）都有埃德蒙·胡塞尔所说的“视域”（horizon）——滞留视域（retentional horizon）带着最近的过去的痕迹，前摄视域（protentional horizon）指向将要到来的集合，这时同步性以反复出现（但也在变化）、遵循着独特的轨迹的模式组织自己。[①] 这个“现在阶段”（now phase）的持续时间可能反之根据整合的不同尺度（从几百毫秒到几秒）而有所不同，这构成了瓦雷拉所称的“与生活当下的持续时间对应的同时性窗口”（Varela，1999：272）。

我们对时间的生活体验是一种层展现象（emergent phenomenon），它建立在神经生物学基础之上，但与之不完全相同或不可简化为神经生物学基础。瓦雷拉和他的合著者解释（Varela et al.，2001：237），“大脑活动的大规模整合可以被认为是我们在日常体验中熟悉的思维统一的基础”。然而，在这种统一的感觉之下是各种异步的、中断的加工过程，支持着大脑在模式和变化、秩序和流动、合成和去同步之间不断进行的平衡行为。这些中断使“不稳定性……正常功能的基础，而不是需要补偿的干扰（Varela，1999：285），但它们通常是不可见的”。布鲁诺·莫尔德（Bruno Mölder）（2014：222）解释，“有意识地表现出的时间属性不需要与构成这些表征神经过程基础的时间属性相匹配”——但有时会看得见潜在于其中的中断。通常情况下，时间似乎流畅地、毫无问题地流逝，但偶尔大脑、身体和世界的异步性可能会从各种主观扭曲的隐形斗篷中显现出来，例如，正如当时间似乎根据我们的兴奋、注意力或参与程度而加速或减速时，或者在某些时间幻觉中，比如经常被讨论的现象，

① 见 Husserl，1964［1928］和 Merleau-Ponty，2012［1945］：432-457。关于胡塞尔时间视野理论的清晰解释，见 Thompson，2007：312-359，以及 Gallagher & Zahavi，2012：77-97。关于这些理论对阅读、文学和艺术的影响，见 Armstrong，2013：91-130。

凭借一个移动的点在到达那里之前就推测一个位置的颜色（下一节将对此进行更多的讨论）。这样的形变让时间神经生物学家着迷，因为它们让我们得以短暂体验感知加工过程中的差异，而这些过程正是我们对世界的一致体验的基础。

时间体验是一种具有神经生物学基础的层展现象。体验时间的特征与它们的神经基础没有一一对应，但它们并不神奇或神秘。它们在异步、中断但模式化连接大脑、身体和世界的联合相互作用中有物质基础。时间的叙述性塑型和再塑型启动了我们对世界的生活体验和我们具身大脑之间的相互作用，反过来又可以重塑产生整合我们的时间流逝感的认知加工过程。根据利科（Ricoeur，1984a：54）的说法，在叙事中“一个预塑型的时间……通过塑型时间的协调成为再塑型的时间”。叙事通过故事的时间结构来唤起和重新促成读者的时间感，而且它们的讲述方式通过生成和操纵各种描述时间的神经工作方式同步和去同步的具身认知加工过程来完成。

故事与大脑的预期与回顾

预期（anticipation）与回顾（retrospection）之间的循环是叙事认知与具身认知的普遍特征。因为我们在日常的世界经验中向前生活，但向后理解一样，我们通过投射期望来理解一个故事，然后修改和修正它的曲折，直到我们达到一个可以推翻和完全重新塑型我们先前假设的结局。[①] 这就是为什么海德格尔说理解有一个前结构（fore-structure/Vor-Struktur）总是引导解释，我们的解读[理解（Auslegung）]延迟地追赶、修订、完善和纠正隐性的预期塑型（见1962[1927]：188-195）。认知需要如何对我们已经预期的事情进行回顾性的调整，即使是在神经元层面上也是很明显的，运用的方式是我们的大脑在

---

① “我们向前生活，但我们理解向后”这句话源自丹麦哲学家瑟伦·克尔凯郭尔（Søren Kierkegaard）（1938：127），威廉·詹姆斯在《实用主义》（*Pragmatism*）（1978[1908]：107）中引用了这句话。另见Armstrong，2013：91-130。

意识到信号之前对信号作出反应，我们下意识地纠正和消除这种空缺，这样我们通常不会注意到它（否则我们会有一种奇怪的感觉，我们现在的体验已经在过去发生了——从某种意义上来说，它确实已经发生了，因为意识要延迟半秒以上才能察觉出来）。

故事在潜意识的不同认知层次上与预期－回顾的环路相互作用——例如，在潜在意识的层面上，当我们无反思地沉浸在它们的启示和逆转中时；在自觉意识的层面上，当我们反思这些调整和修订的影响时，我们必须装作预期出乎意料。在任何一个层面上，我们故事体验中的曲折都只是可能的，因为大脑功能的时间性是异步的，总是在平衡状态（equilibrium）和不平衡状态（disequilibrium）之间转换。如果我们的大脑在时间上是统一的、同质的，那么所有的东西都同时同步地活跃，我们就不能互相讲故事了，因为在预期和回顾之间没有时间差异，也没有分离来让它们不协调的协调可以发挥作用。故事证实或无意中发现我们预期的方式会对我们据以认识世界的神经元集合产生深刻影响，因为这些集合通过同步和去同步的来回往返的循环加工过程形成。

大脑加工过程的时间不同步会导致我们对一个信号的自觉意识滞后于我们对它的反应，这种方式看起来是矛盾和陌生的。本杰明·利贝（Benjamin Libet）（2004：93，33）注意到，“我们对感官信号的快速反应似乎是在最初没有意识到这个信号的情况下进行的”，他发现，“大脑需要一个相对较长的时间适当激活，最长可达半秒，以引起对我们可能已经做出反应的事件的意识”。利贝进行了一系列著名的实验，通过在接受神经错乱外科手术治疗的病人的大脑中植入探针（在这些程序中病人保持清醒），记录了这种延迟，这些单细胞探针（single－cell probes）使他能够异常精确地测量神经元对各种信号的反应和受试者报告对这些反应的意识之间的差异（见 Libet et al.，1979）。利贝的实验表明，“主观的‘现在’实际上是过去的一个感官事件”，因为“我们对感官世界的认识远远落后于它的实际发生”（2004：88，70）。

虽然这听起来很奇怪，但这是一个很普通的，而且在许多方面都是有益的现象。利贝注意到，“所有对感觉信号的快速行为、运动反应都是无意识地进行的……在信号发出后100~200毫秒内，远远早于可以预料的信号意识”，例如，当网球运动员回发球时，或棒球运动员打出一个本垒打（109）时。马克·让纳罗（Marc Jeannerod）同样“在演奏乐器的过程中……在某些情况下，手指交替的频率可以达到16次/秒，这超过了影响指挥系统的任何感官反馈的可能性”（2006：9）。利贝指出，即使是在像说话这样的普通活动中，我们通常在完全意识到自己在说什么之前就开始说话：“如果你试着去意识到每个词每一次在说之前，你的言语流变得缓慢而迟疑”（108）。类似地，如果你开车时看到一个小孩在你的车前面追着一个球，利贝解释说“你可以在大约150毫秒或更短的时间内猛踩刹车”，即使你直到350毫秒之后才意识到危险（91）。让纳罗发现，“我们首先做出反应，然后才意识到……只有在我们避免了障碍之后，我们才会有意识地看到它”（47；也可参见41，48-49，60-61中关于证实利贝结果的实验）。

也许令人惊讶的是，利贝的实验表明，在最后一个例子中，司机“主观地先于体验，并且报告说立刻看到了［孩子］”，没有实际上在反应和意识之间没有发生延迟（91）。利贝根据将一种刺激作用于皮肤和另一种皮层内刺激进行比较的实验得出推论。这两种刺激都需要500毫秒才能达到意识，但据报告外部刺激发生得更早，在有意识地感知之前半秒，而皮质内刺激被报告则只在半秒延迟后发生：“在我们对感官事件的意识体验中，事件似乎出现在它真正发生的时候，而不是0.5秒之后（事实上，当我们意识到事件发生时）。”（81）当刺激被施加时，皮肤上可测量的初级电位显然成为大脑用来确定事件发生时间的参考点，即使我们在500毫秒后才意识到刺激。

根据利贝的说法，所发生的是一种主观的参照（subjective referral），“纠正”那些“……通过大脑神经元表征事件的方式强加的误解”，类似于（在一个著名的实验中）主体戴着“颠倒视觉图像的棱镜眼镜”的受试者在大约一周后开始“能够表现得像正常图像一样”（81，82）。[①] 由于这种递归认知调节能力，“‘主观’时间不必与‘神经元’时间相同”（72）。因此，我们对当下时刻的感觉——事件同时发生和我们对事件的感知——就是利贝所说的“涌现性质”（emergent property），它不是由系统的任何特定元素引起的，而是由系统各部分之间的相互作用发展而来的。它产生于来回往返的主观参考加工过程，这个加工过程先于我们所感知的事物，并构建时间统一性，以消除构成其基础的异步性。

虽然当利贝第一次报告他的发现时，主观参考（subjective referral）和时间提前（temporal antedating）是令人惊讶和相当有争议的（见 Libet，1993，2002，2003；Gomes，1998），但它们在关于时间的神经科学文献中被广泛证明和广泛研究的现象中很明显。例如，在帕特里克·哈格德（Patrick Haggard）和他的小组（Haggard et al.，2002）进行的一项实验中，将动作被认为会引起音调的情况，与动作和音调分别呈现的对照案例进行了比较。分析这个实验及其意义，凯兰·亚罗（Kielan Yarrow）和苏赫文德·奥比（Sukhvinder Obhi）（2014：462）注意到，“当一个意图的行为（intended action）引起音调时，动作被感知的发生时间晚一些，而音调出现得更早”，几乎就好像他们是暂时互相引来的。亚罗和奥比发现，“动作似乎会导致延迟的感官结果在时间上更早出现，而行为的感知时间也会接近感官事件”，哈格德主张称之为“有意绑定”（intentional binding）的时间变化，可能“有助于有意识地推断因果关系”（462）。按照哈格德（Haggard，2002：385）的说法，“大脑……将意向性行动（intentional action）与其效果结合起来，构建我们自身作用的连贯意识体验”。

托马斯·弗拉普斯（Thomas Fraps）（2014：273）发现，这只是“几项

① 关于棱镜眼镜实验，见 Stratton，1897 和 Snyder & Pronko，1952。当然，这是一种双重反转，因为视网膜上的图像一开始是颠倒的，而眼镜扭转了大脑将图像向右上看的习惯，一旦佩戴者习惯了这种新的变形，这种习惯就会重新建立。

证明因果在主观时间上相互吸引的研究”之一，这一现象支持了 18 世纪著名的哲学家大卫 · 休谟（David Hume）的主张，即“我们对因果关系的知觉是一种心理建构，它只能从时间临近（temporal contiguity）的感官体验中推断出来”（265）。毫无疑问，由于进化论上可以理解的原因，我们的大脑似乎已经养成一种将因果紧密联系起来的素质，通过交互的主观参考（subjective referral），在时间上缩小两者之间的差距。这种潜意识机制也使我们倾向于将故事中被编写成情节的事件联系起来。

大脑倾向于紧密联系时间上不同的事件，这同样是经常讨论的颜色似动（color phi）和皮肤兔（cutaneous rabbit）现象的基础。莫尔德解释：

> 颜色似动现象是当呈现给受试者在不同位置的两个不同颜色物体（例如，一个蓝点和一个红点）的闪光时，所产生的运动错觉。似乎那个点正在从一个位置移动到另一个位置，并且在移动的中途改变了颜色。什么是令人费解的。令人费解的是……颜色似乎已经在实际位置之前的位置上发生了变化，这个在那里呈现了不同颜色……红色在实际被呈现之前似乎就已经呈现了。我的意思是颜色似乎已经在实际位置之前的位置发生了变化，在这个位置上有不同颜色的点出现。红色似乎是在实际呈现之前就出现。[①]（Mölder，2014：220-221）

皮肤兔实验同样需要时间的提前，通过回顾性地重组产生它的刺激物来构建连贯的知觉体验。如果以 40~60 毫秒的间隔进行五次轻拍，首先是在手

---

① 似动现象（phi phenomenon）（以实验中分离点的角度 phi 命名）首先由马克斯·韦特海默（Max Wertheimer）（1912）研究，指的是我们在以特定间隔闪烁的两个静止点之间感知到的表观运动。纳尔逊 · 古德曼随后问，如果这些点有不同的颜色，会发生什么，保罗 · 科勒斯（Paul Kolers）和迈克尔 · 冯 · 格吕瑙（Michael von Grünau）（1976）对后来被称为“颜色似动”现象的现象进行了实验（见 Goodman，1978：82-83，关于他的提议和他们的实验）。丹尼尔 · 丹尼特（Daniel Dennett）（1991：114-128）利用这一现象来支持他的多重草稿模型（multiple drafts model）。该模型将意识描述为一个经历“持续的‘编辑修订’”的“平行、多轨道的感官输入解释和阐述过程”的集合，而非观察者所看到的戏剧（111）。这个正在进行的解释和修订过程的特点是我在本节中分析的时间递归性。

腕处，然后是在肘部，然后又是在手腕处，受试者报告所感知到的不是三组离散的刺激；相反，莫尔德解释（221），“受试者感觉好像有东西在手臂上平稳地跳跃，有规律地移动。不仅是在刺激的位置上”——“好像后面的轻拍对先前的刺激有一种向后的影响”，并产生一种像兔子跳上受试者手臂的感觉（实验因此得名）。在这两种情况下，大脑会潜意识地重组感官刺激物之间的时间关系，以构建一个连贯的模式，利用关于后来出现的信息来重组先前发生的事情。这种对先前的刺激物进行向后看的重新调整，以重新安排我们对它们的顺序和关系的感觉，这似乎是违反直觉的，但这种递归性是建立在时间提前、主观参考和有意绑定的基础上的，这些加工过程在大脑、身体和世界之间的关系中不断发挥作用，缩小了迟来的知觉意识和我们已经反应的信号两者之间的差距。

这些递归过程经常被误解。例如，布赖恩·马苏米（Brain Massumi）和其他所谓的情感理论家已经使用（或者更好地说，误用了）利贝的实验，在认知之前假设了一个身体的、自主的亚个人情加工感过程领域。马苏米（Massumi，2002：195）声称，“思想落后于自己”，“它永远赶不上自己的起点。思想形成的半秒钟永远消失在黑暗中。所有的意识都来自与物质运动毫无区别的无意识的思维失误（nonconscious thought-ogenic lapse）”。这是对利贝实验含义的错误解释。利贝的发现并没有揭示意识层面之下某种“黑暗”的自发情感领域（马苏米臭名昭著地称之为“缺失的半秒之谜”［28］），而是展示了具身大脑的时间不同步如何在不同的尺度上形成塑型，并递归地交互作用——例如，一种情境的潜意识知觉促使司机在发现孩子追着球过马路的自觉意识出现之前踩刹车，这两个时刻相互作用，使“现在”早于危险直觉第一次出现的时刻。这种递归性并不是“无意识的思维基因失误”（nonconscious thought-o-genic lapse，不管这些奇怪的新造词意味着什么），而是像肖恩·加拉格尔（Gallagher，2005：239）所说的那样，是一个“循环”的过程，通过这个过程，直接知觉（immediate perception）和自觉意识（conscious awareness）相互作用并相互塑造。在现象学的术语中，这种相互作用是两种意义生成模式之间的递归关系——梅洛 - 庞蒂（Merleau-Ponty，2012[1945]：441-442）称之为“非设定性的”（nonthetic）和“设定性的”（thetic）意向性，以区分无反思的知觉与故意的、有意识的主动意义创造——而不是由亚个人的强度和有意识的思想组成的自发领域的并置。

马苏米的错误在于将普通的神经生物学和认识论加工过程转化为晦涩的玄学谜题。[①] 这些加工过程有物质基础，而且它们也是出现的实例，某种现象借此（如意识或生命）由潜在活动（神经元活跃、化学物质相互作用）产生（见 Deacon，2012）。与马苏米的主张相反，出现的加工过程与它们产生的“物质的运动”并不是“无法区分的”，它们也不能证明我们在某种程度上受到亚个人情感过程（subpersonal affective processes）的控制，也不能证明“无意识的失误”会破坏认知。涌现（emergence），即整体的创造，不仅仅是其部分的总和，是递归过程的普通和普遍存在的结果，在我们的具身大脑与它的世界的互动中到处都在运作（见 Kelso，1995）。

利贝的思维 - 时间实验和其他类似的主观参考和有意绑定的实例表明，故事将不同事件编写成情节成为连贯的时间模式中，因此在不协调中创造协调与具身大脑中的各种时间加工过程相关联。在连接我们大脑和世界的不同关系的节奏中，我们在不断地塑型故事般的模式，以建立协调并“纠正”（可以这么说）事件实际发生和我们对其意识之间的不协调。如果我们向前看而向后理解，回顾性地再塑型过去和现在的能力从神经元层面开始，因为我们消除了知觉时间性的不同步，就像戴棱镜眼镜的人调整视网膜上的倒转形状一样。

利科（Ricoeur，1984a：67-68）发现，当我们发现令人惊讶和不可预见的结论对于一个故事仍然是“可接受的”，因为它“符合故事集结起来的

① 参见 Leys，2011：452-463 对马苏米在这里和其他地方歪曲科学实验的方式进行了有见解的评论，然后在这些歪曲的基础上继续做出不切实际、毫无根据的意识形态主张。

情节片段”，类似的来回往返的再塑型加工过程在运行。他指出，在这种时刻，好像回忆颠倒了所谓“自然的”时间顺序。在读开头的结尾和结尾的开头时，我们也学会了向后阅读时间本身。然而，“反向阅读心态”的诀窍毕竟不是一种不自然的行为，因为我们再塑型时间形态的能力在以大脑为基础的过程中也很明显，这一过程先于我们意识到的事件发生的那一刻，或是将因果关系联系的有意绑定。这些递归的时间过程在似动和皮肤兔子现象中起作用，当我们回顾性地再塑型叙事的开头，使之与我们后来对结局的感觉一致时，它们也在起作用。

在结尾和开头之间回顾地建立一致性，在我们发现它们导致的结果之后，其意义可能会发生变化，这是我们理解故事能力不可或缺的相互来回往返的塑型加工过程。这是读者对叙事行为的反应（摹仿 3），即在情节的塑型建构中“‘同时理解’详细的动作”（摹仿 2），从事件的纷繁复杂中得出时间整体的统一（Ricoeur，1984a：66）。我们可以很容易地将不同的开始和结束结合起来，因为我们时间的生活体验（摹仿 1）需要一系列连续的主观参考来调整我们对现在和过去时间的感觉。我们可以通过在我们还没有完全理解的事件中令人惊讶的结局和开始之间再塑型的关系来学习跟随理解故事，因为我们基本的神经生物学能力倾向于让我们塑型的重新调整预期和回顾。

查尔斯·狄更斯的小说《远大前程》（*Great Expectations*）成为叙事学理论的经典，其中一个原因是它以很多环环相扣的方式阐释了这些时间上的矛盾和复杂性（从书名中的双关语开始，它既暗示了叙述者的许多认识论错误，也暗示了他希望继承的财富）。长大了的、更明智的皮普（Pip）回顾性的第一人称叙事，叙述了自己年轻时许多错误的假设和预期，小皮普和大皮普之间的差距缩小，因为故事的时间集中在话语的时间。这种时间上的差距是小说中许多讽刺和喜剧的来源，即使我们能够识别出皮普误读其恩人的各种骗局（或错误线索），而重读的乐趣之一就是发现这些错误（我们可能也对第一次读这本小说的时候这种误解感到内疚）。就像魔术师通过将动作的起因与结果分开来误导我们的注意力，这样我们就看不到它们之间的相互作用，这使得我们能够惊叹于这一技巧（见 Fraps，2014），所以狄更斯构建了一个巧妙的情节，掩饰、分离和置换因果关系，从而掩盖了后来才出现但我们以前不了解其起源的联系。这是一种时间艺术，它利用了我们大脑加工信号的方式中的异步性，并构建了我们认为仅仅是“自然”和“存在”的模式。我们通常不知道递归的、来回往返的平衡行为，从知觉体验的不稳定性中创造出稳定，因此，时间体验的模式似乎是自然的和不可避免的，因为看不到构成它们基础的构造过程。因此，当我们的预期（关于皮普的恩人或者魔术师从我们耳朵里掏出的硬币）被证明是错误的解释时，我们感到惊讶。

掩盖我们日常所做的时间联系的偶然性也是狄更斯所玩的叙事游戏的一部分。当我们向前看，向后理解时，就像皮普向前生活只是为了向后叙述一样，他讲述给自己关于他生活中的故事中事件之间的联系被似乎一直潜伏在背景中的重新塑型所替代，等待一跃而出——皮普用一个令人难忘的比较他似乎注定要回顾的故事的启迪，讲述了一个格式塔式转变，在这个故事中，一个“沉重的石板要掉在龙床上”，杀死一个毫无防备的篡位者，缓慢而精心准备的故事就此铺开：

> 大量的工作准备就绪，时间到了，苏丹在夜深人静的时候被唤醒了，那把用来从大铁环上割断［托着石板的］绳子的锋利的斧头放在他手里，他用斧头敲击，绳子断开，迅速消失，天花板掉了下来。因此，就我而言，所有的工作，无论远近，都接近尾声，已经完成了；顷刻间，打击就来了，我的大本营的屋顶也落在我身上。（Dickens，2008［1861］：285）[①]

皮普的启示最终到来时，似乎是命中注定的、不可逃避的，但这种必然

① 编辑们解释，狄更斯这则轶事的来源是詹姆斯·里德利（James Ridley）在《精灵物语》（*Tales of the Genii*，1764）中的一个故事，该故事“讲述了苏丹的维齐尔如何建造一座宫殿，为了击垮并摧毁一对夺取苏丹王位的邪恶巫师”（476）。

性的感觉掩盖了他生活中（以及狄更斯的叙事）的各种偶发事件——从囚犯马格韦契在墓地遇到他的意外开始——只有当它们被回顾性地安排成某个特定的模式时，这些偶然性好像才是注定的。好的情节的矛盾之处在于，事件之间的联系似乎是必要的，但是叙事的曲折和逆转仅仅是可能的，因为这些联系是可变的和偶然的。

这种悖论在经常被讨论的好奇心中是显而易见的，狄更斯能够为小说写出两个相反的结局（一个结局是皮普得到了他的女孩，另一个结局是他没有）。他之所以能这样做，是因为开头和结尾都是偶然的、相互构成的，具有回顾性的可变结构，每一个结尾都将小说中以前的事件再塑型成一种不同的模式——要么强调小说的喜剧性，往往是寓有情感的，对维多利亚时代价值观的肯定，要么是戳穿那些陈词滥调谎言的缺点和伪善的负面认识。（你可以了解我更喜欢哪种结局！）在阅读、讲故事和生活中，事件之间的时间联系模式不是独立的、必要的假定事实，而是由于预期和回顾相互构成，以一种来回往返的方式递归地建立起来。我们可能会觉得时间只是在我们对世界的体验中自然发生的，或者我们所跟随理解的故事中事件的顺序是必须是自然的，但是时间的构建在所有层面上都是持续进行的、不断变化的过程，从神经元集合的递归构建，到开头和结局的预期和回顾性相互作用。事实上，时间不是一条线，无论是在体验上还是在神经元层面上，而是模式形成和消解的来回往返的产物，正是这一事实实现了《远大前程》在所有的时间复杂性中。

关于时间、命运和自由的问题常常是相伴而生的。[①] 利贝的思维 - 时间实验引发了特别的争议，其中可能产生的影响是，我们可能认为有些行为源

---

① 鉴于利科一生都对自由、限制和时间性感兴趣，他觉得有必要对叙事和时间进行重大研究并非偶然。利科的职业生涯始于对《自由和自然：意志与非意志》（*Freedom and Nature: The Voluntary and the Involuntary*，1966）的一项雄心勃勃的研究，而且他在其晚期著作《作为他人的自我》（*Oneself as Another*，1992）中回到了这些存在主义问题。关于叙事、自由和命运之间的关系，尤见 Morson，1994。

于自由意志自发的、有意识的活动，实际上是由我们不知道的大脑活动发起的："也就是说，大脑无意识地开始自发的加工过程"（2004：93）。利贝通过将探针植入正在进行脑部外科手术的患者大脑运动皮层来测量神经元活动，发现"大脑表现出一个初始化加工过程，在自由自发行为之前550毫秒开始；但执行这个行为的自觉意志的意识仅在行为发生前150~200毫秒出现"（123-124）。然后，行动意图的自觉意识在大脑已经启动它的大约350毫秒后，才会产生。

然而，利贝拒绝接受其他人很快就得出自由是一种幻觉的结论。他认为，尽管"有意识的自由意志不会启动我们自由自愿的行为"，"它可以通过一种否决权来控制行为的结果或实际执行"（139）。这不同于自动或不可控制行为的例子，如图雷特综合征（Tourette's syndrome）中，受试者"不由自主地大喊淫秽言语"（142）。利贝在实验中发现，这种自发反应需要"对不必要的刺激物作出快速反应"，而这种刺激物没有准备电位（readiness potential）（142）。也就是说，在这种情况下，大脑中的无意识初始活动（他的实验测量的准备电位）和随后的意识（意识所必需的时间延迟之后）之间没有时间延迟，而且没有这种中断，就没有回顾性干预的可能（自由的"否决权"）。同质性再一次丧失能力。准备电位和我们意向的认识之间的差距是允许回顾性重新调整的原因。马苏米（Massumi，2002）主张，这种延迟不是我们缺乏自主性的证据，而是我们行使自由意志能力的一个基础。

时间上的空缺同样成为世界上许多共同的行为体验的特征，这些体验是自由和有意图的，不是因为它们是完全有意识和容易感知的，而是因为它们能够递归地适应调整。詹姆斯·J. 吉布森（Gibson，1979：225）发现，"运动（locmotion）和操作是被触发的，也不是被命令的，而是被控制的。它们受到约束、引导或操纵，只有在这个意义上，它们才被统治或支配"。运动控制是一个不断进行的前瞻性和回顾性调整的过程，这种控制或引导是由利贝鉴定的潜意识时间中断实现的（见 Gallagher，2012：109）。[①] 伊瓦尔·哈根登（Ivar Hagendorn）（2004：83）解释，“运动知觉是预测性的”，因为它必须补偿这些延迟。哈根登指出，视觉信号第一次到达视网膜后，需要 50~100 毫秒来加工，然后在协调这些信号与各种具身运动过程中会出现进一步的延迟。我们通过预测这些视觉和运动模式将如何结合在一起来操纵和指导我们的动作。例如，为了接住一个球，我们需要下意识地预测和预期的到来——如果我们想一想我们正在做什么，并试图故意去做这个动作，我们就会把它扔下去——但我们当然可以自由地采取不同的行为（跳出路线或者把球击下去）。我们以通过学习和指导来提高我们的技能（改善我们的预测和我们对知觉和动作的预期协调），因为如果这些行为超出了自由的范畴，我们就无法提高。哈根登引用了一项“比较宇航员在地球上和在零重力条件下接球的表现”的研究，提出“大脑在预测坠落球的轨迹时使用了重力引起的加速度的内部模型”（83）。当重力缺失时，行为协调为基础的预测过程变得可见，因为它们不起作用，需要调整——我们可以这样做，因为时间上的中断允许大脑构建各种各样的主观参考。

布扎基（Buzsáki，2006：vii）观察到，“大脑是一种预言装置”，而且它们的“预测能力来自它们不断产生的各种节律”。根据马库斯·赖希勒（Marcus Raichle）（2001：8）的主张，这些节律导致了“在一个需要注意的感官刺激物出现之前大脑活动的变化”，大脑皮层的变化就是预期的神经相关物。大

① 然而，肖恩·加拉格尔（Gallagher，2005：238-243）提出质疑，运动控制和自由意志是否是相同的问题。他认为“快速的、自动的反射动作和较慢的、自发的动作是有区别的”。“自由意志不能被压缩在 150~350 毫秒的时间范围内”，因为它需要在“相当于似是而非的现在的延长时间内”进行“有意识的思考”（238-239）。然而，并不是所有的现象学思想家都把自由等同于有意识的思考。例如，参见 Merleau-Ponty，2012［1945］：458-483，他认为，当我回过头来询问我为什么要这样做时，我发现我经常预先反思“已经做出了决定之后才思考”（460），然后我的反思揭示了我在最初的预先反思行动中的隐含选择，我只有在事后才意识到这一点。自由究竟在那个短暂的时刻开始，这是一个无法确定答案的问题。但不管答案是什么，神经生物学时间是异步的，不是同质的，这一事实不仅使对自发行为的预期性和回顾性思考成为可能，也使我们作为代理人所经历的运动行为的转向成为可能。

脑持续的波动允许神经元层面的相互作用产生信号，引导我们对世界的具身反应，下意识地预测某些模式将如何在知觉体验中结合在一起，然后在无休止的、来回的、递归的加工过程中，回顾性地调整这些看不见的、未被注意到的猜测。自由意志不是一种幻觉，而是我们告诉自己的关于自由选择的故事，完全有意识的代理人可能比这些在不同意识水平上的波动和同步的来回过程更容易理解。

模式形成的交互加工过程是大脑运作的基础，作为一个来回往返的神经集合整体，不断地来来去去，消长变化。这种来回的交互加工处理的技术术语是“重返”（reentry），这个术语由埃德尔曼和托诺尼（Edelman & Tononi，2000：48，49）提出，用来描述“大脑相互连接的区域之间持续的、递归的并行信号相互交换，这种交换是不断协调这些区域在空间和时间上相互映射的活动。他们解释，“重新返回允许知觉和行为的统一，而这在其他情况下是不可能的，如果大脑中没有唯一的，类似计算机的中央处理器” 。瓦雷拉和他的同事（Varela et al.，2001）将这种分散的、相互作用的结构称为“大脑网络”。斯坦尼斯拉斯・迪昂（Dehaene，2014：137，156）发现，这样的结构需要“长距离的交流和大量的相互信号交换”——他称之为“循环处理”（recurrent processing），通过神经大脑结构的特定区域的“短局部循环”（short local loops）（比如视觉皮层后部的不同专门区域，专门用于定向、运动、颜色），以及长距离的“整体循环”（global loops），用于更复杂的认知活动，如阅读或听故事，而这些活动需要大脑中广泛分布的区域之间的相互作用（例如，包括视觉、听觉和运动大脑皮层，与情绪相关的区域，如脑岛和杏仁核；与海马体相关的记忆功能；以及通过丘脑和脑干跨越整个大脑 - 身体差异的相互作用）。迪昂的声明令人印象深刻，“意识生活在循环中”，“反射神经元活动，在大脑皮层连接的网络中循环，导致我们的意识体验”（156）。构成叙事的塑型（configuration）、再塑型（refiguration）和变塑型（transfiguration）的过程也描述了大脑网络的交互作用，这就是为什么故事能够对我们大脑的工作产生如此深远和持久的影响的原因之一。

其中一些影响可能会在潜意识中发生，引发我们期待某些符合我们已有的习惯性建立的反应模式的塑型。叙事理解通常发生在意识的之下和之前，尤其是当知名故事的借鉴和强化熟悉的、预期的塑型时。理查德·格里格（Gerrig，2012：50）已经表明（也许并不奇怪）“关于潜在结果的偏好……影响读者接受最终他们得到结局的容易程度”。例如，他的实验室通过实验证明，读者“阅读不符合他们偏好”，而且不匹配他们的预期或期望的句子“花更长的时间”。这一发现与实验证据一致，即“我们总是比不可预测的刺激物更早地感知到可预测的刺激物”（Dehaene，2014：127）。当“预期补偿”了意识的时间滞后，并且促进时间属性的主观参考（Dehaene，2014：127）时，加工速度会加快。无论是在故事中还是在生活中，我们都能更快地感知到我们习惯性的体验已经让我们习惯于预期的东西。但将不可预测性构建成一种悬念的叙事模式可以抵消这种效果。格里格的合作者，也是他以前的学生大卫·拉普（David Rapp）（2008）发现，读者阅读事实上不准确的陈述［如“秀兰·邓波尔（Shirley Temple）主演的《绿野仙踪》（*The Wizard of Oz*）中的主角”］比他们了解真相的句子花费适度地更长时间，但他也发现，以悬疑故事的形式向读者提供反事实的信息可以显著减少这些反应时间。将违反直觉的、不正常的陈述塑型成可预测的叙述模式（悬念的发展和解决）使人们更容易理解不调和的信息。

这也许就是为什么亚里士多德著名地偏爱“如果不可能，也可能发生”的情节，而不是“那些可能但未必会发生”的情节。塑型对于理解很重要，就像故事中的反转看起来“正确”一样，因为，正如利科（Ricoeur，1984a：43）所说，“偶然的机会……似乎是事先被设计好的”。因此皮普报告揭露他恩人的身份的真相这种必然性令人惊讶的感觉，使他通过了解他的生活重新塑型模式——再塑型我们读者复制预期和回顾模式形成的并行轨道，因为我们形成和再形成对叙述者的话语提供的故事的理解。狄更斯编织在一起所有的联系，有些联系违反了可能性是可以接受的——无论多么不像真实的，毕竟，那个马格韦契结果是埃斯特拉的父亲，而他的女儿碰巧最后会成为皮普家乡养父母的监护人！——甚至由于它们是如何结合在一起的方式，可能看起来在审美上是必然的（尽管我有怀疑的学生每学期都觉得这些联系荒谬，尽管我试图让他们相信他们展示了狄更斯的艺术性，也证明了它隐藏的相互连接的道德意义将人类群体连接在一起）。这种不调和的体验被归结为新的调和结构，可以教会我们认识和接受新的塑型模式，无论是审美上的，道德上的还是认识论上的，为我们介绍新的方式来一起领会或跟随理解事件。像《远大前程》这样的成长小说情节，通过这种再塑型，不仅可以给主人公，而且可以给读者提供教育。

通过对可能与不可能、熟悉与陌生、新奇与惊喜的操控，情节给人愉悦与教导。像这样的反转不仅有趣，而且可能在认知上形成的，因为塑型开始、中间和结尾的叙事行为操纵着支配大脑永久平衡行为的时间加工过程，因为它修正了大脑习惯的综合体，并适应了新奇、意想不到的情境。南希·伊斯特林（Easterlin，2015：614）发现，“如果我们对新事物和它所能提供的知识的偏好受到相反的处理方法所调整，以避免陌生事物，那么阅读一部文学作品可以提供体验新奇事物而不会立即受到威胁的经历”。叙事可以利用认知中固有的时间延迟，通过认识的愉悦感强化既定的模式，为在我们的时间体验中构建一致性的结构提供强化作用，或者也可以中断我们建立一致性的期望，并提供循环处理新的可能性，新的重返模式。或者，最典型的是，叙事可以做到在不同的程度和以不同的方式，构成了编排情节时间艺术。

如果消除时间不调和的连接词可以促进塑型活动，那么这些时间延迟中固有的中断也可以产生效果。日常认知和叙事都是如此。这不仅是因为这些中断可能会导致这种认知模式的再塑型，而这种模式正是一个好的情节中令人惊讶的曲折生成的。时间上的差异需要主观参考来纠正意识的时间滞后，这也允许意识自我复制，从而产生自我意识。迪昂（Dehaene，2014：253）称为“我们思考嵌套思想的独特能力”是通过大脑网络的递归操作，也就是自上而下和自下而上的集合之间不断地交互地相互作用的来回双重性来实现的。

这种双重性是意识和自我意识的基础，也是叙事的基础。当然，这种嵌套能力最基本的叙事关联是，话语和故事之间的关系——叙述者的事件顺序和受述者的顺序之间有时协调，有时不协调的相互作用。叙事本质上是双重结构，因为叙事的时间倒错（anachronies），也就是叙事基础的故事和叙述“两种秩序之间的各种不和谐”（Genette，1980：35–36）。即使经典的公式“从前”也有一个基本的双重性时间结构：一个时间与另一个时间形成对照，把故事的时间嵌套在故事讲述的时间里。时间的双重化也是循环操作中重返的递归操作的基础，通过这循环操作，主观参考提前并且组织意识体验的时间选择。认知过程在时间上是同质的，整体上是超同步的，它不会产生实现嵌套思想或话语与故事的互动的双重效应。

这些双重性可以采取多种形式，在认知体验和叙事中产生一系列不同的结果。当话语和故事相互强化时，主观参考的加工过程就得到促进；当它们突然转向和偏离时，就会出现中断和分离的可能性，据此可以看到递归模式形成的通常不可见的时间操作。话语–故事的对立在其内部具有促进叙事合成的构建，或者支持超小说（metafiction）反思的潜力，因为从神经元层面开始的时间差距可以通过主观参考来消除，也可以引起认知操作负责自我意识的递归嵌套，也就是向前生活、向后理解的双重性。

现代小说中典型的时间中断揭示了这种双重性，可能引发人们对时间认知悖论的反思。约瑟夫·弗兰克（Joseph Frank）（1991［1945，1977］）所说著名的“空间形式”（spatial form）是许多现代文学用叙事塑型的实践性实验的“空间形式”特征，这些实验是为了揭示通常被遗漏的递归、来回往返的认知过程。弗兰克回忆莱辛（Lessing）的经典在《拉奥孔》（*Laocoön*）（1962［1766］：78）中的经典论述，绘画和雕塑是空间艺术，应该通过将各部分并列成一个同时的整体，只描述“单个动作的时刻”（莱辛认为，存在于空间中的符号只能表现整体或部分共存的物体），而叙事的时间艺术应该描绘行为的连续展开（“一个接一个的符号只能表达整体或部分连续的物体”）。根据弗兰克的观点，打断了顺序和时间连贯的《尤利西斯》和其他现代小说中的中断是“基于空间逻辑”的，它把莱辛的说法颠倒过来：“在连续阅读时，只有在彼此之间没有可理解关系的词组的空间中进行同时感知，意义关系才能完成”（15）。空间并置替换时间序列作为叙事组织的原则：“乔伊斯不能被阅读——他只能重读”，因为“整体的知识任何部分的理解都是至关重要的”，而且“这样的知识再读过这本书之后才可以获得，当所有的参考都被安置在合适的地方，并且作为整体把握”（21）。

弗兰克的论点引发了批评家和理论家们的愤怒反应，他们指出（除其他外）解释的时间过程是我们理解绘画艺术的基础，现代主义并置所促使的有意义模式的回顾性建构本身就是一种时间活动。[①] 这些反对意见是当然有效。神经学家亚瑟·P. 岛村发现，即使是看似空间性的艺术作品，如绘画或雕塑，也会在时间上被理解：“体验艺术需要时间，因为我们无法用一次凝视完整地欣赏一件艺术品。因此，我们通过连续的浏览来‘诠释’（interpret）一件艺术品，而这个体验的故事脚本花费了一些时间，大约每秒三次固定”

① 例如，在弗兰克试图回答克莫德在《终结感》（*The Sense of an Ending*，1967）中对空间形式的批评后，参见《批判性探索》（*Critical Inquiry*）中展开的交流：Frank，1977；Kermode，1978；Frank，1978。关于这场争论中涉及的美学问题的分析，见 Mitchell，1980。然而，正如米切尔指出，对空间形式的批评往往是政治性的，而非审美性的：“（对弗兰克理论的）最具争议性的攻击来自那些将空间形式视为现代文学的一个实际但非常令人遗憾的特征，并将其与反历史甚至法西斯意识形态联系在一起的人”（541），尤其是温德姆·刘易斯（Wyndham Lewis）和埃兹拉·庞德（Ezra Pound）的观点，克莫德在 1978 年的文章中也将其联系起来。弗兰克回答说：“将现代文学中对线性时间的反抗作为一个整体来看待……与第一次世界大战后一代英美作家中少数人（或其中一人，即埃兹拉·庞德）令人反感的社会政治思想联系在一起，真的已经不允许了。”（96）他在辩解中引用了先锋派理论家雷纳托·波焦利（Renato Poggioli）的话：“我们必须否认先锋派艺术（或一般艺术）与政治之间的关系可以先验建立的假设。这种联系只能从先锋派自己的政治观点和信念的角度由后验（posterori）确定。”（引用于 Frank，1977：101）空间形式产生的意义生成的时间加工过程的中断和突出可以服务于各种认识论、美学和社会目的。揭示时间是如何在意义的构建中发挥作用的给如何使用这些知识留下了很多可能性，其政治后果也不是预先确定的。请参阅第四章，进一步分析神经科学可以（也不能）告诉我们关于文学的社会力量的东西。

（Shimamura，2013a：125；原文强调）。我们处理时间和空间作品的认知习惯——我们如何“阅读”文学和视觉艺术——因此能够相互作用和相互影响。例如，虽然通常“我们似乎是从左到右，也许是向上看，因此从左下角开始，移到右上角”，但岛村指出，这种偏向似乎是由阅读行为所引导的，因为“以色列语和阿拉伯语读者在观看图片时采取了左右扫描的偏向，并且与从左向右阅读的人相比，他们表现出相反的审美偏好”（91，92）。

然而弗兰克多次承认，在这场争论中经常被忽略的是，空间形式会影响读者的认知能力，并与我们意义生成自然的、习惯性的做法背道而驰，而这正是因为这些加工过程的基本时间性。现代主义形式实验可能导致的迷失方向和困惑，证明理解需要时间塑型，因此问题不在于这些作品是否实现了“空间性”，而在于这种不可能的追求所产生的不连贯性能达到什么目的。至少有一个答案是，它们唤起人们对被阻碍、中断和阻塞的模式生成过程的关注，通过妨碍沉浸在连贯、有条理的世界中来促进反思。因此，空间形式并没有避开或超越时间，而是使它原本隐形的运作方式变得可见，以供观察和思考——人们甚至可以发现，弗兰克的批评家们对时间性无所不在的坚持，证明了它已经相当有效地做到了这一点。

因此，这就是空间形式辩论的认知上的要点：通过主观参考和时间提前进行的来回一致性构建，通常不会引起注意（就像在传统的现实主义小说中那样），但是当大脑的递归过程受到干扰时，大脑的平衡行为的双重化、嵌套和变化就会变得可见（就像现代主义的实验一样），然后稳定和不稳定之间的紧张关系就会显现出来。例如，在福克纳的《喧哗与骚动》（*Sound and the Fury*）中，小说中四个不连贯的部分之间的中断，班吉和昆丁反复进行的时间跳跃结合在一起，扰乱了读者的时间连贯感，揭示了我们解释建构的偶然性和不稳定性。当偏执的、厌恶女性的杰森言之凿凿地大放厥词时，这种不安可能令人惊讶地让读者感到释然，但也可以理解：“我说什么来着？一时不检点，就一直不检点。”（Once a bitch always a bitch, what I say.）（1994

［1929］：113）我们最终知道自己在哪里，但这种自我确定的固定性令人不安，不仅因为它在道德上令人反感，而且还因为它掩饰了叙事的时间中断所揭示的模式形成的偶然性。本吉和昆廷的叙述有时语无伦次，使得大脑在模式和开放之间的平衡行为变得极端不稳定，但对杰森视角的僵化偏见和自我挫败、麻痹的怨恨让读者发自内心地体验到根深蒂固、无法改变的习惯的束缚。福克纳叙事的时间中断可能会使读者渴望连贯性并戏剧化地表达对模式的认知需求，但一旦我们找到了这种模式，我们却不想要，因为它以令人衰弱的方式呈现。其他伟大的现代主义者的实验可能预设了时间性的不同方面——例如托马斯·曼（Thomas Mann）的史诗《魔山》（*The Magic Mountain*）中随着时间流逝主观时间的延展性，或者说弗吉尼亚·伍尔夫的挽歌《到灯塔去》中的过去和现在的水平状态——但空间形式的一个决定性特征是，它阻碍了认知模式形成的时间加工过程，不是为了克服它们，而是为了与它们互动，并且让它们处于思维方式的影响之下。

认知、叙事和阅读中整合的时间性

时间的悖论之一是它将分割（segmentation）和整合（integration）结合在一起。时间流逝，正如一系列可识别的知觉的窗口，它们相互流动，无缝连接在一起。这个“现在”是一个知觉的完型，不同于过去和未来，即使它跨越其滞留和预期的视域不可分割的联系到“过去什么样”和“将来如何”。叙事同样是一个矛盾的组合，独立的部分被整合成一个整体的模式。利科（Ricoeur，1980b：169，171）所说的“序列的幻觉”需要构建一个“可理解的整体，在任何故事中它都支配着一连串的事件”，但是这个整体只有在它所绑定的元素保持其独特性的情况下才起到塑型作用。利科（Ricoeur，1980b：178）指出，在叙事（故事的事件）的“情节维度”和“塑型维度”之间存在着一种基本的、必要的张力：情节从分散的事件中构建出重要的整体，但是“如果不压制叙事结构本身，塑型维度就无法克服情节维度”。用一种循环的方式（叙事等同于解释学循环），叙事的各个部分构成了一个整体，即使整体塑型成部分。将这两个维度（情节和塑型）结合在一起而不将它们彼此瓦解的紧张关系，是描述叙事特征中协调的不协调的一个方面。

任何叙事元素及其组织之间基本的紧张关系都发生在不同的整合和分割的时间点上，捆绑和构造发生在不同的尺度上，从句子层面上升到整个作品的构建。这些相互作用利用了布奥诺马诺所称的“大脑加工处理复杂时间模式的精细能力”（Buonomano，2014：330）。西尔维·德鲁瓦 – 沃莱（Sylvie Droit – Volet）（2014：482）指出，“处理短时间段和长时间段的机制是不同的”。这些机制在日常认知活动和我们对叙事的加工过程中以复杂的、交互的方式相互作用——这是一种“向上和向下因果关系”的模式，“在多重时间和空间尺度上，一方面，较低规模的活动会产生一种新兴的现象；另一方面，大规模模式有可能重新影响产生它们的小规模互动”（Bagdasaryian & Van Quyen，2013：4）。梅林·唐纳德（Merlin Donald）（2012：40 – 41）对“时间整合的三个层次”进行了区分：“从几秒钟到几秒钟的片段”发生的“局部绑定”；持续“几秒或几十秒”的短期“工作记忆范围”，以及像“持续数小时的对话和组织各种各样的游戏”的“持续时间更长的神经活动”——或者，当然，讲故事和跟随理解故事。这些认知加工的每一个层次都在不同的时间尺度上结合了分割和整合，在每一个层次和尺度上发生的事情与其他层次和尺度上发生的事情相互作用。这类似于叙事中不同时间尺度相互利用的方式（以及可能性的条件）。

在认知加工的最基本层面上，分割和整合之间的紧张关系首先证明，发生在自觉意识之下微秒级的时间绑定上。尼科·布施（Niko Busch）和鲁芬·旺吕朗（Rufin VanRullen）（2014：163，166，161）发现，我们对时间的感觉是“一个伪连续的流……实际上是由一系列不连续的快照组成的”——“一个持续移动的时间整合窗口”，就像照相机一样，“只要快门打开，就可以整合和融合信息”。连环画小说中的板块就是类似的时间流逝的“快照”。斯科特·麦克劳德（Scott McCloud）（1993：95）指出，“漫画的每一个画面板块都表现出某个时间上的单一时刻”，实际上包括了在一段时间窗口内不同的不一定同时发生的事件，这个窗口可以被扩大或压缩到不同的时间宽度，就像漫画板块可以被拉伸或压缩一样。

这种框架开始于整合的单元，比一个漫画框可以注册的小得多。恩斯特·佩尔（Ernst Pöppel）（Pöppel & Bao，2014：247）所称的“基本整合单元”（elementary integration unit），即最小的时间窗口，“在30~60毫秒的时间域内”，已经依靠实验发现，在这个窗口“刺激物的前后关系……没有定义或确定的”。例如，他报告，当“实验受试者被要求指出哪个时间顺序刺激物被展示出来，比如，当双耳受到带有一个短的时间延迟的声音信号刺激，哪一只耳朵首先被刺激”，这些刺激物之间的差异在“一个几十毫秒的时间顺序阈值中”……是无形的，这个结果对视觉、听觉和触觉形式都是一样的（248）。马克·威特曼（Marc Wittman）（2104：512-513）解释，“这些阈值表示知觉的基本时间构建模块，因为在这样的时间阈值之下，一系列事件，它们的时间顺序，是不被感知的”。瓦雷拉（Varela，1991：73，75）同样指出，知觉框架的效果产生视觉刺激物的“自然剖析”（natural parsing），借以“落在一个框架内的一切都将被受试者视为在一个时间跨度内来处理” 。例如，他指出，在不到50毫秒的间隔范围内闪烁的两个灯似乎就是同时出现，但在间隔超过100毫秒的阈值后似乎是连续的，在50~100毫秒时，它们“似乎”从一个点移动到另一个点。[①]

然而，威特曼发现，矛盾的是“我们的体验在时间上并不准时，一个静态的快照”，而且“我们并不把世界感知为是一系列的个别事件，而是一个

① 这种时间构造的过程不应与第一代认知叙事学的框架相混淆。将现象时间解析为不断变化的整合窗口，与结构主义叙事学中固定的、静态的“心理模式”或“认知图式”不同。与解释典型情况的编码规则的认知框架不同，瓦雷拉描述的知觉构造指的是视作为的塑型加工过程，即通过变换、相互形成的部分-整体关系，以交互、递归的方式组织认知。整合的时间窗口是认知塑型活动的各个方面，即绑定如何在不同的时间水平上发生——而不是具体化的、规则控制的认知结构。

时间上整合的整体”（513）。时间框架（temporal framing）的微秒单位首先在半秒的水平被整合到意识中，在这个整合的窗口中，主体现在的感觉开始可以被意识所利用。威特曼所说的“时间分组”（temporal grouping）的另一个层次似乎发生在2~3秒后。他解释，节拍器的重复节拍的“毫不费力和自动同步”可能会从“大约250毫秒的下限”到“大约2秒的上限”，但是“节拍知觉和主观节律”在较长的间隔中就瓦解了（514）。

根据佩尔的观点，对这些问题的实验研究是基础性的，他认为“很容易在刺激物之间2~3秒刺激物间距之间一个接一个的滴答声很容易加入一种主观结构，但是如果刺激物之间时间间隔变得太长（例如，5秒），这个自发构型的加工过程可能会瓦解”，并且“它们进入依次的整合窗口”（251）。例如，摩尔斯电码（Morse code）中常见的时间完型利用了这个时间尺度上的整合机制，但是由于点和破折号必须组合在一起才能被理解，所以这里同步也有上限和下限（操作员点击太快或太慢都无法被理解的）。

像著名的兔子－鸭格式塔（rabbit－duck gestalt）这样模棱两可的形象提供了进一步的实验证据，证明在2~3秒的水平上自动分组。例如，佩尔观发现，“如果刺激物可以用两个视角感知［如内克尔立方体（Necker cube），或花瓶，它也可以被视为两张相互注视的脸］，那么在平均大约3秒后，感知内容会自动发生变化”（251）。这种“知觉上的转变也发生在歧义的听觉材料上，比如音位序列KU－BA－KU，你听到的是KUBA或BAKU；一个人主观上无法避免在大约3秒后，其他可选的认知对象占据了有意识的内容”（251）。他总结道，“打个比方说，每2~3秒就会出现一个关于‘有什么新的吗’的内源性生成问题”（251）。

知觉窗口在不同时间水平形成、消解和重新形成的神经生物学基础，就是瓦雷拉和他的同事（Varela et al.，2001：235，229）描述为“通过动态连接瞬时连接的神经集合”的“相位同步（phase synchronization）和相位散射（phase scattering）之间的交替或平衡”。埃文·汤普森（Thompson，2007：335）解释，有“有启发性的证据表明，长距离的相位同步和去同步可以促进认知的时间剖析成为连贯和瞬间的行为”。这种同步和对于大脑在稳定和不稳定之间分散的、基础的平衡行为，在不同时间尺度的时间分组窗口中发生——在 30~60 毫秒的水平上，在 500 毫秒的意识间隔，在 2~3 秒范围内的更大的完型中——以及在这些不同时间整合单位之间的来回往返互动中发生。这些在分割和整合的不同时间尺度之间的波动使得马库斯·赖希勒（Raichle，2011：9）所说的“大脑持续的节律和其不断变化的环境之间的动态相互作用”成为可能。

感知、注意和意识的窗口在不同的时间尺度上运作，这些窗口相互作用，形成和消解，以正在进行的、不断变化的同步和分散模式。这些相互作用发生在大脑的波动整个范围内，从微观尺度的神经元脉冲（neuronal spiking）和刺激的前意识知觉捆绑开始，一直到跨越不同感觉区域和大脑与身体之间的长距离集合的同步和消解——所有这些都是各种格尔吉·布扎基（Buzsáki，2006）称为“大脑节律”（rhythms of the brain）的环环相扣的、交互形成的来回往返运动，神经科学家会借助音乐类比来描述这些相互作用并非偶然。神经科学家将诉诸音乐类比来描述这些相互作用并非偶然。大脑波动中分割和整合的暂时性不太像计算机算法的线性步骤，而更像是一个管弦乐队中音乐家之间相互作用的关系，他们演奏不同的部分，在表演过程中以形成、消解和重新形成的模式产生共鸣。

这些节律特征的分割和整合模式是叙事的情节和配置维度的神经基础，同样地，也需要相互形成的窗口，在不同的环环相扣的、相互作用的时间尺度上对事件进行分组。叙事像其他时间艺术一样，是蒂姆·范·格尔德（Tim van Gelder）（1999：252）所说的“一个动态系统”，它不同于线性计算模型，“是一组随时间而相互依存演化的数量”，有界线的片段在不同时间层次上整合成更大的构型模式时相互作用。范·格尔德评论道：“这是一个谜题：如果在任何一个特定的时间，我只是意识到现在正在播放的这首歌，我怎么能意识到这首歌是一个随着时间流逝而发生的综合片段呢？”（245）我们把现在听到的旋律的单位（在 2~3 秒的尺度上）在时间上绑定，因为这些声音形成了我们所认识的时间完型（例如，想想贝多芬第五交响曲令人难忘的开头四个音符），但通过这些独特的单元，我们也将旋律感知为一个整体："当你听一个旋律时,你不必为了把它当作一个旋律来听而等到旋律结束"(247)——也不必为了识别曲调并改变收音机上频道，或者因为它不是你想要听的向前跳过你的演奏列表。

情节同样由子单元（事件、情节、冲突）组成，这些子单元横向地投射出它们表明的更多塑型（流浪汉小说、教育小说、浪漫故事、侦探小说等），而这些较大的模式在形成时,又能反过来重新塑型我们对其组成部分的理解。这种不同时间尺度上的塑型模式的相互作用，以叙事的形式生成基于神经的时间性的基本矛盾——大脑节律中分割和整合的固有双重性，也就是不连续的"快照"会产生连续的体验流。利科称之为叙事中情节和塑型维度之间的基本紧张关系是可能的，因为大脑以一种矛盾的方式加工时间，既像一些独特的窗口，又像融合的、有节奏的流。

认知加工的时间性中分割和整合的双重性加强了大脑在模式和变化之间知觉的平衡行为——迪昂（Dehaene，2014：189）称之为持久"不稳定的平衡状态"（unstable equilibrium）。他解释，这种神经生物学的平衡行为使"探索行为"成为可能，因为自发产生的"活动的波动模式"会同步、分散和重组（189）。在不同的时间层面上，结构化的窗口对刺激的流量强加完型，只是为了让位于其他合成，而这些合成反过来又只是在稳定和不稳定、不断变化的同步、散射和再同步不断进行的交替变化之间的暂时势均力敌。如果大脑时间仅仅是一个连续的流动，我们不会在组装和拆卸的模式之间交替，但是如果时间完形没有规律地、自动地褪色和重新形成，我们将永远困在一个形状中，无法探索、适应和改变。

叙事可以成为组织体验和探索世界的有效工具，因为它也让稳定性和不稳定性在时间组织不同的层面上相互抵消。分割和整合的时间模式是讲述和被讲述的特征。詹姆斯・费伦（Phelan，2002：211）指出，叙事中有“两种主要的不稳定性”：“故事中发生的，人物之间由情境造成，通过动作解决的不稳定性”，以及“话语造成的……价值、信仰、观点、知识、期望的不稳定性”，提供叙述方式，构建叙述者和接受者之间的关系。例如，在情节中，模式的建立只是为了扰乱、翻转，并在一个临时平衡中被新的塑型所取代，而这个时间平衡后来可能移动。托多罗夫（Todorov）（1969：75）也有这样的想法，他有一个著名的论点，“最小完整的情节可以视作为是从一个平衡点到另一个平衡点的转变……两个平衡时刻，又相似又不同，被不平衡时期分开，由一个是退化的过程和一个是进步的过程构成”。这种平衡与不平衡的交替不仅是整个故事过程中一劳永逸的结果，而是可能会随着情节设置冲突、解决冲突而反复发生，只会带来新的复杂情况。情节是通过反复创造、消解和重组整合的时间窗口来构建的。

平衡和不平衡不断的变化模式不仅是故事的特征，也是话语的特征。在这里，我们加工处理整合的交替窗口的认知能力也可以发挥作用。一个极端的例子是不可靠的叙述（unreliable narration），读者可能会想知道叙述者在有意或无意地误导他们。不可靠的叙事只是一个特别明显的例子，随着叙事的事件过程的推移，故事的讲述和跟随理解故事之间的互动中可能存在不同程度的平衡和不平衡。在话语层面上，故事随着时间的推移而呈现的方式，一种讲述方式提出了某种组织模式或某种观察模式，而这种模式又会反过来被所讲述的内容所证实、挑战和质疑，因为那时我们开始怀疑某个不清楚的可靠叙述者对事件的说法：例如，在《螺丝在拧紧》（*The Turn of the Screw*）中，假设鬼魂威胁要败坏孩子们，这是不是一个更合理的证据塑型，而不是怀疑给我们讲故事的家庭教师被焦虑和无意识的产生性幻想的欲望所困扰？读者对话语态度的转变（相信或怀疑叙述者）可能会重新塑造他或她在故事中事件所看到的模式。

故事和话语之间的平衡可能是不稳定的，而且当一个讲述的窗口让位给另一个窗口，这些视角融合（或不融合）时，可能会发生变化和重组。在什么时候我们要从一个完型(鬼故事)转换到另一个完型(歇斯底里的家庭教师)，还是在它们之间来回切换？同样地，在《吉姆老爷》中，每次马洛从他咨询的许多线人中得到另一个对吉姆的不同看法（例如，法国中尉认为吉姆是一个无赖，因为他失礼而应受谴责，或者斯坦认为这个年轻人是一个值得同情的浪漫主义者），叙事提供了一种暂时的整合窗口，接受者可能会接受或质疑，只能在叙述者提供的下一个窗口时才能将它移开。吉姆仅仅是有犯罪行为，还是代表了我们所有人都有梦想和想象能力的高贵和脆弱？因此，马洛在其叙述中努力调和对吉姆的对立解释，与他试图讲述的故事一样有趣或令人不安（或两者兼而有之）。话语视角的变化挑战了读者整合它们的意图，这些分离使得康拉德的小说对于叙事理论来说特别有趣，因为它突出了通常不可见的加工过程。综合与分散、分割与整合、解释单位及其在叙事的时间展开中的相互作用——这些认知过程的时间性的基本二重性描述了故事和话语的特征。

正如大脑不断地平衡稳定与不稳定、模式与变化等相互竞争的主张一样，故事和故事讲述整合不断变化的窗口也需要在模式的强加和模式的分解与重组之间不断地交替进行。根据埃伦·斯波斯基（Ellen Spolsky）（2015：xxiv）的说法，故事和其他“想象的作品……帮助我们在一个不断变化且常常充满威胁的世界中保持平衡”，并“有助于生物体内平衡（homeostasis）运作”。我们并不像石头稳定那样的方式稳定，但我们进化到通过感知和修复不稳定来保持足够的稳定性。然而，这仅仅是叙事的故事和认知生活的一半。当我们在一个千变万化的环境中适应、探索和创造时，不稳定性、不平衡让我们允许世界模式变化也是必须的，因为我们在不断变化的环境中调整、探索和创造。认知的时间性以模式的形成、消解、再形成的持续节奏为特征，这些稳定与不稳定、合成与中断、同步与分散的过程，也是故事的建构与叙事不可或缺的一部分。

平衡性与不平衡性之间的这种必要的紧张关系是故事结局得到叙事理论如此关注的原因之一（见 Kermode，1967；Torgovnick，1981）。叙事学家经常注意到，小说中的完结并不是稳定性的永久的强求，因为任何结局都可能重新开放，并可能产生新的开头。完结不一定是闭合的。然而，相反地，彼得·拉比诺维茨（Peter Rabinowitz）（2002：308）指出，“缺少完结并不意味着缺少结论”。一个结尾可能会在话语层面建立一种平衡状态（“就这样吧，大家”），同时在故事中留下许多不确定的地方。（“他们是否从此过着幸福的生活？”）《一位女士的画像》（*The Portrait of a Lady*）的结尾是个典型的例子，詹姆斯自己承认，伊莎贝尔决定返回罗马的不确定的后果使他的小说可能受到“明显的批评”，小说“没有完成——我没有看到女主人公走到她最终的情况——我已经离开了她的生活（*en l'air*）”（James，1987：15）。但詹姆斯说：“这是真的，也是假的。任何事情的全部（whole）都是永远不会被讲出来；你只能理解归类在一起的内容”（15）。

结尾是一个时间的整合时刻，它将各要素组合在一起，形成一种内在偶然的、似乎稳定的平衡状态（equilibrium），可以进行重新组织。这就是为什么费伦（Phelan，2002：214）区分“完结”（closure）和“完成”（completeness）的原因：“完结……是指叙事标志其结尾的方式，而完成是指伴随完结的解决程度。”叙事结局的特征可能是不同程度的完整性、解决方法和开放性，就像在任何时间组织层次上的时间绑定一样，是在分割和整合之间不断交替的或多或少稳定平衡状态，或多或少被先前的认知活动所固定，因此或多或少会让位于某种不同的配型。平衡性与不平衡性之间的相似紧张关系，描述了在编排情节、叙事和结尾的不同时间结构中的特征，因为这些都是叙事与大脑在稳定和不稳定之间永久平衡行为相互作用的方式，它在同步和相位散射之间，在绑定的局部和整体的结合水平上以及两者之间的任何地方波动。

叙事的时间性依赖于分割和整合的过程，这些过程在总体上表现为认知的特征，特别是阅读过程。热内特（Genette，1980：34）发现，“叙事文本和其他文本一样，转喻的说，除了它从自己的阅读中借来的东西之外，没有其他的时间性”。时间合成的最小单位，从微秒级到 2~3 秒的整合窗口，对应于把字母和音素加工成词，并且把词加工成句子。即使在文本加工处理的这些层面上，理解也是塑型的——将特征交互形成分类在一起构成某种完型的组合。迪昂（Dehaene，2009：49）解释，“单词解码并不是以严格的顺序进行的，阅读一个单词所需的时间与它所包含的字母数量无关”，如果阅读是一个线性的、累加的过程，那么它将是如此。根据语言学家 I.M. 施莱辛格（I. M. Schlesinger）（1968：42）的观点，“解码是在‘语块’中进行的，而不是单个词句的单位，并且……这些‘语块’对应于此句子的句法单位”。然而，沃尔夫冈・伊瑟尔（Iser，1978：110）指出，这些单位反过来又不包含自身的，因为“每个句子只有通过以超出自身的东西为目标才能达到目的”。阅读一段叙事（或任何文本，就这一点而言）需要在伊瑟尔所说的“主题”（theme）和“视域”（horizon）之间进行持续的交替，“主动地让读者参与到将不断变化的视角的集合综合的加工过程中”，这些不断变化的观点“不仅相互修改，而且影响过去和未来的综合”（97）。

吉布森（Gibson，1979：66）指出，这也不是与普通的日常认知不同，“观察点永远不会静止。观察通常是从一个移动的位置进行的”。伊瑟尔称为“阅读时间流动中视角的不断转换”（97）是“观察意味着运动”这个普遍般规律的特例（Gibson，1979：72），但这种转换也能产生叙事独特的效果。伊瑟尔指出，读者的“漫游的视角”是“阅读的每一刻都处于某个特定的视角，但是……它不局限于视角”，而且在“相互特别关注的加工过程”中“不断地在观察角度之间变换来弥补和关联”读者所占据的变化的视角（114）。例如，在一部摹仿小说中，“观点和组合的积累给我们一种深度和广度的错觉，因此我们有一种确实存在于真实世界中的印象”，其特征是随着视角的变化和互动，类似事件会发生（97）。有时，就像在《尤利西斯》这样的现代主义文本或《无限玩笑》（*Infinite Jest*）这样的后现代主义作品中，“视角万花筒”（113）

可能会多样地增加，以游戏的方式抵制融合（或者固执地、恼人地，这取决于你的感觉），以至于它们凭借本身变得前景化，不只是作为表现目的方式，整合的时间性可能从无形中出现，从被动的过程变成主动思考的主题，因为它的平稳流畅被打断了。或者，主题和视域时间上的相互作用可能会产生各种讽刺性的双重性，因为“这两种视角互相衬托出独特的品质”（117），并揭示出彼此起决定意义的局限性，无论是悲剧效果还是喜剧效果。叙事反讽（narrative irony）是一种时间形式，它依赖于分割和整合之间的交互作用，因为它在阅读过程中设置了相互对立的窗口。

这些经常被讨论的叙事特征利用了大脑形成不同宽度的整合时刻的能力，还有以同步和分散的交替模式将它们彼此联系的能力。在叙事中，分割和整合之间的紧张关系是普遍存在的，因为它是认知生活的时间性的基础。在任何特定时刻聚焦的主题都是一个时间完型（整合的窗口），但它横跨其视界塑型地连接到刚刚过去的后退的观点和未来的展望。如果这些窗口没有相互作用，而是孤立地存在，那么情况将被运动失认症（motion agnosia）的案例证明，患者“体验到的世界似乎没有运动，几秒钟在原地一动不动”。世界上的事物可能会突然间将自身重新安排到新的位置（Gallagher & Zahavi，2012：78），这使得人们很难甚至不可能从事像倒一杯咖啡或过马路这样的日常行为。运动失认症通过破坏时间窗的预反射、通常看不见的整合，使时间窗口的分割映射成令人沮丧而大胆的性质。

动作失认症的叙事等价物会产生不连贯的片段，而不是通过塑型的情节编写来连接，或者提供没有被话语组织成连贯模式的并列视角。当然，这种没有调协调的不协调，正是许多所谓的非自然叙事的脱节文本结构所要达到的效果，这种分离颠覆了读者对摹仿一致性的期望[例如，朱娜·巴恩斯（Djuna Barnes）的《夜之木》（*Nightwood*）中的超现实的分离，或者伊塔洛·卡尔维诺（Italo Calvino）的《如果在冬天的夜晚是一个旅行者》（*If on a Winter's Night a Traveler*）中变换的梦境]。然而，正如动作失认症只能理解为对时间整合普通过程的干扰一样，非自然叙事的中断又一次取决于它们对认知模式形成的“自然”功能的影响，不协调地突出叙事的分割，这种分割通常是不可见的，因为他们被协调地综合在一起。

记忆与遗忘的神经科学

叙事理论家早就认识到，跟随理解故事的能力取决于记忆的连接黏合剂。因此，亚里士多德（Aristotle，1990［公元前 355］：9）的主张是可以理解的，尽管可能过于僵化，“情节的长度，应该是可以很容易地保留在记忆中的长度”。亚里士多德主张背后的认知直觉是，叙事整合需要建立和记住时间分布片段之间联系的能力。尽管许多叙事理解是潜意识的，发生在意识之下，但是，如果没有明确的、有意识的记忆，特别是在更长的时间量程上，逐步加强这些联系是不可能的。迪昂（Dehaene，2014：103）指出，“潜意识的想法只会持续一瞬间”，而“时间上延伸的工作记忆需要意识”。因此，根据迪昂的说法，“我们需要有意识，以便理性地思考一个问题”，其中包括多个步骤，这些步骤必须保存在记忆中（108）。

例如，解决一个复杂的算术问题（加或减一系列数字）是我们唯一能做的事情，因为我们有意识，因此能够记住它的各个步骤。但对于一个由不同情节组成的故事也是如此，在这个故事被讲述的时候，它经历了平衡状态（equilibrium）和不平衡状态（disequilibrium）的不同阶段。因此，意识并不是一个与叙事深层结构无关的附带现象，正如一些结构叙事学的版本所表明的那样（例如，回想安·班菲尔德的主张，我们之所以能够理解故事，只是因为叙事与我们的前意识思维在“通用语法”层面上是同源的）。尽管叙事的许多效果是在潜意识中出现的，在意识之下，但也确实只有被赋予了意识的存在和它所支持的能力的生物，才能够把记忆中的多种元素结合在一起，才有能力讲述和理解一个故事。没有意识，我们根本就没有叙事。一个经常被问到的问题的答案是：“为什么我们进化到有意识？”是意识让我们可以互相讲述故事，这是给我们物种带来各种竞争优势的东西（见 Humphrey，2006；Boyd，2009）。

也许矛盾的是，遗忘的能力对于在日常认知和叙事中形成时间合成也是必不可少的。亚丁·杜达伊（Yadin Dudai）（2011：36，37）发现，“记忆太稳固可能是一种劣势，因为它们可能不再适合在不断变化的环境中引导正确的动作和反应”；“过于僵化的记忆可能会导致想象力很差，人只能会理解与过去类似的未来情景”。丹尼尔·沙克特（Daniel Schacter）（2002）地称为“记忆的七宗罪”很著名——“短暂、心不在焉、封闭、错误归因、暗示感受性、偏见和存留”——不一定是缺陷，但在认知上却可能是有益的。他列出的“罪”反映了大脑在稳定和不稳定之间永无止境的平衡行为——过去模式的重复（“存留”“偏见”）对抗它们变化的偶然性和易变性（“短暂性”“心不在焉”）。阿尔西诺·J. 席尔瓦（Alcino J. Silva）认为，“记忆机制的设计不是为了准确和持久，而是为了根据体验不断编辑和调整信息”（2011：49）。记忆的缺陷可能是功能性的，而没有不利于适应，因为它们支持这种“编辑和微调”。大脑的时间性又一次出现了反映了双重否定。如果记忆不能保存认知结构，我们会迷失在变化中，但完美的记忆会将我们锁定在过去的模式中，使我们抗拒改变，而我们不可靠的、不稳定的记忆则支持认知灵活性。

叙事理解的平衡和不平衡模式的转变同样要求不仅要有记忆的能力，而且要有抛弃和修正之前塑型的能力。跟随理解故事是一种平衡记忆和遗忘的行为，因为在稳定和不稳定的关系中模式形成和重新形成。例如，在《远大前程》中，狄更斯依靠我们遗忘的皮普年轻时对沼泽地上一个逃犯的善举，以此诱使我们分享他对他假定的恩人郝薇香小姐和她监护的埃斯特拉的希望，——但是当马格韦契宣布自己是皮普真正的财富来源时，我们的惊讶想起可能遗忘了的事。我们落入的骗局利用了我们的健忘——否则我们不会对马格韦契的揭露感到惊讶——但是我们可以通过回忆和重新调整我们对皮普过去的记忆（就像他不得不做的那样），来编辑和修正我们的理解，看看他（和我们）是如何被不合理的期望误导的。记忆中的“罪恶”使我们容易受到狄更斯用来误导我们注意力的骗局的影响，但它们也给了我们一种灵活性，可以响应生活和故事的变化来平衡和重新平衡不断变化的整合模式，就像我们修改和重新编辑事件之间的联系时所做的一样。

错误记忆的有用性使越来越多的认知科学家认识到，我们记忆过去的能力与想象未来的能力密切相关。特伦斯·凯夫（Cave，2016：74）指出，实验证据令人信服地表明，“记忆和想象并不像之前全员心理学家所认为的那样，是不同的领域，而是同一认知加工过程的不同方面”。如沙克特和阿迪斯（Schacter & Addis，2007：773）发现，记忆易受“各种错误和幻觉的影响”，这也使它能够支持对未来事件想象的模拟，这“需要一个体系，能够以灵活的方式提取和重组以前体验的元素来借鉴过去”。兰迪·L. 巴克纳（Randy L. Buckner）和大卫·C. 卡罗尔（David C. Carroll）（2007：51，49）引用病变研究，表明“记忆缺陷和对未来的想象缺陷有重叠之处”，他们假设“一个核心的大脑网络”或“一组共同的加工过程，通过这些过程，过去的体验可以重新利用地用来适应性地想象超出当前环境中出现的视角和事件”。这被称为“默认模式网络”（default mode network，DMN），因为它最初由对大脑休息时进行功能性磁共振成像（fMRI）的分析发现，这时它不参与任何特定的专注活动时（它的“默认”状态）。罗伯特·斯蒂克戈尔德（Robert Stickgold）解释，“‘休息或默认’的大脑状态”需要“展望未来……回忆过去……设想别人的视角……空间导航”（2011：90）。他认为，记忆和想象之间的相互作用表明，“叙事结构是大脑的默认模式”（90）。

神经学家可能已经发现这些联系令人惊讶，但认知文学评论家很快指出，对于任何熟悉美学史的人来说，这并不是什么新鲜事。认知理论家和浪漫主义历史学家艾伦·理查森（Richardson，2011：670，665）最先观察到，把“回顾过去和预期未来”视为同一个硬币的两面的“杰纳斯假说”（Janus hypothesis）得到了“几个世纪关于想象的文学学问”的广泛证明。他认为，忽略了这段历史，“已经导致了科学议题的贫乏”（665）。我们参与到神经科学家称之为“精神时间旅行”（mental time travel）（Suddendorf & Corballis，2007）的能力——我们回忆过去和想象可能未来的双重能力——对于读过《丁登寺》（*Tintern Abbey*，1798）或威廉·华兹华斯（William Wordsworth）许多关于记忆和想象的诗的人都会很熟悉。

这种回顾和预期的结合延伸到我们整个认知生活中，从日常的白日梦到各种各样的审美体验，这些联系说明了为什么文学想象的讨论中，像弗洛伊德（Freud，1958［1908］）那样将白日梦与创造力联系起来，是一个司空见惯的现象，例如他关于诗歌的心理来源的经典论文中的论述。其实，受过神经生物学训练的文学理论家加布里埃尔·斯塔尔（Gabrielle Starr）（2013：23），曾与纽约大学的脑科学家积极合作，进行了实验，表明默认模式网络的活动不仅可以在白日梦的内在导向行为中，而且在对由外部刺激（比如看画、听音乐作品或读故事）引起的“强烈的审美体验”反应中显示出可测量的增加。这与默认模式网络对需要注意外部刺激的普通任务的反应形成了鲜明的对比，在此期间，默认模式网络的“活动普遍减少”，而这一证据“表明强烈的审美体验需要大脑将外部感知［我们对艺术品的反应］与内在感官相结合”，通过利用默认模式网络通常的内在导向能力（Starr，2013：23；原始实验，见 Vessel，Starr & Rubin，2012）。这种整合需要大脑皮层中负责记忆和想象的区域和那些参与注意力和知觉的区域之间来回往返的相互作用。

正如叙事理解发生在不同的时间量程上一样，记忆本身也不是始终如一的，无论是根据神经生物学还是根据体验。肖恩·加拉格尔和丹·扎哈维（Gallagher & Zahavi，2008：70－71）指出，“记忆不是单一的思维能力。相反，它是由各种独特的和不可分离的属性组成的”，而且功能性磁共振成像扫描显示“大脑的不同部分似乎特别活跃，这取决于［我们］所从事的记忆任务的类型”。例如，神经科学家区分了从几秒到几分钟到几小时的短期记忆，到可能会持续数天或数周，然后变成在一生中得到巩固的长期记忆（参见 Baars & Gage，2010：324－325）。短期记忆和长期记忆之间的区别与心理痕迹（engrams），也就是记忆的大脑结构学基础如何形成、重塑和强化有关。心理痕迹是神经元在不同持续时间的短期加工过程中的集合模式，通过反复的赫比式活跃和连线（神经元如何一起活跃、相互连接）建立起来。这些模式可能会变得更持久，因为它们通过重复得到强化，并且被各种代谢过程（如在睡眠期间）和特殊的大脑皮层大脑结构部位（如海马体）巩固（Bear, Connors & Paradiso，2007：725－759）。

认知科学家根据他们所支持的能力进一步区分不同种类的记忆——例如，一方面，在陈述性记忆之间可以是语义性的（即事实的记忆）或情节性的（事件的记忆）；另一方面，是非陈述性记忆，通常不完全可用于意识，而且包括阈下启动效应（subliminal priming effects）、情绪倾向（emotional dispositions）、习惯和程序性记忆（诸如游泳、打字或骑自行车等技能）（见 Baars & Gage，2010：326）。神经科学文献中的著名案例所证明，有可能失去一种形式的记忆，但保留其他形式的记忆。例如，中风阻碍了患者语义或情节记忆的提取，患者可能仍然能够利用程序性记忆执行各种熟练的任务。①

这些类别有点模糊，它们之间的边界是流动的，而且必然如此。当不同的整合和合并加工过程相互作用时，记忆从一种形式传递到另一种形式。例如，工作记忆是“一种容量有限的信息存储的临时形式”，通常包括 5~7 个项目，但它可以通过重复和锻炼从短期记忆转变为长期记忆（Bear，Connors & Paradiso, 2007: 729）。情节记忆和语义记忆的区别同样既是固定的又是流动的。

① 这种选择性记忆丧失最著名的例子是神经科学文献中称为 H.M.［后来被确认为亨利·莫莱森（Henry Molaison）］的患者，他通过手术切除了海马体，试图缓解癫痫发作。手术后，正如埃里克·坎德尔（Eric Kandel）（2006：127－133）解释，“亨利·莫莱森仍然是一贯地聪明、善良和有趣，但他无法将任何新的记忆转化为永久记忆……他有非常好的短期记忆，持续数分钟”，他由于具有各种习惯性的、具身的能力而保留了“隐性（或程序性的）记忆”。例如，他可以学习新的技能，比如“追踪星状的轮廓”，他“即使无法回忆任务，也会保留通过练习学到的东西”。他失去的是形成对人、事件或体验的新显性记忆的能力，这是一个通过海马体巩固的过程。关于这起案件的引人入胜的描述，见 Dittrich，2016。

情节性记忆通常“在时间、空间和生活情况中有特定的来源”，并且“通常本质上是自传体的”，而语义记忆则与“关于世界、关于我们自己以及我们与群体其他共有知识的事实”有关（Baars & Gage，2010：325–326）。但这两种记忆往往是相互联系和结合在一起的。例如，巴尔斯和盖齐指出，“被语义记忆可能是许多情节记忆的新大脑皮层残留”，因为特定的实例被遗忘了，“只剩下语义知识”。实验还表明“如果参与者也有一些与问题相关的情景记忆——比如某个电影或电视节目中的名人的形象，那么他们在语义测试中的表现会更好”而某不引起特定情节回忆的名字却无法做到（Baars & Gage，2010：329；见 Westmacott et al.，2004）。尽管我只记得我年轻时打过的几场网球比赛，但这些事件影响了我对网球的语义记忆，我运动皮层中与击球行为相关的神经元也可能在观看比赛或阅读有关网球运动的信息时被激活（见 Jeannerod，2006；Rizzolatti & Craighero，2004，以及 Rizzolatti & Sinigallia，2008）。所以当我看温布尔登决赛的时候，我的程序性的、情节性的和语义性的记忆都是相互作用的。

叙事的功能之一是协调不同的记忆加工过程，从而培养我们在不同时间尺度上参与绑定和整合加工过程的能力。情节性、语义性和程序性记忆都涉及其中，例如，罗兰·巴特在*S/Z*（1974）中认定，对巴尔扎克的小说《萨拉辛》（*Sarrasine*）的经典结构分析中指出的五种叙事代码。例如，行为代码（the code of actions，ACT）之所以是可理解的，是因为我们的程序性记忆与特定的情节性回忆和各种行为的习得语义范畴相互作用。解释学密码（hermeneutic code，HER）中解谜的布置和“真相”的揭示主要是语义上的，但它也需要跨越工作记忆不断变化的边界，在短期和长期记忆之间进行互动，这些整合过程将从阈下启动效应到显性的、有意识地回忆情节和语义的行为。巴特主张的三种密码不受时间顺序的限制——对“义素”（semes）（SEM）的指示，或对人、地方和事物的能指；传统智慧的“文化代码”（REF）；以及构成文本中对立的对比（SYM）——它们都利用不同种类的记忆，因此并不真正超出文本处理时间的范围。

巴特描述，塑型了特定文本的“代码的编织”创造某个时间对象，它是记忆和预期的结构。因此，像旋律一样，叙事具有一种独特的存在方式，既不能完全还原为它所经历的时刻，也不能完全独立于那些时刻。叙事或旋律既不独立于瞬时的、短暂的表现，也不完全依赖于它们，而是一种“他律性”（heteronomous）的对象，我们最初是通过预期（anticipation）和回顾（retrospection）的时间体验创造出来的，然后我们可以以各种形式从不同的角度进行回忆（见 Armstrong，1990：20–43）。这种时间上的他律性尤其明显，例如，一个像伊莎贝尔·阿切尔（Isabel Archer）、马洛或皮普这样文学人物的矛盾存在，我们可以指定和讨论这些人物，而不必复制这些人物产生的所有句子。如果没有这些句子，这些令人难忘的人物是不可能存在的，但是我们可以分析它们，谈论它们，而不必逐字背诵。与文学人物一样，叙事也是一个具有他律性存在的时间对象，因为它是一种记忆的建构。

整合不同时间尺度上的时间过程的能力——从神经元层面的微秒级绑定到连接大脑、身体和世界的长期陈述性记忆——对于创造复杂的他律性对象，如叙事、虚构人物或交响乐，都是必要的。梅林·唐纳德（Donald，2012：39）认为，人类在短期工作记忆的即时绑定和长期记忆的巩固之间发展了一个“缓慢的中期管理加工过程”，而只有长期记忆的巩固使我们能够产生和交换这样的他律性对象。这种他称之为时间整合的“缓慢加工过程”比短期工作记忆的逐时解决问题的时间更长，但比长期记忆更灵活和开放，涉及“可以在很长时间内运作”的扩展的来回往返合成活动，需要“一个极大扩展的工作记忆系统”，其“主要功能是使思维能够理解和驾驭人类生活的多层面社会认知世界”（38）。

这些时间整合的中档力量巩固了人类参与社会协调的交流能力，比如说讲述故事和跟随理解故事。唐纳德发现，“在猿类和我们的其他灵长类近亲中，似乎缺乏实现这个尺度的时间整合的能力”。他还指出，有必要“理解广泛的人类社会场景，这些场景让多个代理人（agents）参与互动”（37），每次几个小时超过或短期记忆或长期记忆通常需要的时间——分散的、协作的认知活动，比如交流故事，演奏或听交响乐，或进行谈话。像这样的活动需要协调“长时间的情节性经验”，这些经验在视觉、听觉和触觉感知上超过了“先前存在的灵长类动物时间整合能力”（36）。唐纳德认为，“我们没有一个好的神经模型来解释这种持续时间较长的激活或加工过程的定位”，在中等尺度上，并且（至少到目前为止）还没有确凿的实证证据明“一类活跃的神经痕迹可以连续持续数小时结束控制决策，并保持行为和思维的总体方向”——他认为，“然而，鉴于人类社会生活中自主、持续的想象力、思想和计划的压倒性证据，这类踪迹一定存在”（39）。

现有的大脑扫描技术的局限性使得我们不可能绘制出这些中档的、事务性加工过程的位置和相互作用，因此证据中的这种空缺并不令人惊讶。这项技术需要比功能性磁共振成像（fMRI）测量脑血流变化更具时间敏感性和精确度，也比连接在颅骨传感器上的颅内电子活动的脑电图（EEG）读数具有更高的大脑结构学精度。扫描方法还需要绘制比这些仪器容易适应的更长持续时间（想象一下在功能性磁共振成像机的嘈杂、幽闭恐怖的环境中连续数小时），此外，必须被设计来比较和校准这些过程，不仅是在一个大脑中，而且在两个或两个以上的互动参与者之间。①

值得怀疑是否有任何测量设备能够完全公正地反映我们创作和交流故事的大脑 - 身体 - 世界的相互作用，因为定量测量本质上错过了“它是什么样的”的体验，这是唯独叙事性构型的“仿佛”（as-if）品质是能够传达的（见

① 克服这个限制的一个有趣尝试是乌里·哈森（Uri Hasson）的受试者间相关性分析（intersubject correlation analysis，ISC）方法，该方法比较了不同受试者特定大脑区域对相同刺激的功能性磁共振成像（fMRI）图像的时间过程。见 Hasson et al.，2004 对该方法的解释，以及 Hasson et al.，2008 对观众对不同电影的反应的受试者间相关性分析。关于这些发现的评估，见 Armstrong，2013：5。有关研究大脑的各种技术及其局限性的详细调查，见 Baars & Gage，2010：95-125 中的“工具：活大脑成像”。另请参阅本书第四章，该章介绍了最近开发的其他方法和技术，用于分析构成合作互动的神经生物学基础的加工过程。

第四章）。尽管如此，如果这项技术能够发展出足够的敏感性和复杂性来克服其目前的局限性，那么一种类似于叙事的他律时间对象将是研究中档时间整合“缓慢加工过程”前途无量的选择。我们能够讲述和跟随理解故事，是因为人类已经进化出认知能力，在中间范围的持续的、主体间协调的时间活动中，在小尺度的时间绑定和长期记忆之间来回传递。叙事培养和协调这些“缓慢加工过程”的能力，反过来又是构成描述人类生活特征的社会化和分散式认知的基础。故事促进了在一些互动的具身主体分散的社会网络中，时间在一系列的时间尺度上整合的过程，这是他们的社会力量的一个重要来源。

情绪的主体间性与时间性

我们与他人分享时间的感觉是主体间性生活体验中不可或缺的一部分，即使我们无法完全理解他人过往的瞬间，证明我们永远无法完全克服的唯我论，因为我们无法知道以自己对世界的看法来占据另一个具身意识中是什么感觉。社会时间的悖论体现并发生了梅洛－庞蒂（Merleau－Ponty，2012［1945］，lxxvi）所称的“另一自我的悖论”（the paradox of the alter ego），即明确的群体和无法克服的孤立的独特结合，是我们与他人关系的特征。他解释道：

> 当然，另一个人永远不会像我们为自己而存在那样，为我们而存在：……我们从来没有像我们在自己身上一样，在他人身上找到时间化的要点。但与两种意识不同，两种时间性并不是互不相容……因为它们可以相互交织……既然我生活的当下向一个我已经不再生活的过去和一个我尚未生活的未来开启……它也可以向我没有生活过的时间性开启，而且可以有一个社会的视野……［和］我个人的存在所继承和发扬的集体历史。（457）

海德格尔（Heidegger，1927）同样发现，“活在当下”（being－in－time）和“与他人同在”（being－with－others）是相互关联的存在结构。在我们的体验中，过去和未来的视域与其他世界的视域之间的感觉上类比，使存在的这些方面相互交织，而这些相互作用对叙事的社会工作至关重要。

正如我们将流逝的时刻体验为一种过去和将来交叉的存在和缺失的矛盾结构一样，我们也将别人的具身主体性体验为与我们自己的世界水平的，同时以了解的方式同时存在和缺失，并且被我们时间体验了解。不可否认，其他人存在于我们的世界中，与我们有密不可分的联系，用与我们视野能够接受的内容互补的视角。但是其他人的存在也是可预期的，基于他们的视角会如何完成从我们的立场来看被掩盖的事物的期望。过去的视野包括引起这些预期的与他人的体验，但这种未来本质上并不确定，尚未完全明确，我们对它可能期待的信心，是基于对他人经历的假设，而这些假设必然超出了我们能够完全感知和了解的范围。

叙事利用主体间时间的悖论来达到各种效果——利用、强化或颠覆和玩弄我们时间水平性的社会体验。例如，像《安娜·卡列尼娜》这样的多情节小说，依靠读者对不同世界的时间性重叠和相互联系的感觉，来说服我们协调关于隐含在相互关联的时间线上情节编写的发展。我们假定安娜和弗伦斯基私情的发展与莱文和凯蒂求爱的开始和结束在时间上是平行的，尽管这些故事实际上只是偶尔发生交叉。我们对这些世界和它们的暂时性的横向交织的假定非常令人信服，事实上，大多数读者没有注意到托尔斯泰弄错了。仔细研究小说结构的评论家指出，“安娜和弗伦斯基情节的时间轴与基蒂和莱文的情节不同步整整一年，而多莉的故事则落后更多”（Auyoung，2018：17；见 Alexandrov，1982）。当安娜和莱文·芬艾莉在小说的结尾相遇时，他们的相遇严格说来是不可能的，因为这种时间上的不一致——但它的荒谬性对大多数读者来说是看不见的，因为我们沉浸在连贯发展的幻象中，有效地利用了我们日常的假设，即时间齿轮将世界连接在一起。这一假设在托尔斯泰的小说中通常悄然运行，但有时它会变得明确，比如众所周知的障碍赛场景的重复，首先从弗伦斯基作为参与者的角度出发，然后从安娜在看台上观察比赛的角度来看，重复通过分别描述相同事件序列的相关经验，这使得主体间时间水平性的隐性运作变得可见。

这也是构成《尤利西斯》的时间原则，斯蒂芬和布鲁姆在一天的一段时间里穿越不同的道路（布鲁姆在开车去墓地的路上首先短暂地发现了那个年轻人），直到他们在妇产医院见面。主体间性和时间的协调水平状态小说在《漂泊的岩石》（*Wandering Rocks*）一章中明确而戏剧化的原则，它描绘了皇家车队行进时各种人物的交集世界的相互作用，因此一些评论家将这一章视为小说整体的小规模模型（见 Blamires， 1996）。作为读者，我们毫不犹豫地将这些时间联系起来，因为托尔斯泰和乔伊斯的叙事所假定的横向平行性，唤起了我们将时间的生活体验，作为不同但协调的时间性的主体间性交织。

现代小说的时间实验戏剧化和利用社会时间的悖论，但这些有时“非自然”的影响再次依赖于它们所引发的“自然”认知过程。例如，弗吉尼亚·伍尔芙在《达洛维夫人》中把城市生活描绘成一个独立、晦涩难懂世界的主体间交织在一起，随着叙事从一个世界传到另一个世界，大本钟和其他伦敦时钟的钟声强调了这一点。这种“自然”的效果得到了人工诗意的限制“铅灰色的圆圈在空气中消解”的呼应，叙述者重复着随着声音的涟漪穿过视界，矛盾地将克拉丽丝、彼得、塞普蒂默斯和雷齐亚的世界联系在一起，但也将它们分开。这种反复出现的隐喻既不自然也自然，用文本和比喻的方式呈现了相互作用的波动（waves of interaction）（如消解的圆圈）是如何将逝去的瞬间和相交的世界联系起来的。它是一种诗意的手法，由叙述者在话语的时间里创造和重复，具有在叙事中连接的不同故事之间加强文本联系的功能，但它是一种有着自然基础的技巧，因为它试图提出一种物质的、具身的关联，意图说明迥然不同的，并且在其他方面不相连的世界的时间性如何在主体间的体验中连接起来。

福克纳的《喧哗与骚动》中的时间游戏更具破坏性和颠覆性，但它们也是社会与时间水平性之间互动的元小说表现。将这部小说不同世界的时间安排在一起的挑战是从四个章节的日期之间的中断开始的，这四个章节的标题分别是“1928年4月7日”“1910年6月2日”“1928年4月6日”“1928年4月8日”（最后一个章节恰好也是复活节星期日）。日历上的日期在社会性地协调时间的流逝，而且时间的主体间性水平性在集体庆祝的节日（甚至更像是一个象征性的死亡和重生的共鸣）上被标记出来。因为这些章节中的每一章都使现在固定在一个日期，读者假设他们所叙述的时间是主体间共享的——但是这些时间性是如何联系起来的，不仅是因为日期没有顺序的事实受到质疑，而且（正如读者很快在班吉的叙述的最初几页中发现的那样）因为叙事在没有由时钟或日历提供控制指标的时间内来回跳跃（在叙事方面，昆廷打碎手表的行为是一个多余的笑话）。要理解这种杂乱的叙事，就需要协调各种章节中重复发生的不同体验事件所共有的时间（凯迪泥泞的抽屉、年长的昆廷自杀、年轻的昆廷带着杰森的藏匿物潜逃等）。

当然，这项关于主体间和跨时间的一致性构建的工作，即使跟随理解最普通的故事，也是一个理解的常规方面。然而，这种无形的、日常的认知加工过程正是福克纳所援引和推翻的。这些中断反过来又使我们注意到时间流逝的主体间感觉中不同体验时刻的协调——我们在生活中或摹仿叙事中通常不会注意到的水平交织，因为它们是如此熟悉，但福克纳将其非自然化和陌生化，从而进入视野。

有大量实验证据表明，正如西尔维·德鲁瓦－沃莱（Droit-Volet，2014：496）所指出的，“与不以相同方式互动的人相比，彼此互动的人体验的时间流逝更为相似”。共同的情绪是这种互动的基础之一。威廉·詹姆斯（James，1950［1890］，1：618）发现，我们对时间的感觉“与不同的心理情绪相协调”。时间性和主体间性相互交织的一个主要例子是，我们的情绪通过协调我们的时间感使我们彼此合拍。当故事引发情绪反应时，它们通过协调我们对叙事的体验展开的时间过程，将我们彼此交织在一起。叙事情绪的社会力量来源于这些情绪将我们的时间体验交织在一起的能力。

例如，我们是否感觉到时间过得更快或更慢，会根据我们所体验的情绪而变化，这种主观现象是主体间共享的。实验表明，愤怒、恐惧和其他威胁性的情境会导致时间“被判断成比正常情况下更长”，从而导致我们的时间流逝感觉减缓，增强了“机体下意识地准备动作或移动”（Droit–Volet，2014：488）。然而，并非所有的兴奋都以同样的方式影响我们的时间感。例如，德鲁瓦 – 沃莱发现，“对羞耻面孔的感知并不是对时间的高估，而是对时间的低估”（491）。其中一些影响是奇怪的，而且违反直觉。例如，尽管厌恶感似乎会干扰我们对时间的感觉，但实验表明，观察厌恶的面孔对受试者准确报告时间段的能力没有影响（见 Droit–Volet）。

心理学家对为什么在这些实验中时间好像过得快或慢的解释是推测性的，但有令人印象深刻的证据表明，所谓“主观时间”的变化不仅仅是幻象。实验已经证明，我们与他人和我们的世界的具身互动所产生的情绪对我们时间如何流逝的感觉有着可预测的影响，这些主观感受是基于实证可测量的“身体状态的变化”（Droit–Volet，2014：494；见 Barsalou，1999）。可以预测，体验愤怒、恐惧或威胁的人会声明，两分钟的间隔时间感觉要长得多，而经历羞耻或内疚的人更经常会感觉到五分钟的时间段要短得多。这些现象并不是在每个人身上都完全一致的（你可能正在读到这篇文章并对自己说“不是我！”），但它们不是随机的，而且它们是广泛共享的。这些相似之处有力地证明了主观感受体验是如何在共同的时间里交织在一起的。

关于如何对情绪进行分类，以及它们在人类中是文化上的差异还是一致，一直存在着相当大的争论。然而，在这些争论之下，科学界的共识是，情绪是认知过程，它引导我们对世界的态度，并协调我们彼此之间的关系（见 Barrett，2007，2017）。情绪完成这项工作的能力取决于它们在时间上引导我们的能力，这就是为什么将来时是最常与情绪联系在一起的时态。海德格尔将情绪调谐（emotional attunement）[我们的情绪（mood/*Stimmung*）] 描述为基本的未来性，因为它引导我们对人、文本和其他事物状态的预期理解 [关于理解的前结构（fore–structure/Vor–Struktur）]（见 Heidegger，1962 [1927]：172–

195）。情绪是将我们和我们的世界协调的塑型认知结构，这种调协是主体间性和未来性的。叙事情绪通过引导和操纵我们的期望来协调我们对故事世界的反应。

情绪和认知密不可分。丽莎·费尔德曼·巴雷特（Barrett，2007：390）发现，情绪和认知的"大脑结构"和"神经回路"是相互联系、重叠和交织在一起的。也就是说，与视觉和听觉不同，视觉和听觉是通过不同的、大脑结构学上可识别的神经系统（视觉皮层与听觉皮层相对）来运作的，支持情绪的大脑皮层结构与其他认知加工过程密不可分地交织在一起。因此，巴雷特发现，"没有人会把看到误认为是听觉（尽管一种感官表征可能会触发另一种感官表征），但对于感觉和思维却不能这样说"（390）。不仅仅是一种私人的、内部的事物状态，"情绪的体验是一种意向心态——它是一种关于某件事的情感状态"（379）——调协我们的注意力并调节我们对所体验情境的反应。情绪之所以有意义和价值，是因为它们的意向性——它们指向人、地点和事物。这种取向本质上是时间性的，因为像其他类型的意向性一样，它预见它的视角在我们直接的视野之外的体验中的某种延续。这种水平性是我们在生活中体验的情绪的特征，也是我们所听到和阅读的故事所唤起的情绪特征。

例如，想想保罗·埃克曼（Ekman，1999）确定的、他有争议地主张的所谓基本情绪在文化上是普遍存在的：愤怒、悲伤、恐惧、惊讶、厌恶、蔑视和幸福。埃克曼通过向巴布亚新几内亚一个偏远地区的部落成员展示面部表情的图片来编制这个列表，这些人接触外部文化有限，他发现表达这些情绪的脸很快就被识别出来了——他总结说，这证明这些表情一定是基于生物学的共性，而不是文化结构，因为他们没有从外部媒体的表现中学习。最近关于情绪神经生物学的研究对埃克曼的观点产生了怀疑，埃克曼认为情绪是一种人类共有的、基于神经生物学的常数（见 Colombetti，2014：25-52；Barrett，2017）。事实证明，没有"神经签名"可以清楚地区分不同的情绪，在特定情绪和它们所基于的神经大脑结构之间的关系有相当大的可变性。例如，除了杏仁核外，恐惧还涉及大脑和身体的许多部分，杏仁核参与了一系列与新奇和不确定性相关的不同情绪，而不仅仅是对威胁的反应（见 Lindquist et al.，2012）。

目前的研究表明，情绪并不是我们神经大脑结构普遍特征的产物，而是随着我们的身体与我们的世界相互作用做出情绪反应发展来的，因此不可能将所学的和生物遗传的东西清楚地分开（见 Gross，2010；Colombetti，2014；Barrett，2017）。梅洛 – 庞蒂（Merleau–Ponty，2012［1945］：195）提出，对于人类来说，"一切都是被构造出来的，一切都是自然的，在这个意义上，任何一个词或行为都只不过归功于生物存在——同时，没有一种语言或行为不脱离动物的生活"。作为这一说法的证据，梅洛 – 庞蒂发现，"愤怒或爱的手势对于日本人和西方人来说是不一样的。日本人生气时会微笑，而西方人则会脸红跺脚，甚至脸色苍白，用尖利的声音说话"（194–195）。梅洛 – 庞蒂总结道："拥有相同的器官和相同的神经系统，不足以使两个不同意识的主体同样的情绪显露相同的表征。重要的是他们利用身体的方式，他们的身体和他们的世界在情绪中同时表达。"（195）作为具体的表达方式，情绪是生物文化的混合体。

如果埃克曼的"基本情绪"确实在全世界范围内广泛可见，那么它们应该是通过生物和文化机制的结合而建立起来的，因为以达尔文的方式，它们具有各种比较优势。这些优势之所以能够形成，是因为情感是有意的结构——也就是（回想巴雷特的描述），即社会和自然世界中的"关于某物的情感状态"。在一篇虽然科学上是可疑的、但人文科学中很有影响的关于情绪观点的重要评论中，露丝 · 莱斯（Ruth Leys）（2011：437）指出，许多所谓的情感理论家都接受了埃克曼的模式，因为在他们看来，它"假设情感过程独立于意图和意义而发生"。莱斯所解释，这些理论家认为"情感"是"非认知的、物质的过程或状态"，那些强度"能够以自我奖赏或自我惩罚的方式释放自己，而不考虑引发它们的对象"——"迅速的，系统发育陈旧的，为了生存目的而进化的有机体的下意识反应，缺乏高阶心理过程的认知特征"（437–438；

另见 Wehrs，2017：34–41）。然而，如果情绪具有缺乏“意图和意义”的“非认知”强度，它们就不可能有进化价值，也就不会存活下来。“情动的自治”（autonomy of affect）（见 Massumi，1995，2002）的主张不足以解释情绪的社会作用，无论是在漫长的进化历史时间过程中，还是在叙事互动较短的时段中，我们被要求共同感受一个故事。

基本情绪只有在帮助我们应对反复出现的、典型的问题或机会，从而获得生存优势的情况下才能增加并持续下去，而一个强大的优势是，它们如何帮助我们和我们的同类协调对共同世界事务状态（States of affairs）的反应。这些事物状态可能是我们感到 [例如] 恐惧、惊讶或厌恶的对象或情况，也可能是我们与人类其他成员体验悲伤或幸福，或者是我们鄙视的人（引用埃克曼的其他类别）的。这种情绪反应不仅是主体间的和有意的（从某种意义上说，它们是指向世界上的某个事物的）；它们也是时间性的，因为它们使我们倾向于在将来以某种方式或另一种方式行动（例如，各种行为会与愤怒、快乐、厌恶等相一致）。通过将主体间性和时间性交织在一起，情绪可以传达出强大的生存益处，因为它们可以促进合作互动。当然，这枚硬币的反面是，情绪也可能通过这种协调我们和世界的合拍（attunement），以及调整对敌人或感知的威胁的侵略性和暴力反应的能力，来加剧破坏性的冲突。叙事所引发的情绪同样会产生亲社会（prosocial）或反社会（antisocial）的结果，因为它们会将我们的世界以不同的目的交织，促进同理心或引发对我们世界视野之外的事物的恐惧和焦虑（见 Armstrong，2013：131–174）。

无论是好是坏，情绪是具身的主体间结构，使我们与我们的世界合拍，而这种合拍是一种时间现象，引导我们走向未来。是这种情况不仅所谓的基本情绪，也与苏珊娜·基恩（Suzanne Keen）（2011：6n）称为“复杂情绪”毫无疑问的是（甚至通过定义）文化建构：“道德情操（同理心和同情）和社会情绪[羞愧、尴尬、嫉妒、内疚、仇恨以及积极的冷静和依赖心理（amae），或归属感的安慰]。”“道德情操”和“社会情绪”具有意向性，因为它们是“关于某事的情感状态”——指向其他人的态度，那些我们无法完全分享的他们的体验，但我们可以跨越我们的视野来回应的这些人。这种与他人的合拍也是固有的未来的，引导我们朝向预期互动的视野。即使是基恩列出的词目“冷静”（calm）与“舒适”（comfort），这一看似与自身无关，也以一种向未来预期的方式规划了我们与他人的关系［就像口号“保持冷静，继续前行”（Keep calm and Carry On）一样］。这些情绪并不纯粹是主观的和内在的，它们包含着响应和塑型我们与他人关系以及我们认为自己所处境遇的态度。这种对我们与他人分享的情境做出反应和塑型的能力，是各种情绪，无论是“基本的”还是“复杂的”，都可以摹仿形成故事的原因之一。

情绪作为意向性结构，是有递归性的来回往返运动，是叙事的基础。例如，在詹尼弗·鲁滨逊（Jenefer Robinson）（2005）描述的“非认知情感评估”（noncognitive affective appraisals）和随后的“认知监控”（cognitive monitoring）之间的循环中，这一点很明显。借鉴约瑟夫·勒杜（Joseph LeDoux）（LeDoux，1996）的研究成果，鲁滨逊（Robinson，2005：45）将情感评估描述为“快速和无意识”的生理反应，通过杏仁核和丘脑介导，“没有任何自觉的思考或意识”。根据鲁滨逊的模式，这些直觉的、基于身体的反应随后会出现“较慢的，更具辨别力的处理系统，通过大脑皮层运作，判断丘脑 - 杏仁核的‘情感评价’是否恰当”（50）。这个模型比那些认为情感是自主的、在意图和判断范围之外的理论能更好地解释叙事情绪的社会工作。它不仅比埃克曼的情动理论更受欢迎，而且更适合于霍根（Hogan，2011b：46）关于“文学教会我们关于情绪的东西”的有影响力的叙述，错误地主张“情绪不是通过对与目标相关的情境或事件的评估而产生的”。

当然，罗宾逊的术语“非认知性评价”是一种矛盾修饰（oxymoron），因为评价必然需要认知。然而，为了公正对待大脑认知加工过程中的非同时性，她运用了一种矛盾修饰法。情感评价是认知机制的一部分，它使我们能够在意识有机会形成之前对世界上的情境作出反应。前反思知觉与意识到来之间的延迟并不是“思维失误”（thought-o-genic lapse）（回想马苏米），而是一个充满情感评价的间隔。情绪在将预期的协调与回顾性的修正结合的来回往返过程中起着不可或缺的作用，因为在我们回顾和重新整理我们潜意识中预测的东西时，跨越了利贝在他的“心智时间”（mind-time）实验中确定的空缺。这种对未经反思的体验的反思在时间上的双重化，并不是一方的情感与另一方的意义或认知之间一成不变、无法弥合的分歧。相反，它是两种不同类型意向性之间在时间上的来回往返——在梅洛-庞蒂（追随胡塞尔之后）所说的初级知觉层次上的“非理论的、操作的意向性”和当我们采取判断或思考的姿态时的“理论的、行为的意向性”（见 2012［1945］：lxxxii）。梅洛-庞蒂指出，只要我们反思的时候，我们发现的就并不是一个毫无意义的、自主的冲动或强度领域，而是一个在我们反思前的知觉体验中已经存在的意义世界。反思性监控（reflective monitoring）可能发生在情绪已经投射出初步的态度、取向和评估之后，但是情动（再说一次）不是一个在意识和评估之外还运作的自主系统。

预期情感评估与回顾性修正监测之间递归的相互作用是神经生物学过程的体验关联，这些过程以不同的水平和速率不断形成和消解。例如，回想一下梅林·唐纳德对不同整合过程的三重描述：直接体验中的短期记忆和工作记忆，长期记忆中事件序列的巩固，以及较长时间内对话和叙述交流的中间范围互动。同样，瓦雷拉（Varela，1999：300）提出我们“区分三种情动尺度”（scales for affect），大致对应于三种不同的“时间性尺度”，每一层次都有具体的术语：“第一种尺度是情绪（emotion）：语气变化的意识，构成生活的现时。第二种是情动（affect），一种气质倾向，适合于具身动作的连贯顺序。第三种是情绪（mood），它在叙事描述的尺度上随时间推移而存在。”这些尺度并不完全等同于唐纳德的那些层面，也不等同于其他标记认知整合时间性的方式［例如，回想一下，微秒级的潜意识加工处理（100~150 毫秒）之间的区别，自觉意识的延迟出现（500 毫秒），以及时间窗口的多秒解析（3~5 秒）］。但是，瓦雷拉认为情绪词汇表可能是基于时间处理层面的，这一点很有意思，因为这遵从了对情绪是时间性认知结构的认识。

然而，超过大多数其他经验领域，在情绪研究中对术语的定义达成一致是很困难的。瓦雷拉的区分是一个有趣的尝试，试图在一个本质上模糊、歧义的领域创造秩序，但他的定义本身证明了为什么情绪范畴是不稳定的。他试图确定的情感评价加工过程在他描述的时间界限上来回跨越。由于他的情绪范畴所基于的时间过程的递归性和相互关联性，彼此难以区分。例如，海德格尔的情绪概念（stimmung）指的是协调期望的预期态度，这种期望不仅描述瓦雷拉体系给的第三个尺度，他还将这个术语分配给这个尺度，以及另外两个尺度［“情绪”（emotion）和“情动”（affect）］。推动我们走向未来是情绪在时间整合的所有不同尺度上所做的事情，即使根据它运作的层次（瓦雷拉的术语试图捕捉到的体验差异），这种调谐可能会有不同的感觉（如果它被感知的话）。情绪研究者所使用的术语在这些领域中纵横交错，正如瓦雷拉试图确定的具身的、时间上易变的加工过程一样。询问一个情绪术语所指的时间层次和它描述的调合类型可能是有用的和信息丰富的，但是在严格定义的分类法上达成一致是不可能的，而且固定的、清晰的类别将具体化并歪曲这种流动性。

情绪在阅读和叙事中的作用以不同的方式生成情感评价和认知监控之间的基本时间二元性。例如，大卫·迈阿尔（David Miall）（2011：330）发现了相当多的实验证据，证明了“情绪在阅读时启动和引导认知加工过程的作用”。迈阿尔试图衡量他称为“感觉的预期作用”（the anticipatory role of feeling）在理解故事中的作用，他还报告说，受试者对单词的情绪效价的反应是“在言语反应的早期，在第一次看到单词后250毫秒左右，或者可能更早”——无论如何，在词汇意义加工完成之前（336，327）。还有有趣的实验证明，将我们的情感评价与文本的情绪效价相结合有助于理解。例如，劳伦斯·巴尔萨罗（Lawrence Barsalou）（2008：629）报告说，当“面部情绪与句子情绪相匹配时，理解力比起它们不匹配时更好”。

然而，文本理解不是情感和词义的静态对应，而是一个互动的、时间上动态适应和重新适应的加工过程。迈阿尔（Miall，2011：327）发现，“几项研究关注于对口头陈述的第一反应的时间展开”，记录了情绪导向的预期和回顾性认知活动之间的来回往返的相互作用，与罗宾逊描述的情感评价和认知监控的递归循环一致。情绪可以启动这个环路，因为它们是塑型的结构，在评价中投射出引导理解的部分 - 整体完形——这是一个定位在未来的形态，因为它等待着被填满、修改、完善或推翻。

叙事如何唤起和操纵读者或听者的情绪反应，对它如何从它塑型的事件中构建、打破和重新形成协调的不协调模式是不可或缺的。例如，梅尔·斯特恩伯格（Sternberg，1987）叙事基础的情感态度三元素——好奇、悬念和惊讶——都是一种水平现象，通过这些现象，故事设定了预期，然后确认、修正或推翻这些预期。好奇心、悬念和惊奇是情感评价的态度，通过让我们适应未来的发展来指导叙事理解的塑型工作。

情绪投射出一种结构化但开放的、不完全确定的期待视野，它引导理解的时间性。这种期待视野来自文本体裁延伸出的情感——这会是喜剧还是悲剧？——对于情节中事件的曲折——我们是走向一个幸福的结局还是大哭一场？罗宾逊解释，“情绪聚焦于注意力”（126）。这一焦点既定向又开放，有导向性，但没有完全指定，以一种视界的方式，超越这个视界从我们的立场来看，我们期待某种可用视角的延续——但不是所有类型的视角延续。我们会对一些发展感到惊讶，因为它们并不是我们所期待的，即使我们的预期并没有事先完全确定（就像我们对小说或电影令人惊讶的结局作出的反应一样：“我不能确切地告诉你我认为会发生什么，但不是那样！”）

作品中的人物显然是作品所产生情绪的主要焦点。然而，我们对一个特定角色的感觉很重要，因为它可能会使我们对更大问题的态度。我们对作品人物的不断变化的反应——例如，我们对悲剧英雄的怜悯和恐惧——是我们培养叙事整体情绪基调（tonality）感觉极为重要，而且这种基调具有广泛的解释学含义。正如罗宾逊解释的那样：

> 作品中的人物显然是作品产生情绪的主要焦点。情绪理解以一种整体的方式“重新塑造”（regestalts）世界：在对安娜·卡列尼娜的情绪回应中，我通过这种情绪的棱镜看到了小说的整个世界。我对她的感情影响了我对婚姻法的严厉、弗伦斯基职业地位的困难、上流社会的无情等的感受。同情安娜不仅仅是对她的一种反应，也是对我对小说整体理解有广泛影响的一种反应。（128）

我们对某个特定角色命运变化的情绪反应会产生如此广泛的波及面，因为情绪需要情感评估，引导和调协我们对超出视野的事物的态度。这将包括角色所属的文本整体，但不必就此停止。我们对一个角色的情感反应的“超越”始于我们阅读最近的将来，然后它可能会跨越我们参与这个特定故事的世界，延伸到其他在我们的世界里等待我们参与的事。因为情绪是一种水平的塑型，引导我们面向未来和其他人，操纵我们的情绪是一种强有力的方式，让叙事协调我们走向整个世界——从而“重新塑造”我们对世界模式的感觉，远远超出故事中的一般事件、人物和关注点。

叙事的情绪将时间性和主体间性交织在一起，通过将我们的视野结合起来形成我们观点之外的事物，将我们与其他世界联系起来。这些情绪不仅把我们与虚构人物联系在一起，当我们回应他们的故事时，我们可能会同情他们的欲望和纠结，而且也会与我们分享故事的其他听众和读者联系起来。讲故事和理解故事的体验在时间上协调主观性。汉内·德·杰格尔（Hanne De Jaegher）、埃塞基耶尔·迪·保罗（Ezequiel Di Paolo）和拉尔夫·阿道夫斯（Ralph Adolphs）（2016：5–6）解释，神经科学已经开始认识到一系列现象的重要性，这些现象需要一种“脑间相位同步”（inter–brain phase synchronization）——要求“社会认知加工过程的互动共享”的“相互协调”和“参与性意义创造”过程（另见 De Jaegher，Di Paolo & Gallagher，2010）。德·杰格尔和她的同事称为“互动的大脑假说”的观点也适用于讲述者和听众在故事交流中的同步（参见我在第四章中对脑 – 脑耦合的讨论）。伊恩·克罗斯（Ian Cross）（2003:

48）指出，这些主体间同步的过程最早出现在“照顾者 – 婴儿互动的节奏性”中，而这种节奏性反过来“又对人类有意义的和交流的能力发展至关重要”。这种在合作意义创造的时间节奏中，主观性的来回往返的协调，会延续到成人的音乐和舞蹈体验，以及其他分享模式时间和与他人在情感上协调的例子。

德 · 杰格尔和她的合著者（De Jaegher et al.，2016：8）解释，这些“社会耦合的互动”会产生“新兴的动态模式，而这些模式不会简化为”单个代理人（agent）或大脑的活动。汉斯 – 格奥尔格 · 伽达默尔（Hans – Georg Gadamer）（1993［1960］：101 – 110）当他将游戏描述为一种协作活动时考虑到这种问题，这种活动似乎有自己的超自我的代理人，矛盾地从玩家的活动中产生，即使它超出了他们可以单独控制的范围。伽达默尔所说的“游戏（games）优先于参与游戏的玩家的地位”在经验上得到证明，游戏似乎对玩家的行为有控制力，因为他们对自己的代理人所产生的动作做出反应，但并不完全受制于他们的控制。游戏、音乐、舞蹈、故事的交流都是新出现的参与性意义创造的主体间性体验，如果没有个体主体性的贡献，这些体验是不会产生的，这些个体主体性虽然奇怪但无可厚非，但并不完全控制他们共同创造的东西，而是发现他们的反应是由这些互动引导和协调。这些相互协调的体验证明了互动的大脑假说试图解释涌现的动力系统（emergent dynamical systems）。

由于扫描技术的局限性，我们并不完全清楚这种互动的参与者的身体和大脑究竟发生了什么。但这种独立却相互连接的动力系统的相互夹带（mutual entrainment）在物质世界中并不罕见。卡尔 · 弗里斯顿（Karl Friston）和克里斯托弗 · 弗里斯（Christopher Frith）（2015：391）将其比作摇动钟摆的同步性，是“耦合的动力系统之间远距离行为”的著名例子。两个或更多个摇动的钟摆好像奇迹般地协调它们的运动，但每当两个振荡系统“通过行为相互耦合”这种“一般化同步的涌现”（emergence of generalized synchronization）是一种常见现象（391）。人与人之间有节奏、时间协调的体验表明，这种耦合也发生在两个具身大脑相互作用的时候。具身大脑的节律——“与绑定、注意力和动态协调相关的振荡动力学”，神经元集合通过这些节律形成、消解和重组（391）——与摇动的钟摆来回往返的运动没有什么不同。

这些振荡在两个或多个具身大脑中同步的能力是在时间上协调音乐、舞蹈或故事中协同意义生成过程的神经生物学基础。这些耦合的振同步荡使具身大脑能够在时间上主体间性地交织，它们是审美体验使不同世界时间性同步的神经生物学手段。我们有能力及时分享节奏和情绪，因为我们互相之间的水平相互作用的振荡加工过程可以同步。通过将在叙事互动中的认知模式形成和分解使动态体系耦合，同步波不仅可以将读者的世界与故事所投射的世界联系起来，而且可以通过叙事交流来回往返的节律与其他读者、听众和故事讲述者的世界连接起来。

通过这些协调和不协调、同步和去同步的节律，身体的共鸣得以保存和传递，赋予故事跨越历史视野联合世界的能力。加拉格尔和扎哈维（Gallagher & Zahavi，2012：95）发现，“人类时间是我们生命故事的时间”，而且“任何个体生命的故事不仅与他人（父母、兄弟姐妹、朋友等）的故事交织在一起；而且它总是嵌入更大的历史和群体意义创造结构中”。我们在群体时间中的嵌入感很大程度上来自在我们的文化中流传的给我们讲述和我们学习讲述的故事。作为历史群体的一员，我们继承、保存、改造和传承我们共同文化中的故事和其他文物，这就是我们的生活如何与我们视野之外的其他人主体间地交织的方式。我们通过把这些故事传给后代来参与历史，有些人我们认识，但还有许多人我们永远不会直接面对。利科（Ricoeur，1980b：188）提出，“叙事性……把任何关于时间的思考都向死亡之外的另一个视野开放，向交流问题开放，不仅是生物之间，而且是同时代人、前辈和后人之间的交流”。从这个意义上来说，他主张“叙事时间［是］一个持续到每一个主人公去世之后的时间”，因为故事的交流使之能够“世代相传”（188）。这些时间传递的过程是水平的和主体间性的，我的时间与超越我生命限制的其他人的时间交织在一起。

具身大脑的时间不同步意味着我们的视野总是在变化，而且在我们永远不会只活在自己的世界中，但是时间体验的水平性也使得我的时间性与他人的时间交织在一起成为可能，而这些开放的相互作用可能会在我们不能亲身体验之后很长时间内还不断产生效果。死亡不一定是故事的结局，因为我们可以在文化意义创造的协作加工过程中学习、创造和交流的故事，在我们自己的尘世生活的视界之外继续生活。在我们所传承的故事中，有着死后的生命，而这种传承能力的神经生物学基础是具身大脑的异步时间性。

第三章　动作、具身认知与叙事构型的仿佛

无中心大脑的时间性使得摹仿（mimesis）成为可能，因为模仿（imitation）不是符号与事物的静态对应，而是行为的动态塑型。摹仿是一种行为（语言创造），它产生了事件的组织（动作的情节编排），读者或听者可以理解并重建（理解的活动）。动作不仅是摹仿的中心，而且更广义地说是认知生活的中心。这就是为什么叙事模式的建立和破坏能够有力地影响到横跨许多不同认知领域的模式形成和中断。叙事中协调的不协调的矛盾贯穿了连接叙事、故事理解和日常具身认知活动的环路。这些行为模式内部、跨越模式和模式之间协调的不协调之间不断变化的平衡与紧张关系，正是这种平衡和紧张，使得故事能够与大脑对秩序和灵活性、组织性和开放性的竞争性要求游戏。

最近，由所谓的第二代认知文学理论家所做的关于生成叙事学的研究，引起人们倍加重视动作与叙事之间关系，但这从开始就一直是叙事理论的中心话题。[①] 亚里士多德（Aristotle，1990［公元前 335］：7；原文强调）有一个著名的主张："悲剧模仿人，而不是模仿行动（action）"，此外，还有"表

① 见第一章对第一代和第二代认知文学理论家之争的分析。与传统认知叙事学的方案、框架和偏好规则相比，生成叙事学的支持者将具身行为放在首位，他们避开了结构主义理论的分类法，而是探索故事利用和启动具体认知过程的各种方式。重要的例子包括 Bolens，2012；Caracciolo，2014 和 Kukkonen，2017。另见下文对 Kuzmičová，2012；Cave，2016 和 Auyoung，2018 的成果分析。

演者的表演不是为了模仿性格，而是为了［模仿］行动而呈现角色。”[①]根据利科（Ricoeur，1984a：34）的观点，这种行动的优先“排除了亚里士多德摹仿的任何解释，无论是复本还是完全相同的复制品。模仿或表现是一种摹仿活动，因为它产生了某种东西，即通过编排情节来组织事件”。因为叙事和动作不可分割地交织在一起，利科认为，“没有一种叙事的结构分析不借用‘做某事’的显性或隐性现象学”（56）。他解释，“情节的构成是基于对动作世界的预先理解、它的有意义结构、象征性资源以及它的时间特征”（54）。因此，理解叙事需要理解行为在我们认知生活中的作用。

动作 - 知觉回路与叙事构型

当代神经科学认为，一个动作 – 知觉回路（action–perception circuit）使许多认知过程的基本动作看起来远离运动控制。安迪·克拉克（Clark，2016: 7）引人深思地表达，“感知和动作被……锁在一种无穷的唤醒包围中。神经科学家们越来越一致认为“动作具有丰富的认知资源”（Schulkin & Heelan，2012：224），而且“行为从源头上影响知觉”（Berthoz & Petit，2008：46）。阿兰·贝尔托（Alain Berthoz）和让 – 吕克·珀蒂（Jean–Luc Petit）（2008: 49）解释，不可能划分“感觉（sensation）和运动力（motoricity）之间的边界，因为动作已经在知觉中完全表明”。

最近关于大脑对想象动作甚至动作词的反应的实验证据表明，大脑已经准备好对动作的语言阶段性配置作出反应，而这些配置可以对我们的认知过

① 雅各布·卢特（Lothe，2000：77）发现，亚里士多德《诗学》（*Poetics*）中行为和性格之间的关系比这句经常被引用的陈述更为复杂和矛盾：“让人物从属于他们所发起和构成的虚构事件是正确的吗？……这个问题在亚里士多德的理论中已经很明显了，因为尽管他将行为置于人物之上，但他的《诗学》中的几个关键术语（如‘反转和认识’……）与人物的概念密切相关。”福斯特（Forster，1927：126）也对行动超越人物的说法提出了著名的质疑：“我们了解得更多。我们相信幸福和痛苦存在于秘密生活中，我们每个人都私下过着这种生活，小说家（在他的角色中）可以接触到这种生活。”罗伯特·斯科尔斯和罗伯特·凯洛格指出福斯特的主张“在很大程度上是以模仿为导向的现代小说家的主张”。虚构人物是如何产生和被感知的是一个复杂的问题，我将在下一章对叙事和其他思维问题的分析中讨论这个问题。

程产生深远的影响，因为知觉的许多不同样态（视觉、听觉、嗅觉、触觉）取决于具身动作。情节可以在构建我们对世界的理解中发挥核心作用，因为动作完全与感知有关。

知觉和动作在许多方面是相互依存的。根据对这种相互依存关系进行了最彻底研究的神经哲学家阿尔瓦·诺埃（Noë，2004：8）的说法，“知觉的基础……是运动引起刺激变化方式的隐性实践知识”。他指出，“这个世界通过身体运动和互动让感知者可以利用自己”（1）。这一观点的经典陈述在詹姆斯·吉布森的《视觉知觉生态学研究》（*Ecological Approach to Visual Perception*）（Gibson，1979：66）中：“观察点从来不是静止的，除非是限制情况。观察者在环境中移动，观察通常是从一个移动的位置进行的。”对于所有的知觉模式，探索活动提供了关于环境中规律行为和不规律行为的不断变化的信息，而正是这些差异使有机体做出了反应。因此，诺伊主张“所有的知觉……都像触觉一样”，甚至视觉也是，“像在触觉中一样，视觉体验的内容并不能立即指定。我们通过到处查看获得内容，就像我们通过移动双手获得触觉内容一样”（17，73）。例如，他指出：“在正常的感知者中，眼睛几乎是在不停地运动，眼跳动（saccades）（剧烈的弹道运动）和每秒进行几次的微跳动（microsaccades）。如果眼睛停止运动，他们会失去他们的接受能力”，因为“视觉流（optic flow）包含在单个视网膜图像中无法获得的信息”（13，20）。例如，长期以来实验证明视网膜上的固定图像会逐渐减弱和消失，就像我们没有注意到我们穿的衣服、持续的背景噪声或其他我们已经习惯的不变的刺激一样。①

视觉、听觉和触觉都是主动的过程，它们特别适应差异和变化。例如，在视觉方面，对立的运作方式使视网膜对光的变化比起对均匀、恒定的亮度更敏感。玛格丽特·利文斯通（Margaret Livingstone）（2002：54–55）解释，视网膜神经元有一个“对剧烈变化做出最好反应”的中心 – 周围组织

---

① 关于习惯化的神经科学，参见 Kandel，2006：198–220 对他著名的海蛞蝓实验的讨论（另见 Noë，2009：99–128）。关于这些实验对审美体验的影响，见 Armstrong，2013：111–116。

（center-surround organization），这种变化会在细胞的这两个部分之间引起对立，“而不是亮度的逐渐变化”或“光源的整体水平”，这些变化不会太严重地扰乱中心 – 周围的平衡。正如她所说，“将变化或不连续性编码……比起对整个图像进行编码更有效”，因为“图像中的大多数信息都在其不连续性中”（另见 Armstrong，2013：65–66）。同样，马克·贝尔（Mark Bear）和他的同事（Bear et al.，2007：420）发现，皮肤上的“冷暖感受器”的反应“在温度变化期间和之后的很短时间内是最大的”；“与大多数其他感觉系统一样，对热感受的反应，刺激性质的突然变化产生了最强烈的神经和知觉反应”。“在所有的感觉模态中，有机体与其世界的关系不断变化，产生了我们的感官素质作出反应的差异，即使当我们引导素质指向世界的方式发生变化（移动我们的眼睛、手或耳朵的方向）也会产生信息上丰富的差异。”回路连接动作和知觉，因为知觉是一种探索性的活动，产生和回应差异。

也许没有比詹姆斯·乔伊斯的小说《青年艺术家的肖像》（*A Portrait of the Artist as a Young Man*）的开场白更生动地戏剧化了动作与知觉之间的联系，在那里，婴儿斯蒂芬·德达鲁斯（Stephen Dedalus）被描绘成通过各种各样的探索活动逐渐产生意识，这些活动记录了感官上的差异，并试图将它们塑型成有意义的模式。乔伊斯通过唤起人们对动作和知觉之间的环路的注意，描绘了审美感性的曙光，并展示了它们的相互交织是如何成为具身意识的基础。这部小说以著名的斯蒂芬从一个关于“一个叫婴儿塔库（tuckoo）的尼西亚小男孩”的故事中听到的话开篇（2007［1916］：5）。这个故事使动作和关系的塑型发生［“一头麋鹿沿着马路下来”（5）来迎接男孩］，这反过来又引发了斯蒂芬的一系列尝试，通过在世界上的行为来组织知觉的差异。他先听，然后唱［“他唱了那首歌。这是他的歌曲”（5）］，然后他伴随着他妈妈钢琴演奏的“水手的角笛舞曲”跳舞（5）。这些行为样态与他注意到并试图调整的一系列知觉差异相似。从声音移动到视觉，他首先通过看着说话者并注意到明显的面部特征来回应他听到的话［“他的父亲透过玻璃看他”和“脸上毛茸茸的”（5）］，说话者和听者之间的差异导致斯蒂芬认同自己："他是婴儿塔库。" 自我与他人之间的关系被给史蒂芬构型，通过不同的知觉样态之间的关系（他所听到的，他所看到的）然后从声音和视觉到触觉［"当你先尿床时，它是温暖的，然后变冷"（5）］，甚至是气味［油布有一种"奇怪的气味"，但"他的母亲比他的父亲有一种更好的气味"（5）］。斯蒂芬通过尝试不同类型的动作（听、看、唱、舞）和探索知觉差异（视觉、声音、触觉和嗅觉）之间的关系，来意识到他的世界。

动作是有意义的，因为它是构型的，所以可以成为知觉的资源。运动认知领域的权威专家马克·让纳罗（Jeannerod，2008：103）指出，"只有三个月大的人类婴儿，就能在视觉上感觉到行走的人产生的点的生物运动和随机的、人工产生的、非生物性的类似的点运动之间的区别"，婴儿将生物动作理解为有意义的动作，是因为他们将其视为一种完型，在模式中元素的构型安排。然而，肖恩·加拉格尔（Gallagher，2012：175-176）发现，"任何行为的意义并不纯粹是肌肉运动方面固有的"。格雷戈里·希科克（Gregory Hickok）（2014：136）同样指出，"意义并仅仅不在——运动中"，因为"完全相同的运动程序……可能意味着"根据行为的背景和目标的很多行为。（举手是投票、要求发言、发出攻击信号还是简单的伸展运动？）[①] 背景和目的很重要，因为动作是构型性的。把活动感知为动作，就是要理解形成其完型的部分和整体关系的模式，它的塑型作为一种在特定情境下指向目标的手段。

所有意识都是某物的意识的观点——现象学对意向性的经典定义（见 Armstrong，2012）——也适用于动作。加拉格尔解释，"动作有意向性，因为它们朝向某个目标或计划，这是我们可以从其他人的动作中看到的事物"

---

① 希科克（Hickok，2009，2014）和帕特里夏·丘奇兰德（Patricia Churchland）（2011）等怀疑论者对镜像神经元理论提出的主要反对意见之一是，意图是否是动作的内在特征，她举了举手的模糊性例子。在我对扎根（grounded）认知对比无根据（ungrounded）认知的分析中，我对这一争议有更多的话要说。另请参阅我在《文学如何和大脑游戏》（*How Literature Plays with the Brain*）（2013：139-142）中对镜像神经元证据的评价。

（77）。我们的动作不是无意义和随意的，而是针对我们参与的事务状态，指向我们预期的目标。这并不意味着我们总是意识到这种指向性——意向性（intentionality）与意向（intention）并不相同——而是说，一种行为之所以有意义，是因为它具有海德格尔（Heidegger，1962［1927］）：188–195）所谓的"作为结构"（as-structure）和"前结构"（fore-structure）。我们把动作 X 理解为表示 Y，因为它被投射到 Z。[①] 举起的手意味着什么，取决于我们对它感知指向什么——对它所属的模式以及它投射的目标和旨在产生的目的。

完形加工过程在理解和产生行为方面的作用，在经常被引用的功能性磁共振成像实验中很明显，这些实验测量了舞蹈演员观察他们已经学过或没有学过的舞蹈风格（例如古典芭蕾舞和卡波埃拉舞）的大脑活动，然后将这些扫描结果比作新手和编舞者。舞蹈揭示了我们日常生活中通常不被注意到的行为的塑型结构，但它允许我们根据我们的对它们基本模式的熟悉程度（或不熟悉程度）来诠释动作，这些作为关系将它们塑造成有意义的完型（见 Johnstone，1966：2011）。凯瑟琳·史蒂文斯（Catherine Stevens）和雪莉·麦基奇尼（Shirley McKechnie）（2005：247）指出，在这些实验中，"大脑活动受观察者是否能做这个动作的影响"，这些差异不仅出现在运动皮层，而且出现在"颞叶中部，提示专家对舞蹈动作进行语义分类"，并将其归入"构成古典芭蕾舞和巴西战舞的'舞步'词汇表中"（另见 Merino et al.，2004）。

舞者的大脑对他们能做的动作的反应不同于对他们不能做的动作的反应，因为舞者把这些动作理解为一种熟悉或陌生的塑型。这些反应模式不仅出现在大脑的运动皮层，而且也出现在大脑的其他区域，因为这些步骤的意义不能简化为我们产生身体动作的生理素质。出于同样的原因，对舞

---

① 然而，这并不是偏好规则的概念意味的线性和机械过程（在条件 C 的集合中，更倾向于将 A 视为 B）。见 Jahn，1997，2005，以及我在第一章对结构主义认知叙事学的评论。海德格尔解释，理解的前结构是一个递归的、来回往返的加工过程，表现在我们如何在我们的期望和我们对它们所投射的可能性的解释之间不断地来回转换；参见《存在与时间》（*Being and Time*）（1962［1927］：188–195）中题为"理解与诠释"的章节［Understanding and Interpretation（Verstehen und Auslegung）］。

蹈演员中新手和编舞人员的对比扫描显示，这些步骤对于新手来说是看不见的，他们的大脑不会对这些舞步做出反应，而且对于编舞人员来说，这些步骤的意义不同，他们想象并创造舞蹈者必须理解和再现的模式，他们的功能性磁共振成像图像也相应地不同，更多大脑皮层的活动涉及计划和反思。这些实验不只是一对一的镜像加工过程，这些实验表明，理解动作需要根据我们过去的经验和对其目的、形状和方向的未来预期将动作塑型成某种东西。

因此，动作和知觉都有一个虚拟的维度，使它们成为存在与缺席、内在与超越的矛盾结合体——梅洛－庞蒂将这种二元性描述为“可见与无形”的“交织”（见 1968［1964］：3–49，130–155）。梅洛－庞蒂认为，任何感知的情境都会因缺失而分裂，因为它的视角是片面和不完整的，这些不可见的方面和未公开的维度，我们可以通过未来的体验或其他不同位置的观察者来填补。这些不确定性使得知觉不仅在空间上（物体的隐藏面）具有水平性，而且在时间上（我们预期体验到的尚不明显的方面）和主体间性（我们假设我们与他人生活在一个共同的世界里，这些人的视角揭示了隐藏在我们面前的方面，并且能够证实我们的假设在我们视野之外的东西）。行为同样是水平的，由存在和缺席定义——不仅由它固有的、具身的参与对象、工具和其他行为体来定义，而且由它的超越性，它超出它目前的情况对目标、目的和未来事件的指向性来定义。动作和知觉在结构上是预期的，投射到超出其直接视野的状态，而这种虚拟性是其作为模式化、意向性完形的“存在”（of–ness）和“虚拟”（as–ness）的必要部分。在动作和知觉之间可能有一个环路，因为它们共享这种作为结构和前结构。

因为动作和知觉有固有的虚拟维度，它们随时准备被描绘成小说——通过虚拟叙事结构，想象可以转型并且转变现实。沃尔夫冈·伊瑟尔在其不朽却不受重视的晚期作品《虚构的与想象的：文学人类学的视界》（*The Fictive and Imaginary: Charting Literary Anthropology*）（1993：12–13）

中提出，在虚构叙事中，“合并的‘真实’世界，可以说，被放在括号中，以表明它指出这不是给定的东西，而仅仅是被理解为仿佛它是给定的”。这是一个双重化的过程“将文本中组织的世界的整体变成一个‘仿佛’（as if）构造”。这是一个双重化的过程，“将文本中组织的世界的整体变成一个‘仿佛’（as if）构造”（13）。伊瑟尔解释，“每一个阶段都依存于它不是的东西”（301），这不仅适用于摹仿文本，也适用于非摹仿文本，甚至（尤其是）“非自然叙事”支持者的前景类型的反摹仿文本（见 Alber，Nielsen & Richardson，2013；Richardson， 2015）。讲故事的能力，以及投射我们自己和我们世界虚构展现的能力是由行为和知觉的虚拟性实现，因为他们内在性和超越性的双重结构可以虚构地重新塑型成利科所说的“分裂参考”（split reference ）模式（1977：265-302）——童话故事所经典呈现的缺席和存在的叙事双重化，童话开始于“它曾是也曾不是”。我们可以在生成自我版本的故事中双重化，因为具身行为已经塑型和投射主观，既有存在和缺席，又有内在性和超越性的特征。

虚构性和构型是息息相关的，因为它们是作为结构。伊瑟尔认为，仿佛的虚拟性，让虚构世界“被带去构造除了本身以外的东西”（19-20）。虚构性和叙事的构型过程可以在不同的历史和文化中采取不同的形式，因为“作为”（as）是可变的，可以建立任何数量的关系。伊瑟尔主张“文学展现使得人类的非凡可塑性变得可以想象，正是因为他们似乎没有一个可决定的本质，他们可以扩展到一个几乎无限的文化限制模式的范围”。作为一个进化的物种，我们的认知和身体潜能受到了来自遗传生物构成的限制，我们在如何塑型自己方面可能比伊瑟尔在这里提出的更为受限（见 Armstrong，2013：35-39；Boyd，2009；Easterlin，2012）。然而，人类是生物文化的混合体，其本质是试验和探索不同版本的我们自己。这种“几乎无限”的可塑性是跨越历史和文化变化的人类学恒量，也是人类决定性特征之一（见 Malabou，2008；Armstrong，2018）。我们将动作编排情节到叙事塑型中的能力既有生物学基础，又有文化上开放可能性，这一矛盾是我们生物文化混合性的一个重要例子。[①]

这种混合性在《艺术家肖像》(*Portrait of the Artist*) 的开篇上也有体现。斯蒂芬通过动作和知觉的虚拟维度来塑型他的世界，这使他们能够代表意义而不是他们自己。双重性的分裂参考证明了故事时间的并置——“这是一个非常好的时期”(2007 [1916]：5)——和斯蒂芬听到这个故事的时间（毕竟很快就证明这不是一个理想的时间），这种双重性使他能够扮演一个他也不曾是的角色“他是婴儿塔库”，一个他因为他不是他自己，所以能假定身份。同样，感觉也有一个虚拟的维度，允许它们加倍并塑型成作为关系，用气味信号传递的不同点来表示母亲和父亲（补充视觉差异，如父亲的眼镜和“毛茸茸的脸”）。唱歌和跳舞同样建立起家庭关系（父亲朗诵歌曲，母亲弹钢琴，查尔斯叔叔和但丁鼓掌），这些家庭关系是基于生物学的 [包括年龄差异：“查尔斯比但丁大”(5)]，同时也是负载了文化。当斯蒂芬把但丁的两支画笔的颜色形象化并理解它们的参照物时，知觉景观的政治共鸣就出现了（在爱尔兰政治中，栗色代表一个人物，而绿色代表另一个人物）。爱尔兰的政治问题将成为斯蒂芬（和乔伊斯）努力寻找艺术发言权的关键，这已经从他早期对颜色的反应中得到了反映，因为他将知觉的差异塑型成有意义的关系，并想象各种感觉可能代表什么。动作和知觉之所以能够呈现这些符号功能，是因为它们具有虚拟维度以及作为和前结构，这些结构可以被塑造成暗示年轻斯蒂芬直接视野之外的目标、目的和方向的模式。

---

① 虚构可能有各种不同的历史形态，但主张它是由任何特定的流派或文化形式发明，诸如凯瑟琳·加拉格尔（Catherine Gallagher）(2006：337）有名地断言 18 世纪的小说“发现了虚构作品”，是错误的。在她看来，18 世纪生活的一些特征引起“一个人在阅读小说时所实践的那种认知暂时性”——例如“情感推测”，女性对可能婚姻伴侣的设想，或企业家在市场上“计算风险”的经济想象（346–347），都可以追溯到人类作为具有悠久进化历史的探索性、产生假设的动物的基本特征（见 Clark，2016）。与加拉格尔形成对比的是，伊瑟尔在更早时期的田园诗中发现了一种“文学虚构性范式”(1993：22–86)，其特征是世界的双重化，体现了“仿佛”的生成能力（他的主要例子是忒俄克里托斯、维吉尔和斯宾塞）。暂时性是行为和知觉的固有特征，它有助于伊瑟尔所说的“虚构和想象”的有趣转变，这反过来又会产生虚构性各种历史形式，但这些说法的“作为”都应该比其他说法享有特权。

这一场景表明，行为和知觉之间的许多联系对语言习得至关重要。斯蒂芬听到词汇，用音乐和舞蹈强化的节奏模式，用歌曲来再现。这些动作、知觉和语言的交织，是已有实验记录的大脑皮层连接引起的。弗里德曼·普尔弗米勒（Friedemann Pulvermüller）和卢西亚诺·法迪加（Luciano Fadiga）（2013：58）引用了大脑成像研究的广泛证据报告说，“语言加工处理是基于将大脑的动作系统与知觉回路相互连接起来的神经元回路”。他们解释说，“发音和听觉神经元之间的丰富联系需要学习声音模式和单词成功重复所必需的运动程序之间的精确映射”（352）。他们指出，“这些联系只在人类身上稳固，而在非人类的灵长类动物中薄弱”，这可能在一定程度上“解释了为什么语言没有在这些物种中出现”（352）。言语根据其语音性质在运动皮层引起反应，舌头和嘴唇发生的音素在控制舌头和嘴唇的大脑相应的地形区域产生可测量的反应（353）。尽管证据是混杂的（我解释过），普尔弗米勒和法迪加指出，影响“额叶和运动前区”的损伤和中断行为 - 知觉回路已经被证明“损害了患者理解有意义的词语的能力”（354）。

行为、感觉和知觉在语言理解中有着丰富的联系，就像它们在日常生活体验中一样。脑成像研究表明，词语识别广泛而精巧地连接到与感觉的不同知觉相关的皮层区域；“与气味相关的单词（如‘肉桂色’）比控制词更能激活大脑嗅觉区域”，以及“在语义上与声音相关的词（如‘电话’）……强烈激活大脑颞上听觉区域，即使以书面形式呈现”（Pulvermüller & Fadiga，2010：355）。同样，涉及特定动作（例如踢腿或投掷）的词语会激活大脑皮层与之相关的运动区域，以至于左手习惯和右手习惯的受试者都会在大脑的另一侧表现出反应（见 Hauk & Pulvermüller，2004；Boulenger et al.，2006， Willems et al.，2010）。还有证据表明，需要动作的工具词会在运动皮层产生反应，而动物词汇则不会（Pulvermüller & Fadiga，2010：355）。

行为词汇和实际动作之间的语言共鸣是真实动作和想象动作之间更普遍的联系的一部分。让纳罗（Jeannerod，2006：28，39）指出，许多不同的实验都表明，“想象一个运动依赖于与实际执行运动相同的机制”，这是因为“想象的动作本身就是动作：它们涉及运动学的内容，它们激活运动区域的程度与执行的动作几乎相同，它们涉及自主神经系统，就好像一个真正的动作正在进行一样”。想象动作以一种与真实动作非常相似的方式刺激大脑和身体，甚至深入到刺激肌肉反应的水平。例如，让纳罗指出，测量“在各种形式的”想象行为“过程中运动路径的变化”，显示了“参与模拟行为的肌肉群中”存在可激发性（excitability）；大量的实验证据表明，“在运动想象过程中，对肌肉的运动指令仅部分被阻断，而且……运动神经元接近发放阈值（firing threshold）”（31）。

尽管想象行为本身并不足以掌握它，但许多研究表明，运动员和音乐家的“心理训练”可以提高实际的运动表现，提高速度、准确性、一致性，甚至“肌肉收缩的强度”（41）。这些发现与脑成像研究一致揭示出“通过使用运动图像学习运动任务会诱发脑皮层激活的动态变化模式，类似于在体育锻炼中发生的变化”（41）。这些结果不仅对运动训练和观察学习有重要影响，而且对患有运动障碍的中风患者的康复也有重要影响。由于真实动作和想象动作之间的生理联系，对某个行为的心理预演会对运动员、音乐家或有损伤的患者实际实施行为的能力产生明显的影响。

因此，阅读或聆听模拟某个动作的叙述会对接受者的大脑和身体以及他们在世界上行为的能力产生实践效果。如果运动皮层甚至肌肉组织可以通过被一个动作的心理预演（mental rehearsal）引发，那么动作的语言模拟也应该如此，而且有实验证据证明了这一点。劳伦斯·巴尔萨罗（Barsalou，2008：628）报告说，“阅读关于一项运动的内容时，比如曲棍球，专家们会产生新手所不具备的运动模拟”。这与妮可·斯皮尔（Nicole Speer）和她的小组（Speer et al.，2009：989）的一项功能性磁共振成像研究相一致，该研究显示了故事中表现的六种不同类型的变化与大脑区域之间的相关性被“真实世界中的类似活动”激活（位置、原因、目标、人物、时机或动作中涉及的对象的变化）。

“不同的大脑区域追踪故事的不同方面”，斯皮尔和她的同事总结道，“比如人物的物理位置或当前目标”，以及“这些区域中的一些反映了人们在执行、想象或观察类似的现实世界活动时所涉及的区域”（989）。

也有证据表明，隐喻语言中的行为和感觉唤起了与写实的、真实世界的知觉体验相关具身的大脑皮层反应。克里什・沙天（Krish Sathian）的研究小组(Lacey, Stilla & Sathian, 2012: 417, 416)进行的一项大脑成像研究表明，“先前显示在触觉感知过程中具有纹理选择性”的大脑区域，“当处理来自同一感官域的含有纹理隐喻的句子时”也“被激活”。即使是非常熟悉的，毫不奇怪的隐喻，如“粗糙的一天”或“黏糊糊的人”，“因为它们指的是可能触摸起来特别不舒服的属性，所以具有消极的内含”，也会在与这些身体体验相关的体感大脑皮质区中引发反应（418）。这些和许多其他类似的研究都指出了一些通过在叙述中对行为和感觉的虚假捏造而启动的神经生物学加工过程，大脑与身体的相互作用是对模仿的反应，这些模仿可能有能力加强或重塑接受者对世界的具身的塑型体验。

行为在协调认知的不同样态中起着基础性的作用，这种组织作用不仅对语言，而且对叙事以及我们建构和跟随理解情节的能力都至关重要。主要负责大脑这些相互作用的大脑结构区域是布罗卡区（Broca’s area），这是一个靠近控制嘴和嘴唇的运动皮质部分的额下回（inferior frontal cortex，IFC）区域（见 Bear，Connors & Paradiso，2007：620–623）。根据普尔弗米勒和法迪加（Pulvermüller & Fadiga，2010：351）的说法，“研究表明该区域在人类行为观察、行为意象和语言理解方面非常活跃”。长期以来，布罗卡地区的损伤会导致很难创作和理解符合语法的句子。大脑这一部分受损的患者可以听懂和发音单个单词，“但他们很难将杂乱的单词排列成一个句子或理解复杂的句子”，这些缺陷“在非语言模态中是并行的”（357）。一些脑成像研究显示，例如，音乐句法在布罗卡的区域被加工处理，听音乐节奏会激活大脑运动皮层（Maess et al.，2001；Chen，Penhune & Zatorre，2008；Patel，2008）。

大脑的这一区域显然对叙事也是至关重要的。帕特里克·法齐奥（Patrik Fazio）和他的小组（Fazio et al.，2009，1987）进行了一项有趣的实验，结果显示“影响布洛卡区域的损伤会削弱在没有明确语言要求的任务中对动作进行排序的能力”。他的实验室向患有布洛卡区失语症（Broca’s aphasia）的患者展示了“人类动作或物理事件的短片”，然后，将从每部电影中随机抽取四张照片，并随机呈现在电脑屏幕上，他们被要求按时间顺序排序（1980）。奇怪的是，尽管这些患者仍然能够识别出物理事件之间的前后关系，但他们很难重建人类动作的顺序。他们记忆和创作一系列动作的能力受损。这一结果表明，在法西奥的研究中，患者在编排情节的能力、创作和跟随理解动作塑型的能力方面患有缺陷。这样的推论与法西奥的说法一致，即“与布洛卡区域相关能力的复杂模式可能是从其将个体运动行为组装成目标定向动作的前运动功能（premotor function）演变而来的”（1987）。这种将行为组织成有意义的序列的能力使大脑为语言做好了准备，但也为叙事做好了准备。[①]

动作不仅在感知上起到根本的协调作用，而且在我们对各种意象的反应中也起到重要的协调作用。受过神经科学训练的文学批评家加布里埃尔·斯塔尔（Starr，2013：75）主张，运动意象和运动过程都涉及三种所谓的姐妹艺术（sister arts）所提供的审美愉悦感。她解释，在文学、绘画和音乐所利用的不同感官领域中，具身行为是意象和知觉的基础，并且协调意象和知觉。在发现“对意象的研究”提供了“横跨多种感官的非常好的证据之后”，即当人们体验到知觉意象时，大脑中参与实际感知的区域是活跃的，并且在实际感知时以想象的感觉的相似模式起作用”。斯塔尔指出，在不同的感官领域中，动作是意象的基础，而“运动意象”在“我们模拟和审美体验能力的核心”（75，81）。例如，斯塔尔发现，视觉意象通常有一个隐含的本体感受维度，因为“人们伴随着视力想象运动——对于视力正常的人来说，移动身

① 关于布洛卡区域在组织事件和理解动作感知回路中的序列中的作用，见 Saygin et al.，2004；Fadiga et al.，2009；Berthoz & Petit，2008：53 和 Jeannerod，2006：163-164。

体的体验是视觉和运动的”（82）。听觉意象同样与运动有着基本的联系，因为声音的知觉取决于重复和变化的模式。斯塔尔发现，对于与音乐和声音有关的意象，行为很重要，因为“时机就是一切，新事物与预期事物之间的紧张关系永远存在”（128）。她提出，多感官意象能够唤起和相互关联所有这些不同的感知区域，能够将视觉、声音、触觉甚至嗅觉联系起来，因为它们的基础在于具身的行为。如果叙事是行为的情节编写，同样有能力协调不同感官领域的塑型加工过程，这在很大程度上归因于运动加工过程在知觉中的潜在组织作用。

跟随理解故事，无论是倾听还是阅读，都不是被动的吸收，也不是一对一的镜像。在这里，行为也是认知的基础。理解叙事涉及不同类型的行为之间的相互作用——故事元素在不协调的协调模式中的组织（摹仿 2）和接受加工过程中的形成模式、填补空缺和构建幻象的运作（摹仿 3）。对故事的理解需要接受者的积极参与，接受者必须将讲述给他们的部分和它们似乎正在形成的整体中可能发生的塑型之间的关系投射出来——这就需要预期和回顾来回往返的运作，以此幻象被建立，然后被打破；一致性模式形成，然后随着期望引起、落空、修改和实现而被扰乱、中断和重新集合。

交互的、来回往返的模式形成参与了所有的认知加工过程，无论是视觉、听觉还是触觉，以及跨越多个感官领域在认知的具身体验中结合在一起。叙事结构、故事理解和具身认知是相互形成的，因为它们都包含了塑型活动的来回往返的加工过程。解读文本或理解故事的活动有能力改变我们大脑和身体对世界的反应方式，因为跨越这些领域的塑型过程不是分开的，而是一致的，相互形成并且相互作用。这是因为叙事中行为的情节编排（摹仿 2）和故事理解中情节的认识和重建（摹仿 3）之间的互换，可以用可能的转化方式与认知中的动作 – 知觉回路（摹仿 1）相互作用。

这些交互作用在大脑模式和变化之间的连续平衡行为中起到重要的作用，也就是追求秩序与需要灵活性和变化的开放性之间的紧张关系，而这是成功的心理功能的基础。重复的活动模式会形成习惯，而形成和打破习惯的过程对于情节编排、故事理解和具体认知都至关重要。认知生活中一个被广泛认可的悖论，习惯有好的和坏的，一定是这样——习惯对于熟练的应对和有效的运作是必不可少的，但同时也是创新和适应新奇、变化和意外不规则性的障碍（James，1890，1：104–127；Noë，2009：99–128）。习惯的形成是认知生活的基础，即使在神经元层面上也是如此，赫伯定律（Hebb' s law）（2002［1949］）发现："一起活跃的神经元，就连接在一起。"神经细胞反复激活以建立持久的皮层连接的能力，阻止了"重返"递归的相互作用（Edelman & Tononi，2000）变得纯粹随机、混乱和偶然，这反过来又允许学习发生。习惯的有用性在讲故事的惯例和叙事模式的重复中同样明显，这些模式促进了情节的构建和识别。

但是，永远被锁在重复的神经元集合模式中的大脑将缺乏能力对变化的刺激作出反应，探索一个不可预测的环境，或者尝试新的大脑皮层塑型，而这些塑型最终可能会发展成新的认知能力（例如，当人类发展了语言和阅读能力时，运动皮层与大脑中听觉、视觉和感觉区域的连接就出现了）。同样，虽然在识别熟悉的故事时有愉悦感，但即使是对著名的故事的复述，也会因为它所采用的接受模式而有所不同，以保持听者的兴趣。过度同质化再次对大脑不利。如果说在重复故事中协调的价值在于强化和传授习惯性的、社会共享的认知模式，那么在情节编排的协调的不协调中，中断、不规则和惊喜的价值在于维持和增强认知灵活性，即我们对改变、变化和新奇事物的开放态度。通过调用和打破我们赋予世界模式的习惯，讲述和跟随理解故事的体验有能力在不同的构型样态之间带来可能转变的交流。这种能力的神经生物学来源是大脑和身体中连接行为、知觉和认知的广泛区域之间的协调的相互作用。

扎根认知、分级基础和模拟的悖论

许多关于认知与知觉、感觉和行为的具身体验之间联系的实验结果支持了劳伦斯·W·巴尔萨罗（Lawrence W.Barsalou）最著名的扎根认知理论（theory of grounded cognition）。这一理论驳斥了“知识由抽象代码表征的观点，不同于通过知识获取的感官样态”（Lacey, Stilla & Sathian, 2012: 416）。鲁特维克·德赛（Rutvik Desai）和团队成员指出，“近几年来，概念体系的理念利用了感官和运动系统，得到了相当多的实验支持”（Desai, 2013: 862）。而且正如迈克尔·L.安德森（Anderson，2010：257）发现，“很容易找到研究提出更高认知功能的神经实现（neural implementations）与感觉运动系统的研究重叠”；他指出《更高认知的感觉运动基础》（*Sensorimotor Foundations of Higher Cognition*）中的27篇论文合订本作为证明（Haggard，Rossetti & Kawato，2008）。

这个证据无可辩驳地表明，最近辩论已经转换方向，问题变成了，我们如何抽象地思考？盖伊·达夫（Guy Dove）（2011：3，5）警告人们不要使用“具身认知支持者使用的一些夸张的修辞”，他认为“我们需要解释的是我们超越具身体验的能力”。他发现“感觉运动模拟（Sensorimotor simulations）似乎不适合表现概念性内容，而这些内容与特定经验没有紧密联系”，而且“有些概念似乎需要我们可能称之为中间逻辑表示（ungrounded representation）”（5）。安让·查特吉（Anjan Chatterjee）（2010：79）同样担心“快速接受具身解释会有忽视其他可供选择的假设和不批判性地审查神经科学数据的风险”，提出“认知是否有根据的问题更有效地被这个基础上关于分级的问题所取代。关注于脱离具身的认知或分级的基础，开辟了思考人类如何抽象化思考的道路”。叙事如何使体验的构型版本生成，同样需要理解抽象与具体之间的关系。我们可以互相讲述故事，再塑型具身体验，并将其转化为叙事模式，因为行为和感知有一个虚拟的维度，既有根据又没有根据，既是具身的（embodied）又脱离身体（disembodied）的。

在一些方面不总被认识和理解，这种二元性在巴尔萨罗理论中的关键术语“模拟”（simulation）中已经很明显：“扎根认知提出模态模拟、身体状态和情境行为是认知的基础。”（2008：617）根据巴尔萨罗的说法，“模拟是在体验世界、身体和心灵的过程中知觉、运动和内省状态的生成”（618）。然而，在认知和心理学理论中，模拟常常是一个黑匣子（见 Mumper & Gerrig，2019），并且经常以误导性暗示因果关系或一对一的对应关系的方式被调用。然而，对于文学评论家或理论家来说，这个术语几乎是不言而喻的作为结构。

毕竟，按照定义，重新生成既“是”又“不是”它复制的东西。用文学理论所熟悉的术语来说，模拟中建立的等价物是矛盾的尼采式多样性的——“相似也不相似”（das Gleichsetzen des Nicht Gleichen），或者不相同事物的“设定的等价物”（见 Nietzsche，2015［1873］）。在模拟中，“仿佛”的描述会将一种事物的状态在大脑中呈现为不是它的事物，这就需要相似和不相似（Gleich and Nicht Gleich）的双重性。作为（as）和仿佛（as–if）使知觉和感官体验的概念和叙事再生成得以模拟，而这两者既是也不是它们再现的东西。作为（as）和仿佛（as–if）的虚拟性也实现了从具体到抽象的分级过渡。

巴尔萨罗对模拟的解释一次又一次地假定它的作为结构，而没有这样命名，也没有完全认识到它给扎根认知模式带来的复杂性。例如，巴尔萨罗承认，“即使有过，模拟也很少重新创造完整的体验”，而是“有代表性地部分重新创造了可能包含偏见和错误的体验”（620）。因为认知模拟是片面和不完整的，它们必然包含他称为“模式完成推论机制”（a pattern–completion inference mechanism）（622）“机制”一词本身蕴含，很遗憾有时巴尔萨罗使用有因果关系的语言来解释这个过程是如何运行的。例如，他说“身体状态不仅仅是社会认知的结果；它们也会引起它”（630）。然而，推断不是一个因果机制，而是关于一种模式的假设和对不完整视角应如何填补的猜测。[①] 模拟包含了形成模式和填补空缺的可变、开放式过程，因为它们不是直接的、

① 参见特伦斯·凯夫在其重要著作《用文学思考》（*Thinking with Literature*，2016）中基于迪尔德雷·威尔逊（Deirdre Wilson）和丹·斯佩贝尔（Dan Sperber）（2012）的关联理论对认知和阅读中的推论进行的类似分析。以下是我对凯夫文学功能可供性理论的分析。另见 Clark，2016 关于认知的贝叶斯模型（Bayesian model）作为 Kukkonen，2016 所运用的概率预测。关于假说和研究假设在文学解释中的作用，也可以参见我的《冲突的阅读》（*Conflicting Readings*，1990）。

基于原因和结果关系的机械产物，而是作为关系在推理和联想的基础上建立联系。

摹仿是选择和组合的产物，可以各种方式使用他们利用的材料。作为部分的再创造，他们并没有保留所有的原始体验，只有它的痕迹或某些方面，而没有其他方面。当新的情况出现时，这些选择可以以不同的方式组合起来，这就是为什么过去的感觉运动体验可以用来塑型新的认知情境。扎根认知只能对史无前例和不可预测的事务状态作出反应，因为它的模拟与这些模拟所利用的体验并不完全相同。因为这种可变性，新的知觉可以“扎根”在过去的认知体验中——也就是说，因为它们不是机械地、一对一地重复先前的感觉，而是作为关系，既像也不像它们再生成的体验，部分和不完整的方式可能会造成偏见和错误，但也会产生新颖性和创造力。在认知摹仿中，选择和重新组合的加工过程比机制和原因的语言表明的更为多变和开放，这是一件好事，因为比起依据无缝和不分等级时的情况，它使认知更灵活，更可能有新的和意想不到的情况。扎根认知的悖论在于，它的模拟只是因为它们在某种程度上没有根据。

在巴尔萨罗推断和模拟如何工作的许多例子中，即使当巴尔萨罗提出一个机械模式时，构型模式构建和填补空缺的解释活动是显而易见的。这里有一个典型的例子：“包含具身体现的熟悉情况的具身体现在记忆中确立（如收到礼物、感受积极的情感和微笑）。当这种情况的部分发生时（如收到礼物），它激活了情境模式的其余部分，产生相关的具身体现（如微笑）。”（630）这是理查德·格里格（Gerrig，2010：2012）“基于记忆的处理”的一个经典例子，证明了大脑构建视作为认知模式的递归运作，——在这里，将新的情境视为与先前的互动中习得的惯例相关联。那些关联的痕迹可以被具身体现出来，但这并不是仅仅身体状态就导致某种社会认知的情况。

这不是一种因果机制，这是一种诠释性的情境，其中符号必须被解读为代表某种必须被解释的东西。翁贝托·埃科（Umberto Eco）（1976：6–7）明确指出，只要有说谎的可能，就可以看出标志在起作用。这里，你接受一个礼物时可以假装礼貌地微笑，这并不是你真正想要的礼物——或者收到礼物的人知道这礼物本来是善意的，但没能满足期望——这种可能性的神经生物学基础是，模拟的重新激活是局部的，而且可以用不同的方式塑型。例如，一个人可以微笑着眨眨眼，点点头，对于会察言观色的人来说这意味着一种讽刺的回应（“非常感谢！”这句话可以用很多不同的语调说出来）。人们并不总是能够分辨出某人是真诚地微笑还是仅仅是出于礼貌，因为他们遵循了一种社会惯例，而这种歧义的现象是由模拟的“仿佛”造成的。礼貌的微笑是一种生物文化的混合体，是身体反应和传统的表达，而且这种二元性是可能的，因为摹仿既有根据，也没有根据。

一个双重化的过程具有模拟的“仿佛”，因为它是一种体验的再生成，这种体验既与它所再次调用的原样既相似（like），也不相似（not like）。例如，保拉·尼登塔尔（Paula Niedenthal）（2007）在《科学》（*Science*）杂志上发表的一篇关于“具身情绪”（Embodying Emotion）的文章中基于巴尔萨罗的模型证明了“仿佛”的作用。她的解释是用机械因果关系的语言来表达的，但用揭示模拟的作为关系的可变性的方式，她的术语有趣而微妙地变化：“情绪的具身体现，在实验室中通由人类参与者过操纵面部表情和姿势引发时，会对如何加工情绪信息产生因果影响。例如，接受者身体的情绪表达和语言发出者语言的情绪基调之间的一致性会促进交流的理解，而不一性致则会削弱理解”（1002; 更加强调）。“因果影响”“促进”“损害”之间的滑动有很大影响，从台球的机械确定性变成可能性和偶然性的语言。结果可能会出现——但也可能不会——因为模拟既像又不像它再生成的原始体验。

在报告中的实验里，那些被要求用牙齿叼着笔微笑的受试者（因此模拟微笑）比“嘴唇间夹着笔”的受试者认为漫画更有趣，因为嘴唇衔着笔“阻止了他们微笑”（1005）。尼登塔尔解释说，“使用知识——唤起记忆、做出推断和制订计划——因此被称为‘具身化’，因为一种公认的不完整但在认知上有用的再体验是在最初涉及的感觉 – 运动系统中产生的，就仿佛个人就在此情境中，就在此情绪状态下，或者就用这种思考的对象”（1003；更加强调）。注意这种重新体验的仿佛性质是不完整的，因为只有一部分原本活跃的神经元被激活，注意这种重新体验的性质，它是不完整的，因为只有一部分原本活跃的神经元被激活，在被模拟重新激活的感觉运动系统中，只启动了原始生理加工过程的局部痕迹。笔的位置（在牙齿或嘴唇之间）重新创造了一种具身的体验，仿佛人在微笑或皱眉。这个摹仿（这两者既相似，也不相似实际的微笑或皱眉）有关联（快乐或悲伤，有趣或无趣）来连接和填补缺失的东西（如何评价漫画的喜剧，它本身就是一个没有包含在其任何特征中的空白，这就是为什么无论一个人是微笑还是皱眉都可以得到不同的评价）。

这种反应不是一种因果机制，而是一种完成模式并填补空白的推断。这个实验说明了扎根认知的前结构，与海德格尔的主张（Heidegger，1962［1927］：172–188）一致，即情绪（stimmung）提供了对事物状态的预期性理解。[①] 模拟的微笑或皱眉可以事先准备反应，使人或多或少地可能感觉一些东西有趣，因为它引导了感知者对某种情境的态度。作为一种作为结构和前结构，具身模拟是一种解释学将某物构型成某物，取决于我们如何被引导到其各种未指明的视野（我们的推断完成的模式）。扎根认知是意向性的结构，而不是确定性的加工过程。

相似的双重性和歧义在众所周知的争论中显而易见，这些争论涉及具身体验与我们理解他人动作和姿势的能力之间的关系。这些争论的基础是贾科莫·里佐拉蒂（Giacomo Rizzolatti）和他的帕尔马小组（Parma group）在猕猴运动皮层中发现的备受争议的“镜像神经元”，这些神经元不仅在动物执行某个动作时活跃，而且在它们观察到同一个动作，甚至是与该动作有关的物体（如

① 见第二章对詹妮弗·鲁宾逊（Jenefer Robinson）称为“情感评估”的情绪未来意向分析。

杯子）时，也会活跃。[①] 镜像神经元的存在，后来也在人类中发现，似乎为认知具身经验以及动作和知觉之间的关系提供了直接的神经生物学解释。例如，像神经元怀疑者格雷戈里·希科克（Hickok，2014：43，49）发现，“我们不需要能够通过执行某个动作来理解它”，他还指出，“行为控制上的缺陷［由于损伤或身体缺陷］并不总是导致对行为的理解上的缺陷”。这些反例引起怀疑我们通过再生成（模拟）它的表现来理解某个行为的说法。

关于表现缺陷和认知能力之间关系的临床和实验证据其实是混杂的。一方面，一些研究表明，运动和体感皮质的损伤“会导致具有相同知觉属性的多个类别的丧失”；例如，“在运动神经元疾病患者中发现了动作单词加工处理的选择性缺陷”（Dove，2011：3；见 Bak et al.，2001）。另一方面，吉勒·范努斯科尔普斯（Gilles Vannuscorps）和阿方索·卡拉马扎（Alfonso Caramazza）（2016：86-87）已经证明，出生时没有上肢的人可以感知、预期、预测、理解和记忆观察到的动作，其准确性和速度与对照组相同，他们的结论是“没有运动摹仿也可以实现对动作的有效感知和解释”。让纳罗（Jeannerod，2006：16）总结了这种歧义的状态：虽然不能执行特定动作的失用症患者“在动作表现任务中失败”，但他们“通常不会在评估他们对象或工具的概念性知识任务中受到损伤……‘动作’和‘对象’之间的分离强调了基于运动模拟的理论在解释概念知识方面的局限性”。尽管他对镜像神经元持怀疑态度，希科克（Hickok，2014：153）提出了一种明智的折中观点：“我们不应混淆行为是感知的重要组成部分的事实和只有运动表征才是知觉理解的基础的理念。”他解释，“这并不是说，在世界上行为的能力对感知和由此理解没有起到一些作用。相反，行为起到了很大的作用”（152；最初的强调），——但

① 镜像神经元的文献非常丰富。有关基础实验及围绕这些实验的争议的摘要信息，请参见 Armstrong，2013：137–142。Ferrari & Rizzolati，2014 以及 Rizzolaati & Fogassi，2014 提供了最近的研究状况。Rizzolati & Sinigaglia，2008 以及 Iacoboni，2008 对帕尔马小组的研究结果进行了全面的解释。有关持怀疑态度的分析，请参见 Hickok，2008，2014；Churchland，2011 和 Caramazza et al.，2014。

这并不是全部原委，因为认知既有根据，也没有根据，既是具身的，也脱离身体的。[①]

这些矛盾是基于大脑皮层功能的一个基本矛盾。认知在大脑结构上是局域化的，也是“大脑网络”中网络连接的一个功能。一方面，某些功能依赖于大脑中在特定认知体验中活跃的详细部位，因此当这些区域受损时，这些能力就会失效［例如，当视觉皮层后部（rear visual cortex）的不同区域受损时，可能会导致对运动、颜色或面孔的特殊类型的选择性失明］。另一方面，许多认知功能在不同大脑结构位置之间启动交互的、横跨大脑皮层的相互作用，将神经元集合成特定的模式，这种模式甚至可能会改变特定区域的功能（这样盲人的视觉皮层可以被改变意图来支持摸读盲文）。因此，一些局部的躯体感觉和运动大脑区域预计会对触发它们对词语、认知体验甚至想象出来的东西做出反应（例如，就像动作词语触发运动皮层的特定部分时发生的那样）。但其他认知功能取决于网络相互作用，而这些互动又不可简化为任何大脑结构位置（比如当我们理解没有体验过的行为或我们的身体无法执行的行为时）。没有某种体验的人可能无法像大脑和身体能够模拟和再生成躯体感觉的、具身认知行为的人那样完全理解（回想一下，新手无法表现出专家大脑对芭蕾舞或卡波埃拉舞步的反应），但是，通过结合横跨大脑网络的各种皮层区域，我们可以理解我们特定运动全部项目之外的动作（并欣赏我们自己无法进行的舞蹈表演）。

认知不仅仅是线性的、因果的、自下而上的刺激和反应机制。相反，这是将大脑皮层区域组装成模式的交互的，来回往返的加工过程，这种模式可以通过反复的赫比式活跃稳定下来，但也可以转移和改变，可以自上而下的方式，塑造和形成我们世界中“在哪里有什么”的理解。希科克（Hickok，2014：238）发现，“自上而下的神经连接（从高层面到低层面）比自下而上（从

① 罗埃尔·威廉斯（Roel Willems）和丹尼尔·卡萨桑托（Daniel Casasanto）同样指出，“人们是否能像理解自己所做的行为一样完全理解提及从未做过的行为的词语，这仍然是一个悬而未决的问题”；“人们在世界上的行为方式会影响他们的语义表征”，但“人们也可以理解他们从未做过的动作的语言”。他发现，“这在具身化和抽象之间产生了潜在的紧张关系”（2011：3）。

低层面到高层面）的连接更多，这是一个数量级的差异顺序（10 ：1 的比率）”。这是网络相互作用有能力生成认知体验的解剖学证据，这种体验超越了局部躯体感觉区域的受体神经元产生的体验。希科克指出“行为理解是许多事物的相互作用”，因此提出“一个概念知识的混合模型”，该模型基于运动和躯体感觉区域之间的网络连接（180，168；见 159–181）。

安德森（Anderson，2010：246）发现了类似的网络模型的实证证据：“对 11 个任务域中 1469 个基于减法的功能性磁共振成像实验的实证综述”，包括“动作执行、动作抑制、动作观察、视觉、听觉、注意力、情绪、语言、数学、记忆和推理”，表明“一个典型的大脑皮层区域被九个不同区域的任务激活”。某个特定大脑结构区域在做什么不仅取决于它自身的生理特征，而且还取决于它所连接的区域。安德森还发现，“语言任务越来越比视觉知觉和注意力更能激活广泛分散的区域。这个发现被一项更大的研究所证实，发现语言是测试中最分散的领域，然后（以降序排列）是推理、记忆、情绪、心理意象、视觉知觉、动作和注意力”（247）。这些发现支持了安德森的神经再利用理论（theory of neural reuse），强调大脑网络的可塑性和大脑皮层区域之间相互作用的能力，以重新利用某些特定区域［例如，在他引用的一个例子中，视觉皮层的一个区域致力于不变的物体识别被“再利用”为斯坦尼斯拉斯·迪昂（Dehaene，2009）称为支持阅读的“视觉词形区”（visual word form area）］。安德森解释，“模块性的支持者以功能结构上的理想化为指导，这与系统的实际性质相悖。与认知科学中大多数大脑模块化解释倡导和证明的分解 – 局域化方法（decompose-and-Localize approach）不同，神经再利用鼓励‘网络思维’”（249）。神经科学界已经广泛接受了一种双重认知模式，它既在大脑结构上局域化，又有网络连接性的功能。[1]

有必要结合局域化和网络效应（localization and network effects）来解释扎

① 然而，定位很难实现。例如，见 Semir Zeki，2011，2012 试图确定大脑中负责音乐和视觉艺术美的区域。见 Armstrong，2013：1–25）和第四章，了解对这种方法的批评。

根认知的模拟以及对不同分级层次依据的开放性。模拟是对特定大脑皮层区域的部分的、不完全的再激活，以及新的塑型中这些体验的再生成。它们既是选择，也是组合——部分的痕迹基于原始活动，没有同样的完整性或强度，然后这些痕迹重新与不同的大脑皮层区域集合，所用的一些模式生成新的推论，并根据新的认知情境的要求完成并填补缺失的部分。这是巴尔萨罗模式完成推理机制的神经生物学基础。

因为模拟是一种仿佛的再创造（as-if re-creations），在激活特定大脑皮层区域的程度上有所不同，它们可以是各种各样的具体和抽象。这些依据的程度也取决于模拟在大脑网络上启动的相互作用。感觉重新激活的痕迹预计可能会出现在最广泛的集合中，因为这时对行为词汇的特定运动反应是广泛多样、跨皮层语言模式的一部分［例如，在关于足球的叙述中，大脑运动皮层中对“踢”或“扔”等词的躯体特定反应（somatotopic reactions）］，而这些选择和组合可能导致它们构建的模拟中的抽象概念层次不同。因为大脑是一个矛盾的错综复杂的事物，它有局部的、基于大脑结构的能力，和可能用各种方式激活甚至改变特定区域的用途的网络连接，它可以支持各种具体和抽象的模拟，分层次说明它们在特定的运动和躯体感觉区域如何扎根，以及这些局部反应在多大程度上被横跨大脑皮层互动的影响超越和转化。

具身隐喻与脱离身体的隐喻

摹仿的悖论和分级根据有助于解释与具身隐喻理论相关的一些矛盾和争议。正如雷蒙德·吉布斯（Raymond Gibbs）和蒂尼·马特洛克（Teenie Matlock）（2008：162）解释，该理论“许多抽象概念……至少是部分地，对具身隐喻术语的理解”，是建立在模拟的基础上的：具体化隐喻的募集……想象进行，因为人们重新创造了参与类似动作时必须有的样子。这一想象过程的关键是模拟，在这种情况下，就是隐喻中所提到的这个行为的心理生成。乔治·拉考夫（George Lakoff）和马克·约翰逊（Mark Johnson）的开创性文本《我们赖以生存的隐喻》(*Metphors We Live By*)(1980：5)的标题暗示，具身的隐喻如“感情就是温暖”“重要很大”“高兴是向上”，就是“根据其他事物理解某种事物”的作为结构和前结构。从另一种角度来说，我们“以这些隐喻为生”，因为它们根据它们所投射的各种模式来指导我们对世界的参与。拉考夫和约翰逊后来在《肉身哲学》(*Philosophy in the Flesh*)(Lakoff & Johnson，1999：47)中提出隐喻为“根据体验的映射”，同样暗示了作为结构和前结构，因为地图建立了相互关系并引导了我们对模式的预期。

具身隐喻的倡导者们并没有像索绪尔理论那样，把能指和所指之间的关系想象成纯粹任意的和惯例的，而是声称我们对世界的体验，受限于我们基于身体的能力和性情，构成了许多，如果不是大多数的话[这里的“滑移”(slippages)就是争论的起点]，对相似性和差异性的关系，我们通过这些关系对事务状态进行分类，并且(相应地)推理、感知和行动。拉考夫和约翰逊解释:

> 一次又一次地体验“多为上”(More Is Up)的关联性，应该会导致大脑中那些在数量领域具有“更多”(more)特征的神经网络与那些在垂直领域具有“上”(up)特征的神经网络之间建立联系。在这个模式中，这样的神经连接将实现“多”和“上”之间概念映射的功能，并使词语的垂直度(例如上升、下降、急速上升、垂直下降、高、低、倾斜和峰值)的词汇也可以(虽然不一定)常规地用来说明数量。(1999：54)

目前尚不清楚大脑中是否有一些特定的区域或网络编码“多为上”，或数量，亦或诸如此类的垂直性。但除此之外，这里的关键主张——即“从我们在世界上的具身功能中产生的”重复相关性建立了“神经联系”，然后在新情境下的模拟中重新激活(54，46)——与神经科学的核心原则很匹配。毕竟，这是经典的赫比式连接和活跃。

然而，通常与模拟一样，一个关键的问题是“仿佛”建立的连接可以固定或可变的程度。这里拉考夫和约翰逊把它们描述为“可能的”(尽管不是必要的），尽管在其他地方他们在声称“大脑神经网络的建构决定了你有什么观念，因此决定了你能进行什么样的推理”和仅仅断言 “身体和大脑塑造理性”，或者不那么严格地说，“我们对真实事物的感知始于我们的身体，并在很大程度上取决于我们的身体”之间做出决策（Lakoff & Johnson：16–17；额外强调）。然而，这些滑移（slippages）并不令人惊讶，因为它们反映了作为结构的偶然性，这些结构作为依据的分级以及我们的类别具体性和抽象性中的变异成为可能。

关于具身隐喻的实验证据是混杂的，其矛盾反映了这些偶然性。维托里奥·加莱塞（Vittorio Gallese）是帕尔马镜像神经元小组的成员，他与拉考夫（2005：456–457）合作研讨解决形同理解和具身隐喻之间的联系，根据他们共同的假设“想象是一种‘模拟’是形式——对动作或知觉的心理模拟，使用许多与实际行动或感知相同的神经元”：

> 例如，在“领会”（grasping）这个概念的案例中，我们会期望形成领会功能集群的顶叶 - 前运动回路活跃起来，不仅在实际领会时，而且在理解涉及领会概念的句子时也是如此……对我们的概念理论的进一步预测是，这种结果应该在功能性磁共振成像研究中得到，不仅用文字的语句，而且用相应的隐喻句子。因此，句子“他领会了这个理念”应该激活大脑中与感觉 - 运动领会相关的区域。（472）

有趣的是，事实上，随后的脑部扫描研究并没有一致地证明这一预测。虽然一些功能性磁共振成像实验发现了与动作词的非文字用法（领会一个想法与抓住一个物体相反）的感觉运动共鸣，但其他的实验还没有发现。

例如，雪莉 – 安·吕希梅耶（Shirley–Ann Rüschemeyer）和她的小组（2007）的一项研究比较了对德语动作动词如“领会”［grasp（“greifen”）］和基于它们的概念动词（理解“begreifen”“to understand”）的反应的大脑扫描结果，发现前运动激活只适用于行为动词，而不是其概念派生词。这一发现与其他实验结果一致，表明运动前区皮层（premotor cortex）对动作动词的文字而非文字用法有反应（总结一下，见 Willems & Casasanto，2011：7–8）。在一个案例中，帕尔马小组的丽莎·阿齐兹 - 扎德（Lisa Aziz-Zadeh）和同事（2006）进行的一项功能性磁共振成像研究发现，运动前区皮层的相应部分会被激活，对描述手、脚和嘴动作的短语做出反应，比如“握住剪刀”“踩钢琴踏板”“咬桃子”，而没有以概念或隐喻的方式使用动作词的非文字短语则（“对待真相”“仔细考虑细节”“开始新的一年”）没有反应。类似的，安娜·拉波索（Ana Raposo）的小组（2009）的一项大脑扫描研究记录了运动皮层对诸如“踢”（kick）之类的单个动作动词或“踢球”（kick the ball）这样的动作句的反应，但对诸如“踢水桶”（kick the bucket）（死去）这样的惯用短语却没有反应。

还有其他实验证据记录，感觉运动激活沿着文字到非文字的用法中间的连续统一体逐渐下降，隐喻有时会引起反应，反应会变少，以致于隐喻变得更抽象和更传统。例如，克里斯蒂娜·卡恰里（Cristina Cacciari）及其同事（2011：149）进行的一项研究表明，当实验受试者看到“文字、虚构和隐喻的运动句时，运动系统的兴奋性比看到惯用的运动句或心理句时更高”。她的实验发现，对语言模拟的躯体感觉和运动反应的层次取决于模拟中原始体验的参与程度。她解释，“这些结果表明，运动系统的兴奋性是由动词的运动成分调节的，这一成分保存在虚拟和隐喻的运动句子中”（149），但不是习惯用语，因为习惯用语为了与具体的动作行为有距离，掩盖常规的表达或抽象的概念里的原始行为[如 begreifen，为了领会一个概念（“Begriff”）]。鲁特维克·德赛实验室（Desai，2013：862）的一项功能性磁共振成像研究同样“显示了文字和隐喻行为句的感觉运动区域的参与，而不是惯用句”。我们看到“从抽象、惯用、隐喻到文字的句子，感觉运动的激活有增加的趋势”，这表明“一个渐进的抽象加工过程，借此随着意义的抽象化和惯例化的增加，对感觉运动系统的依赖减少”。

这些实验并不支持加莱塞关于非文字用法（字面理解与概念理解）的具身扎根认知的有力预测，但它们与对基础的分级观点是一致的。这些类型的变化确实可以由模拟的模式来预测为可以在抽象和具身程度上不同的构型关系的仿佛加工过程。根据这样的模式，当传统的联想占据主导地位，曾经鲜活的隐喻就会死亡，通过模拟再生成的身体起源的痕迹将变得越来越不明显，由于习惯化的著名的减感效应（desensitizing effects），在日常表达中重复运用会使其迟钝。因为作为关系所建立的等价关系变得更加习惯化，抽象语义元素涌现出了，因此模拟的感觉运动方面因此将变得不那么明显。只有这个词奇怪的，意想不到的用法——去语境化和再语境化的陌生化姿势（例如，在诗歌中这是典型的），——可能会使感官－运动的联想重新鲜活起来，并重新激活已经休眠的模拟部分（见 Armstrong，1990：67–88）。然而，这些变化是可能的，只是因为模拟是一种作为关系，可以不同且不断变化的程度上激活局部感觉运动的共鸣。非文字的用法似乎或多或少是抽象的，因为它们或多或少地建立在知觉体验的基础上，或多或少是远距离、跨皮层网络连接的产物，或多或少地通过重复和惯例化而习惯了。

叙事通常利用隐喻来帮助组织它们调动的行为，这些图形同样沿着从具体到抽象的不同层次的根据归类。在巴尔扎克现实主义传统的经典小说《佩雷戈·里奥特》（*Père Goriot*）中的著名段落中，女房东瓦克尔夫人形象地具体描述了她的寄宿公寓：

> 那张胖胖的脸……鼻子从中间突出，像鹦鹉的喙；矮胖的小手；身体丰满的像常去做礼拜的人一样；松垮垮、无法控制的胸部——它们都与房间里散发着恶臭的痛苦联系在一起，在那里所有的希望和渴望都被熄灭了，只有她一个人可以呼吸到令人窒息的恶臭空气而不会生病。她的脸上，夹杂着初秋霜冻的刺痛；她眼睛周围布满皱纹；眼中的表情可以很快从芭蕾舞演员的固定微笑转变为票据贴现商怨恨的皱眉——事实上，她的整个人都在解释房子，就像房子暗示她这个人一样。监狱没有狱卒是办不成的；你不能想象一个没有另一个。这个小女人不健康的肥胖是这一生的产物，就像斑疹伤

寒是医院的产物一样。当她在那里时，展览就完成了。(2004[1834]: 10-11)

埃默里希·奥尔巴赫（Erich Auerbach）(2003［1953］：470–471）在他对这一场景的著名分析中解释，“沃克尔夫人这个人一方面与她所处的房间之间和谐的主题，她所管理的抚恤金，以及她所过的生活……这不是理性建立的，而是被呈现为一种令人震惊的、直接被理解的事物状态，仅仅是暗示性而没有任何证据”。沃克尔夫人的物理存在中生动地被体现，这个模拟中的作为关系似乎是如此具体和直接，以至于即使它们纯粹是比喻和隐喻，也无可辩驳。这种塑型所建立的等价物被提供为它们真实性的直观证明，即使是夸张的陌生感和挥之不去的不和谐，（人怎么可能把一个芭蕾舞演员、一个票据贴现商、一个狱卒和斑疹伤寒结合在一起？）让我们想起他们的修辞构建方式（一个悖论，与巴尔扎克的音乐剧风格的夸张和历史逼真相结合）。由这些具身对等物提出的构型连贯性将这种模拟建立在具体事物基础上。

相比之下，典型亨利·詹姆斯精心设计的隐喻中使用的对等词的人为性甚至特殊性逐渐变为抽象，达到这种程度以致许多读者抱怨说这些隐喻既笨拙又难以想象。广为人知、评论最多的一个例子也许是玛吉·维佛（Maggie Verver）在《金碗》(*The Golden Bowl*）第二卷开篇，用一座宝塔作为她显露出直觉的形象祷告，这里的安排不怎么好，迫使她丈夫和她最好的朋友（而她并不知道，这是他以前的情人）经常在一起，而她和她的父亲现在和这个女人结婚了（建立了她结婚以前喜欢的那种亲密关系）：

> 这种情况已经占据了她生活花园的正中心，几个月又几个月，但它却像一座奇怪的象牙塔一样矗立在那里，或者也许更确切地说，是一座美丽而奇特的宝塔，一座镶嵌坚硬明亮瓷器的建筑，在悬挑的屋檐上，用银色的铃铛染成彩色，加上图案，配上装饰，当偶然的风吹动时，铃铛总发出那么悦耳的声音。她绕着它走了

> 一圈又一圈——这是她所感觉到的；她在留给她流通的空间里继续着自己的存在，这个空间有时显得宽大，有时又狭窄：她一直仰望着这座美丽的建筑，它如此充分地伸展，高高耸立，但她还没有完全弄清楚，如果她愿意的话，她可能会进入什么地方。（2009［1904］：327）

这个形象既具体又具身，模拟了玛吉第一次犹豫地尝试理解令人困惑的迹象，把它描绘成围绕一个奇怪建筑的探索性漫步。然而，乍一看，这四个人似乎一点也不像宝塔，许多读者发现它是一个紧张、不成功的形象也并不奇怪。[①]尽管如此，这种不一致在认识论上是恰当的，因为这表明玛吉在努力摸索寻找“相似和不相似”的新模式，以理解她的世界。当詹姆斯在几页纸上对宝塔形象进行扩展和阐述时，它的复杂性和华丽性戏剧性地说明了玛吉无法使她的世界连贯起来——她努力将其各部分归属于一致的整体，因为他们以前熟悉的安排现在似乎不协调和奇怪。玛吉在花园里漫步是一个具体的、具身的模拟，其分离和抽象唤起了她借以试图理解她的世界的认知加工过程的注意。

这些差异和复杂也预示了隐喻通过连接相似和不相似来构建关系模式的方式。隐喻的华丽显示和利用了构型模拟的“仿佛”性质，正如等价关系的实验（它的作为结构）。詹姆斯并没有试图将这些功能掩盖和自然化逼真的幻觉中，而是通过用近乎巴洛克式的复杂手法来描绘宝塔形象，从而使这些功能更加突出和戏剧化。这种非自然的、故意人为的构型操作显示，有趣地揭示了由“仿佛”模拟调动的仿佛关系，而不是像巴尔扎克所一样寻求用直觉的即时性的外衣掩盖他们。

---

① 克莱尔·佩蒂特（Clare Pettitt）（2016：143）指出，这个“尴尬的宝塔”是“詹姆斯晚期所有隐喻中最著名的”。她有趣地将詹姆斯的隐喻描述为“一个复杂的具体知识模式”，“表明我们抽象世界的根本深深地植根于物理实践”（142）。对这个数字的经典批评来自 F. R. Leavis，1948。露丝·伯纳德·耶泽尔（Ruth Bernard Yeazell）的《隐喻的想象》（*The Imagination of Metaphor*）（1976：37–63）一章对詹姆斯构型的认知游戏进行了非常卓越的分析。另请参阅我在《困惑的挑战》（1987：59–60）中对这段话的更详细解释。

根据从具体到抽象的进一步分级，在詹姆斯·乔伊斯的《芬尼根觉醒》这部最不自然的叙事中，描绘了各种具身的构型特征。小说中最著名的一章，洗衣妇们关于安娜·利维娅·普拉贝尔闲聊，充满了身体的动作和下流的形象，但乔伊斯语言游戏的整体效果是突出，并呼吁人们注意到“仿佛”模拟无限变化的意外事件。想象一下，女人们在说话（或者乔伊斯在他创作的这段引人注意的记录中用爱尔兰小调复述她们的讲话）：

哦

告诉我关于

安娜·利维亚！我想听所有的

关于安娜·利维亚。你认识安娜·利维亚吗？是的，当然，我们都认识安娜·利维亚。告诉我全部。现在告诉我。你一听到就死定了。好吧，你知道，当那个老家伙发疯，做了你知道的事。是的，我知道，继续。洗衣完了，别玩水。卷起袖子，松开你的谈话录音带。别低头撞到我！——把衣服提起来——当你弯腰的时候。或者无论它是什么，他们三人一组在恶魔公园（Fiendish Park）里只能辨认出来两个。他是个可怕的老家伙。看看他的衬衫！看看这脏东西！他我的水全抹黑在我身上了。（2012［1939］：196）

这些台词是非常有形的——正在河边洗衣服的妇女唤起记忆的来回交流——但抽象的语言游戏（乔伊斯背诵这些台词时不太明显）开始于台词开始的排版游戏，发音的字母“O”也表示这一章中女性的主导地位，这是寓言式的共鸣，它被放在上面的倒三角形所强化，这不仅反过来成为对女性大脑结构的另一个参考，而且也是乔伊斯在创作中用来识别英文缩写词 ALP 的符号（或象形文字）。这封信是法语单词“eau”的双关语，它也预示了本章对水的关注，这是一个再次暗示女性的主题（回想莫莉在《尤利西斯》中流畅的独白），并在整章中得到数百个著名的间接提及河流的呼应［罗兰·麦克休（Roland McHugh，1991）在这段经文中发现了对德国的雷普河和佛罗里达的黑水河的隐喻]。[1]

这是不自然的言语和写作，这种双重性在进一步的“仿佛”游戏中得到重申和加强，就像乔伊斯在这个精心设计的模拟玩的游戏一样。即使在女人们说话和洗衣服的时候，她们的行为也暗示着她们热衷讨论的性行为（“别撞我”），这些典故来自混成词（portmanteau words）和双关语，它们是作者游戏的产物，而不是他们真正的语言——“恶魔公园”代表凤凰公园，ALP代表丈夫，HCE［在“cheb”中用其首字母缩写表示的“家伙”（chap）］据说“试图”去“进行”任何他臭名昭著但模棱两可的罪行。这个暗示性但不确定的单词游戏暗示了另一个三角形（“三个的”“三倍的”“两个”），其中HCE被第三个人看到，试图对第二个做一些邪恶的行为——某种性行为？弄脏她们洗衣服的水的污垢象征了他罪恶的肮脏，还有他们喜欢用来诽谤他们所谓的朋友ALP的脏话。他们说话的物理节奏赋予了语言一种具体性，写作的抽象的寓言性参考和幽默的双关语提出与生动的虚拟性相抗衡的建议。这种并置反过来又产生了矛盾的效果，同时产生了一个非常有形的、自然的和身体的场景，一个非常人工的、抽象的和象征性的游戏集，这种二元性再次将“仿佛模拟”的工作前景化。

在基于身体的隐喻是普遍的还是随着文化和历史的变化的冲突中，分级根据和“仿佛模拟”的悖论和矛盾是显而易见的。拉考夫和约翰逊认为：“当世界上的具身体验共通时，那么相应的基本隐喻（源自基本感觉运动体验的隐喻）是普遍获得的。”这就解释了在世界各地广泛存在的大量初级隐喻。例如，本杰明·维尔科夫斯基（Benjamin Wilkowski）及其同事（2009）的一项研究表明，因为愤怒产生热的隐喻是基于超越文化差异的身体体验。他们解释，“热和愤怒之间的许多相似之处为愤怒和热度的联想提供了具体的基

---

① 关于乔伊斯使用字母“siglas”的解释，请参阅芬·福德姆（Finn Fordham）（2012）对《芬尼根觉醒》的信息介绍。1929年，乔伊斯朗读安娜·利维娅·普拉贝尔章节开头几行的录音可在互联网档案馆找到（https:// archive . org / details / JamesJoyceReadsannaLiviaPlurabelleFromFinnegansWake1929）and on YouTube (https://www.youtube.com / watch?v = M8kFqiv8Vww).

础……例如，当沸腾的液体膨胀并可能要溢出容器时，愤怒可能会以一种侵略性的‘激增’的形式爆发”（475）。维尔科夫斯基的研究得出结论：“愤怒和热度之间的概念上的对比嵌入到人类存在的具身体验中，不分文化界限”，因此，“导致了强烈的跨文化信仰，即愤怒和身体热量是系统相关的”（475）。这些说法得到了一系列实验的支持，这些实验涉及 438 名参与者，以各种方式测试了他们将愤怒和热度联系在一起的倾向。在报告的结果中：“对热的视觉描述促进了与愤怒相关的概念知识的使用”（464），“引发愤怒相关的想法导致参与者判断不熟悉的城市和实际的室温实际上更热”（469），“在暗示热的背景下呈现，参与者更快地分类愤怒的面部表情”（469）。和“热的提示导致个体在混合情绪表达中识别出更大程度的愤怒”（475）。

然而，相比之下，历史学家乔安娜·伯克（Joanna Bourke）（2014：484）的广泛研究提供了令人信服的证据，表明“生理机能的身体不是没有文化的对象”。她发现，“即使粗略地看一下世界上的语言，也会揭示出大量的非共通的隐喻”，因为“即使是疼痛这样一种基本的体验——多到以至于‘麦吉尔疼痛问卷（McGill Pain Questionnaire）（一份广泛的疼痛描述列表，是在 20 世纪 60 年代在美国开发的）不能总是直接翻译成其他的欧洲语言’”（482）。她指出，这些差异更为严重，以非欧洲国家为例：“日本的萨哈林库叶岛阿伊努人抱怨‘熊头痛’，类似于熊沉重的脚步；‘麝香鹿头痛’，比如奔跑的鹿轻快地飞驰；以及‘啄木鸟头痛’，好像在敲打树皮。”（483）同样，将现代医学的体内平衡概念（homeostasis）与 18 世纪通过“关于兴衰起伏丰富的比喻性语言来构型痛苦”的体液学说（humoral theory）相比较，伯克认为，在这些不同的系统中，平衡与不平衡的对立意味着不完全一样：“当然，最基本的心理模式保存下来：例如，基于躺下去和站起来的感觉运动身体体验［快乐是起来，悲伤是下降的（HAPPY IS UP and SAD IS DOWN）］，或者那些基于与活力和虚弱相对的身体行为［健康 / 生命上升，疾病 / 死亡下降（HEALTH/LIFE ARE UP and ILLNESS/DEATH ARE DOWN）］。但另一些人在生理学的体液模式中显示不同的含义，比如说，完全不同。"（486）——例如，不平衡或堵塞，包括"黏液、黑胆汁、黄胆汁和血液"，它们与"人格类型（乐观和忧郁）"和"三种态度"有关，它对体液起作用：自然的、有活力的和动物的"（485）。"18 世纪身体痛苦与现代人的感觉不同"，伯克总结道，因为"体液身体的比喻语言揭示了在世存在（being-in-the-world）的不同方式"（488）。

然而，由于不同的文化世界有着共同的生物学基础，它们之间并不是完全无法理解的。可以将这些类比转化为不同的作为关系，伯克自己解释——这些类型痛苦或不平衡是什么样的(或像什么样)，有什么类型的"仿佛"内涵。作为关系指向两个方向，即彼此不相似的类比术语的不等价性，也指向使类比有意义和有用的等价性，因为这些术语的路径相似。隐喻把身体体验塑型成它不是的东西（愤怒既是、也不是热，头痛既像、也不像熊的脚步声，啄木鸟的撞击，疼痛既类似又不同于液体的堵塞）。我们可以理解并认识到这些类比的合理性（通过动物隐喻或情绪类别来体验痛苦是什么感觉），即使它们不是我们自己的体验，因为我们的身体是生物文化的混合体，与我们的日本同类或我们 18 世纪的祖先没有完全脱节。我们分享一些身体体验和关联（某些"存留下来"，伯克自己指出），但其他的是可变的，这种结合允许共同点和不同群体对痛苦、愤怒或快乐的体验表现出的差异。

类似隐喻和叙事这样的构型结构利用体验中预塑型的作为关系——像这种类比以不同的程度和不同的基础深深地嵌入具身的认知中——这些类比基于"仿佛"关系，可以诗歌、叙事或其他虚构形式模拟中重新塑型，这可能会强化或中断他们所利用的相似和不相似的塑型。在将体验转化为叙事（从摹仿 1 到摹仿 2 的运动中）的转变过程中，塑型和再塑型之间的循环是可能的，因为认知或虚构模拟所建立的联系既是，也不是体验中最初给定的。反过来，这就是在虚构性再生成的"仿佛"中"作为"的模拟可以重塑接受者的体验的原因（因为"摹仿 2"在"摹仿 3"中被采用），这就是这些文化上可变的类比是如何建立和传播的，通过某个群体成员相互讲述他们的愤怒、痛苦，或者快乐的样子。在虚构的再生成中，体验通过构型的回路被转化和重塑（摹仿 1、摹仿 2 和摹仿 3），构型的回路通过模拟的“作为”将行为和知觉结合起来。叙事有能力用这些方式再塑型我们的生活，因为我们是生物文化的混合物，他们通过受限于身体、但也可能大范围变化的行为和知觉的塑型来参与这个世界。

叙述中的动作和叙事的相互作用

叙事是由不同的行为模态交织而组成的，最基本通过话语和故事之间的相互作用——也就是讲述行为和被讲述情节编排的动作和事件之间的关系，这对我们交流和理解故事的能力是必要的。叙述手法将不同种类的动作建立关系的能力，是建立在动作在我们对世界的具身参与中协调不同认知过程的作用基础上的（因此可以产生强大的影响）。正如贝尔托和珀蒂在其权威的《生理学和行为现象学》(*The Physiology and Phenomenology of Action*)(Berthoz & Petit，2008：42–43）研究中发现，“感测数据（sense data）的多重系统……”的综合大脑中的“感官数据”是通过动作来实现的：“知觉世界的统一性取决于大脑非凡的能力，首先，大脑将世界分成多个部分。我们生活体验的世界就是所有这些位置活动的综合结果。这些动作是这种统一性不可或缺的特征。”例如，梅洛－庞蒂（Merleau–Ponty，2012［1945］：151）指出，“将手的‘触觉感觉’统一起来，并将它们与同一只手的视觉知觉和身体其他部分的知觉联系起来的，是某种风格的手的姿势，这意味着某种特定的手指活动风格，而且还有助于我的身体运动的某种特定的方式”。因为具身体验的感觉统一是由这些相互作用的潜在“风格”产生的，梅洛－庞蒂有著名的主张：“身体不能比作物理对象，而应该比作艺术作品。”（152）叙事是一种强大的认知和存在工具，因为它们能够组织和重组许多不同种类、不同层次、跨越许多知觉和体验模态的行为。

某种特定的风格具有不同的认知模式特征，因为它们就是阿尔瓦·诺埃（Noë，2015：10）所说的“有组织的活动”。他解释：“我们的生活是由不同层次和规模的有组织的活动组成的一个巨大复杂的嵌套结构。”这些组织风格是整合了我们的知觉素质所记录的差异的模式，在我们的一生中，通过赫比式的连线和活跃形成的具体化认知体验的认识论习惯。组织这些知觉和认知模态的风格反过来描述我们在世存在方式的特征，以及谈及定义我们自我感知的特征意向性（对人、对事务状态和未来的方向性）。认知叙事理论家吉勒米特·博伦斯（Bolens，2012：22，28）将手势定义为“运动风格”概述了这些联系：“动觉风格将所有表达性程度相互关联……一个人的动觉风格可以从她的特殊动作和她协调社会规范和身体限制的独特方式中察觉出来，而文学作品的运动风格则是通过其叙事动力来传达的。”一个人独特的运动语言风格与她在世界上不同的动作方式是如何组织和相互关联的，叙事的“动力”就是它组织行为的不同类型之间互动的方式，这些行为是由叙事调动的。

语言叙事协调具身动作的能力取决于语言（language）、言语（speech）和姿势（gesture）之间的关系。梅洛－庞蒂（Merleau-Ponty，2012［1945］：187）说，“身体是一种自然的表达能力”。在他看来，语言的表达力最终来源于在姿势中的交际动作具身能力：“言语是一种真正的姿势……这就是让沟通成为可能的原因”（189）。根据这种交流的姿势基础的理论，语言的代码和惯例是次要的而不是首要的。语言的规则是“言语行为的储存和沉积”（202），是抽象和社会编码的语言和身体行为的残留物。

关于语言发展的当代神经科学发现证实了梅洛－庞蒂关于语言、言语和姿势相互依存的现象学直觉——即我们相互交流的能力和我们的表达行为的具身能力之间存在着许多深层次的联系。这些连接穿过运动皮层。普尔弗米勒（Pulvermüller，2018）解释，运动皮层在语言发展中起着关键作用，因为它必须与听觉皮层结合，以便通过舌头和嘴唇的运动将语音感知与发音的物理活动联系起来。根据马克·让纳罗（Jeannerod，2006：154-155），这些发展联系解释了为什么在成人交流中，“言语知觉……激活了生成言语中涉及的运动结构”。当我们听别人说话，甚至当我们读到一篇书面文字时，即使我们的身体可能完全静止，运动皮层也会活跃。迈克尔·托马塞洛（Michael Tomasello）（2003）认为，这些联系是运动皮层和大脑其他不同区域（视觉、听觉、触觉）之间更广泛联系网络的一部分，这些跨皮层的联系是通过在婴儿期开始的交流而发展起来的，父母和孩子模仿彼此的表情和其他使对方知道的姿势。这些交流在镜像神经元实验中记录的那种类型动作的产生和观察之间建立了联系（另见 Armstrong，2013：131–174）。根据托马塞洛（Tomasello，2003：35）的说法，"对于许多孩子来说，姿势正是他们交流意图的第一个载体。而且姿势似乎为早期语言铺平了道路"。肯尼斯·伯克（Kenneth Burke）（1966）将语言显著地描述为"象征性的动作"唤起情绪而且恰当，因为它简洁地概括了语言行为和身体表达交流能力之间的多样而深刻的联系，这种表达交流在姿势中很明显。

然而，作为象征性的行为，语言既类似又不类似其他类型的身体行为，这些差异也很重要。语言和身体行为之间的关系是矛盾的，肖恩·加拉格尔（Gallagher，2005：122–123）发现："让姿势比运动更重要的是，姿势就是语言。"他警告说，"忘记姿势仍然是运动这个事实是错误的"。伴随着言语的姿势通常具有交际能力，但并非人说话时做的所有姿势都是表达性的——有些只是动作。同理，一个动作的表现力和工具性维度是相关的，但不能简化成彼此。有些看似富于表现力的动作主要是旨在改变世界的工具性动作。因为动作有风格，所以工具性动作可能看起来很有表现力，但并非所有动作都是交流的姿势，因此通常可以区分动作的交际性和工具性两个方面。例如，对于一个足球评论员来说，最突出的是进球的美丽和优雅，而对另一个足球评论员来说，战术的巧妙和技巧才重要。

我们的身体行为能力使交流成为可能，但动作和交流是不同的，而且（有时）是分开的。回想一下我已经引用过的一个例子，人们可能会因为运动皮层的损伤而丧失工具性行为的能力，但仍然保留语言以及产生和理解言语的能力。身体瘫痪的人可能能够理解和讨论他或她不能执行的动作，而且如果动作和交流完全相同，这是不可能的（见 Hickok，2014）。然而，有时身体损伤会导致语言产生和理解能力的缺陷，这是因为运动皮层是连接工具和表达行为的枢纽。工具行为（instrumental action）和交往行为（communicative action）在生理上和交际行为上是不可分割的，但它们不一样。

这些区别是微妙的，很难确定，但它们有重要的影响。交往行为与工具行为的关系是一种对等与非对等的矛盾关系，具有强大的生成性。首先，它有助于解释我们如何将动作组织成故事。肌肉运动行为与交往行为之间的相似与不相似的矛盾关系，使得叙事能够在不同层次和不同种类的行为之间发生相互作用。事实上，表达运动（expressive movement）和其他样态的认知和肌肉运动的行为，有时，并且同时像又不像对方——在诸如行为风格和类型的许多方面等同，但最终不能简化为对方——是使它们得以相互作用的原因。由于它们有许多相似之处和联系，它们的不同之处可以相互共鸣，并被塑造成有意义的塑型——就像舞蹈演员进行富有表现力的动作一样，这些动作可以被解读为设计舞蹈表演中的一个步骤，或者像叙事编排动作情节并在叙事动作中进行交流。同样，交际行为（姿势）和工具行为（各种肌肉运动和身体能力，无论是舞蹈演员的动作还是故事中人物的活动）之间的区别，实现了话语（讲述的交流性行为）和故事（工具性动作和事件的情节编排）的交织。

追踪各种动作之间的差异对于理解叙事如何发挥不同的特色功能是很重要的。例如，叙事协调和整合不同动作样态的能力有助于解释一个故事是如何在虚构的世界中创造一种存在的幻觉和促进沉浸感。阿内卡·库兹米科娃（Anězka Kuzmičová）（2012：25，29）指出，叙事可以产生"更高程度的空间生动性，唤起读者身体上进入可感知的环境（存在）的感觉……当某些人体运动的形式被呈现出来时"，这是因为"他们的脑皮层的运动区和前运动区在躯体特定区域被激活——运动带的手部区域对与手有关的动作词作出反应，而脚区对与脚有关的动作词作出反应"。特伦斯·凯夫（Cave，2016：81）同样解释说："这时虚构的摹仿作品……这并不是因为它为想象而'绘画’。当我们进行某个特定的动作行为或有某个知觉的体验时，它会刺激所涉及的神经区域。”

然而，基于大脑结构学的神经元共鸣是必要的，但还不够。特定神经元的反应也必须组织成动作集合。根据伊莱恩·奥扬（Auyoung，2018：20–21）的说法，这就是托尔斯泰技高一筹的地方。她解释，托尔斯泰通过引导读者“注意普通的身体动作，比如拉松了的按钮、踩到一块冰上或吞下一块面包”，激活了读者关于如何进行日常动作的运动知觉和程序性的知识，这种将运动共鸣整合成熟悉的工具性活动的模式 “使文本以惊人的有效方式唤起知觉的即时性”（而且，她通过用在语言翻译中仍然保留的方式，比较俄语短语与英语的各种翻译表明了这一点）。例如，当莱文在令人难忘的割草场景中挥舞镰刀时，我们运动皮层中对他动作的描述所激活的共鸣就成为生动表征的基础，因为它们反过来被组织成身体行为序列（走在田里，停下来喝一杯酒，聊聊天）。只有当动作词在神经元水平上引起的运动共鸣被组织成可识别的身体动作时，它们才有助于产生一种存在的幻觉——但是仅仅是语言描述而没有运动共鸣，也缺乏托尔斯泰所达到的生动性。

重要的不仅仅是具体的身体参照和基于神经元的运动共鸣，而是对动作模式的叙述性再创作，而这些反过来必须在阅读行为中迅速合成。然而这里，行为的另一个层次和样态开始发挥作用。奥扬解释（32），认知科学家称为加工处理的“流畅性”——“我们进行心理行为的主观舒适度”——可以使一些奇怪甚至不可能的事情变得熟悉和可接受。她的例子是安娜·卡列尼娜中的无言求婚场景，虽然严格说来很荒谬，但似乎生动甚至感人：“虽然这种神奇的交流所带来的快感有很多来源，但其中之一就是这个在爱情的历史上如此独特的场景如何有完全普通和唾手可得的材料构成的”，基蒂和莱文用粉笔在桌布上画了一些字母（33）。交际行为（讲述和阅读）与在这里与工具动作有效地相互作用，因为这对相爱的情侣玩的文字游戏很容易让他们的身体互动变得鲜活。

当我们读或听故事时，流利地构建一致模式的能力促进了幻象的建构（见

Iser，1974：282–290）。理解的流畅帮助和支持了存在的幻象，因为摹仿不仅仅是符号和事物的对应物，或者仅仅是运动共鸣的问题，而是连接活动样态的加工过程。在交际行为层面上建立联系的容易程度有助于工具行为的呈现，借用神经科学的隐喻，它“增生”（mylenate）了连接三种类型摹仿的环路。因为增生加速了动作电位沿轴突的传递（Bear，Connors & Paradiso，2007：96–97），所以交流的一致性构建中的流畅性促进了叙事的动作塑型（摹仿 2）和读者的构型重建（摹仿 3）之间的互动，以及来自过去具身经验的活动模式（摹仿 1）。流畅的连接通过促进叙事构型传递的联系，使陌生和不熟悉的东西的自然化。

阅读或倾听中的模式建构，是在视野缺席的情况下利用我们的知觉体验——梅洛 - 庞蒂把这种隐藏的、尚未进入情境的知觉描述为可见和不可见的东西交织在一起。回想一下他如何解释的，知觉的每个行为都有空间、时间和主体间的视域，我们心照不宣地认为，跨越这些视域投射出对隐藏在它的视角中、但却可以得到的事物的预期，投射到其他感知者或者未来的我身上。奥扬（Auyoung，2018）发现，“寻求唤起知觉即时性的文学艺术家必须对抗这样一个事实，即所表现的世界的感官样态——不仅是视觉样态，而且还有听觉、嗅觉、触觉、空间的和动觉的——一直在文本本身中缺失”。然而，这些缺失并不是至关重要的，因为空缺和不确定性是知觉体验的一个常见特征。奥扬解释“我们习惯于相信超出自己知识和感知范围的更多谎言”，正是“我们愿意与日常、非文学经验中的部分代表性线索抗衡”，使我们的思维意识到“最小线索意味着什么”（Auyoung，2013：69，60，66）。

认知中的行为 - 知觉回路与跟随理解故事的交际行为进行有成果的相互作用。同样重要的是动作样态之间的相互作用，它们是不同的，但却能产生共鸣和交织。正如在日常认知中，我们整合了部分的视角，通过这些视角，人、地点和事物在我们的体验中呈现自身，并填充了隐藏在我们视野外的东西，所以在阅读时，我们倾向于选取必然不完整的视角，通过伊瑟尔所说的“填补空缺”和“构建一致性”把它们塑型成完形，这些完型的连贯性鼓励我们相信它们（见 Iser，1978：118–132，165–179；也见 Ingarden，1973 [1931]：217–284）。伊瑟尔说，阅读的时间行为事件性通过重新创作发生的事的性质来促进和强化这种幻觉，描述了故事世界被表征的事件特征（见 Iser，1976：118–151）。因为我们自己创造了一个叙事的塑型，我们可能会感觉到一种与他们特别的亲密，进一步封闭了他们的非物质性，并赋予他们一种即时感。这些相关的活动模式之间的连贯性意味着文本的缺席必然缺乏的完整性，而读者能够轻松地创作这些模式又加强了这种错觉。阅读行为和知觉行为可以通过这些方式相互作用，因为它们都涉及得到它们流畅性和连贯性促进的模式完成的加工过程。

然而，阅读与感知不同，叙事协调中的不协调几乎从不让这些连贯性免于干扰。在这里，差异与为它们创造条件的相互作用同样重要。在故事世界中的存在的幻象并不等同于错觉，而是涉及伊瑟尔所说的“虚拟维度”（Iser，1974：279–281）。叙述性沉浸的虚拟性有“仿佛性质”，与它利用的知觉体验相似又不相似。伊瑟尔（Iser，1974：286）解释，如果“一致的，塑型的意义……对于幻象建构过程是很重要的”，那么尽管如此，这种一致性的需要同时引导读者排除很多其他的可能性。因此，他认为，“幻象的形成总是伴随着‘陌生的联想’”，也就是使我们“在对幻象的参与和观察之间震荡”的干扰项（286）。这些“陌生的联想”起到提醒人们虚构世界的“类似性”（quasi–ness）或虚拟性的作用。

“仿佛的”事务状态的准性质经常被误解。例如，肯德尔·沃尔顿（Kendall Walton）（1990：244）声称“观众对虚构作品的反应不是真实的情绪，而仅仅是假装的‘准情感’时”，误解了在“仿佛”的情感展现对等和不对等的矛盾组合。当然他是对的，就像“在面对屏幕上不祥的画面时，观众会经历恐惧和焦虑，他们不会逃离剧院，因为他们的情绪反应是假装的部分”（244）。但这并没有让他们的感觉变得不那么“真实”（例如在《卡门》（*Carmen*）中，当女主角唱出最后一段咏叹调并“死去”时，他们可能会哭出真正的眼泪，感到真正的悲伤；或者，他们可能在电影中看到蛇时真的本能地吓得跳起来）。“仿佛”的幻象所引起的身体共鸣有一个虚拟的维度，因为它们只是它们所模拟的原始体验的痕迹，但假装沉浸式审美体验可以对接受者的身体和大脑产生实际影响，使存在的幻象成为可能。这种误解不仅仅是对术语的区分的谬论，这种误解很重要，因为“仿佛”的虚拟体验中的“相似”与“不相似”的结合，才使得行为的虚构展现对我们在世界中具身的行为习惯产生真正的影响——这就是“摹仿 3”的准体验响应摹仿 2 的“仿佛”塑型，可以如何绕回来，并再塑型我们真实的、生活的、日常的具身认知实践（摹仿 1）。

无法既相信相似又相信不相似破坏了罗曼·英伽登（Roman Ingarden）（1973［1931］：160–173）的主张，即艺术作品中的说明性陈述只是准判断，与真实判断提出的主张并不相同。同样，叙述中的虚构陈述在法庭上可能不被接受［没有法官会判拉斯科尔尼科夫（Raskolnikov）谋杀罪］，但是陀思妥耶夫斯基（Dostoevsky）在《罪与罚》（*Crime and Punishment*）中塑造的角色，可能会在英伽登称之为文本可能性的“具体化”中获得一种栩栩如生的存在，这种可能性可以影响读者对她或他所处世界的事务状态的真实态度（和判断）（回想一下杰尼弗·罗宾逊第二章的讨论，关于认同像安娜·卡列尼娜这样的人物会影响跨越小说世界视野对更大问题的道德和社会评价方式的争论）。因为它们只是类似的把虚构的情绪或判断当作不真实的剔除，就误解了虚构的真实能力。有时候，准感觉和准判断就像它们模拟的非虚构的事件状态一样真实和准确（也许更真实）。

叙事构建了行为模式，然后中断、逆转和修正，并以不同程度的调和与不调和、和谐与不和谐相互共鸣。伊瑟尔认为，在建立和打破幻象中“内在没有达到平衡”正是行动推动力的先决条件（Iser，1974：287）。叙事中不协调的协调的不平衡本质上是动态的，这使得它们像我们认知生活的其他方面一样。和谐与不和谐不断变化的塑型，为沉浸在故事世界中创造了不同的可能性，并引导我们作为读者在参与和批判性地反思我们所创造的幻觉之间切换。这种在建立和打破幻象之间，在参与和观察我们在阅读或理解故事时产生的行为模式之间来回移动的体验，因此凯夫（Cave，2016：135）正确地宣称“认为沉浸和反思是对立的两极是错误的”。确切地说，他们是叙事调和与不调和的动态互动相互依存的产物。

叙述中断（narrative disjunctions）通过利用具身动作的一个基本特征——即习惯性的、自然的“不思考”（unthinkingness）来打断沉浸感和立刻反思。让纳罗（Jeannerod，2006：59）指出，我们仍然没有意识到自己的大多数动作，除非一个不可预测的事件打断了它们的进程，并使他们意识到。例如，让人在执行某个常规行为时笨拙处理的最可靠的方法是唤起人们对它的注意，并将自我意识引入通常自动和习惯性的行为中。同样，海德格尔在他对可达性（zuhandenheit）的分析中发现，只要我们能够有效地使用它，这个工具是无形的。只有当设备发生故障时，我们才会注意到它的设备性——只有当锤击无法完成敲击钉子的行为时，锤子的特性才变得可供思考（见 1962［1927］：95–107）。基于程序性记忆和习惯性技能，我们能否流畅地行动取决于我们不去思考我们在做什么——例如，没有注意到利贝在他的思维时间实验中衡量的执行和意识之间的时间滞后。怯场和表演焦虑是众所周知的例子。同理，只要我们在跟随理解某个故事的过程中，无论是被讲述人编排情节的事件之间的转换中，还是在讲述者的不同方面之间的联系中，只要事物无缝地结合在一起，我们就基本上都有不会注意从事的普通动作的倾向，支持我们参与的动作并加强了我们不加思考地卷入引起的事物状态。只有当这种流动被打断时，幻象才会被打破，批判的评论才会产生。瓦妮莎·瑞恩（Vanessa Ryan）（2012）所说的“没有思考的思考”是生活认知体验和日常行为的普遍特征，这是一种故事为了吸引我们并让我们参与其中而利用的现象，——也就是说，直到被讲述者的反转或讲述中的破坏中断了这些参与，并使我们反思到目前为止我们一直在草率处理的事情。

行为典型的不思考特征支持和维持现象学所称的“自然态度”，即我们毫无疑问地参与到世界中习惯性的认知姿态(见 Armtrong, 2012)。然而，梅洛－庞蒂指出，每当我们开始反思时，我们就会发现完整的未经反思的意义领域(见 Merleau－Ponty，2012［1945］：lxxiv–lxxv)。我们可能没有想到自己在思考，但我们确实在思考。因此，在梅洛－庞蒂看来，反思是一种永远不完整、永远不会结束的活动，即反思总是超越它的未反思体验。

作为一种系统的哲学方法，现象学把自然的态度包含在内，暂停它的参与，为了突出生活经验中各种原本被忽视的方面。然而，这种技巧只是一种认知中断和重构的普通体验的形式化。在我们的日常生活中，令人惊讶的中断和异常现象有着相似的力量，可以让我们看到未经思考的思维加工过程。认知障碍和反常现象揭示在其他方面无形的认识论过程的能力使得像内克尔立方体（Necker cube）的光学错觉或像变化的兔子－鸭的歧义图形成为哲学家和神经科学家的最爱（见 Armstrong，2013：67–72）。叙事的不连续性也有类似的能力，破坏和中止具有典型的故事接受特征的自然态度。在叙事的中断和反转中，已经有了一种元小说自我展示的特质，因为它们有能力揭示并引起我们反思认知加工过程，而认知过程的顺利运作通常取决于它们的不可见性。

约瑟夫·康拉德著名的叙事连续性的各种中断说明了干扰物是如何中止自然态度的。一段经常被引用的《吉姆老爷》的选段中，马洛发现：“很奇怪，我们在怎样眯着眼睛，耳朵迟钝，思想沉睡的中度过人生的。也许这也一样；可能是这种模糊使生活对于无法估量的大多数人如此支持和欢迎”（Marlow，1996［1900］：87–88）。然而，康拉德的小说反复表明，令人费解的意外事件的冲击可能会介入，并产生“当我们看到、听到、理解如此之多——一切都在瞬间——在我们再次陷入令人愉悦的睡意之前，这是一个难得的觉醒时刻”（88）。在他的叙述中，困惑的时刻一次次地使他中止了对世界不加思考的参与，并将其默契的假设和操纵显露在视野中（见 Armstrong，1987）——例如，吉姆对他弃船的惊讶［“我跳了……似乎”（67）］），而凸出的生锈舱壁还没有破裂，马洛愤怒地讨厌的事是一个有罪的年轻人应该“看起来那么健康”[“好吧，如果这种情况会出这样的问题”（29）]），布朗绅士暴力破坏社区对帕图桑的信任，以及吉姆之死给他的支持者带来幻想破灭的影响[“他在一片云层下死去，内心深处难以捉摸”（246）]。这些干扰都会破坏吉姆、马洛和帕图桑（Patusan）之前没有意识到的一致性构建模式。马洛一度评论道，“总是会发生意想不到的事情”（60）——而意想不到的事情会通过揭露我们不知道我们在想什么而引发思考。

叙事不连续性的启示力量——无论是传统故事的曲折，还是实验性的“非自然”小说更为激进的瓦解——都寄生在他们所打断的习惯性、自发的、不假思考的日常行为和感知流畅性上。在《吉姆老爷》中，在故事情节层面上，在其他冒险故事或皇室爱情的故事中，动作流程的不连续性引发了关于我们的伦理规范和文化意象的偶然性的道德和存在主义问题，这些道德规范和文化意象使康拉德的作品具有存在主义和形而上学的维度，而通常都没有康拉德颠覆的体裁传统。在这篇文章中，康拉德运用了各种叙事策略来破坏事件的呈现——结果和原因的反转，例如伊恩·瓦特（Watt，1979）著名地称为“延迟解码”（delayed decoding）的东西［当事故发生时叙事询问“发生了什么事？”——引擎的撞击声继续。检查过地球在她的路线吗？——仅仅很多页之后才找出原因：“可能是漂浮的弃物”（97）］，或者马洛试图拼凑他所咨询的许多提供消息者的矛盾观点时，提供给故事这些视角中拒绝保持一致所形成的空缺（20）。如果说讲述者和被讲述者的动作流畅性通过借鉴自然的态度来促进沉浸感，那么在叙事行为中像这样的中断打破了幻象，以便揭示和要求模式建构加工过程的反思，叙事会在其他方面默认利用这种模式构建。

叙事的功能可供性

这些叙事行为模态的相互作用让人想起吉布森（Gibson ，1979）的知觉生态理论所引入的著名术语“功能可供性”（affordance）。吉布森认为，我们在场景中所感知到的不是物体的属性，而是它们暗中提供的行为可能性，用他的话说，也就是“环境……提供动物的东西，它提供或供应的东西，无论是好的还是坏的”（127）。[①] 根据这个“‘动作能力’理论”（do-ability theory），贝尔托和珀蒂（Berthoz & Petit，2008：66）解释：“我们首要感知的是对我们的行为有实际影响的东西。”当我们理解某个故事时，我们同样以不同的方式并且在不同层面对它提供的动作可能性作出反应。格伦伯格（Glenberg）和卡切克（Kaschak）（2002：559）所解释，叙事启示需要一个“啮合功能可供性”（meshing affordances）的过程：

> 例如，可以判断“把外套挂在直立的吸尘器上”这句话是合理的，因为人们可以从吸尘器的知觉符号中得到允许它用作大衣架的功能可供性。同样，可以判断“把外套挂在正放的杯子上”这句话在大多数情况下是不合理的，因为杯子通常没有合适的功能可供性来充当衣架……如果功能可供性的网状集合对应于一个可行的动作，那么这种表达就得到理解。如果这个功能可供性不能以某种可以指导动作的方式啮合，（例如，一个人怎么能把外套挂在杯子上？）即使所有的单词和句法关系可能都是常见的，理解也是不完整的，或者

---

① 卡罗琳·莱文（Caroline Levine）（2015：9）在她关于形式的政治的有影响力的论点中，对这个定义有点错误，但很重要：“有了功能可供性，我们可以开始理解由物质本身对形式施加的约束。”吉布森正是反对这种物质性的具体化、客观主义概念。我在下文中更详细地解释，描述可供性的约束条件是使用者的情况与环境的互动开发的可能性之间的相互关系的问题（吉布森是一种感知的生态学理论）。它们不是预先决定的，也不是“由物质性本身强加的”。莱文对形式的不具人格的、唯物主义的概念忽略了（吉布森分析强调）一种社会或文学形式的功能可供性是如何取决于我们对它们的使用。正如兰布罗斯·马拉福里斯（Lambros Malaforis）（2013：18）解释，“在人类参与物质世界时，代理实体和患者实体没有固定的属性，它们之间也没有彻底的本体论分离；相反，意向性和功能可供性之间存在基本的交织”。功能可供性既是物质的，也是非物质的，因为它们是不确定的可能性，直到它们被某个特定的有机体参与，这个代理人感知环境中可能的动作既取决于它的认知素质，也取决于世界上“存在”的东西。因此，功能可能性是未来的和水平的，取决于他们与不可预测的使用者交互的相互作用的可能性，这种对变化和创新的开放性不能用形式作为物质的不具人格概念来解释。它们的非物质性也允许功能可供性具有美学维度，一种纯粹唯物论必然会忽视的游戏性“仿佛”性质（正如莱文的形式理论中对美学的特殊忽视一样）。马拉福里斯最喜欢的例子是制陶工人的轮子不可预测的游戏，其中“制陶工人的存在与黏土的形成是相互依存和交织的”（20）。

句子被认为是无意义的。

伊瑟尔所描述的一致性构建不仅是合成事务状态呈现在文本中的视角问题；而且是一个整合（啮合）它提供的功能可供性的过程——也就是说，协调正准备要进行的行为加工过程的可能性，例如，不仅由故事中编排情节的事件准备，而且也由话语呈现的解释和评价行为准备。然而，作为一种不协调的协调结构，叙事的动态性有时会与这些功能可供性相啮合，有时则不然，这样会产生不同的效果，达到不同的目的。例如，大多数有能力的文学读者都能很容易地想象出某些文本，其中“把外套挂在杯子上”的功能可供性也能恰当［想想格特鲁德·斯坦因（Gertrude Stein）的《温柔的纽扣》（*Tender Buttons*）或《爱丽丝梦游仙境》（*Alice's Adventures in Wonderland*］，正是因为他们拒绝与平凡的事物相啮合而形成，这种不和谐用可预测的方式与新的和有趣的反应可能性产生共鸣。

这就是凯夫（Cave，2016：46–62）提出文学功能可供性概念时所想到的例子。这些不仅指与小说或诗歌中所表现的事务状态相关的可能动作，而且也指其形式所准备做出的反应。例如，某种体裁的惯例或多或少地提供了作者和读者在构建和回应文本中一系列具体的动作。这些功能可供性有时是相当受限制的，如十四行诗的限制，但它们也从来没有完全不受控制，即使在更开放的体裁，如（呼应亨利·詹姆斯）小说的“大袋怪物”。有些功能可供性既与讲述者有关，也与被讲述者有关，而且这些不尽相同，但叙事的动态性在于这些功能可供性如何交织在一起的问题——话语所引发的动作不仅相互啮合（或不是），而且与故事所提供的动作也紧密结合。话语和故事可以相互产生如此有趣和不可预测的影响，因为它们并不是具有客观属性的无效形式（正如结构叙事学的具体分类法所表明的那样）；相反，它们是我们力图啮合其功能可供性的动作样态，但（由于叙事协调的不协调）得以解决只有在最后（如果有的话）才适应稳定、连贯的模式（于是只与讲述者和被讲述者提供的行为的可能性最终完结的文本连贯）。

凯夫指出，文学的功能可供性通常会引发即兴创作："事实上，文学提供的是认知和文化的流动性"（39）。功能可供性会限制，但还不能绝对地、完全决定我们的参与。例如，椅子可以坐着，但它也可以用来倒立或在酒吧斗殴中用作武器。根据凯夫的观点，用语言的人工制品来说，这个二元性也反映了这样一个事实："语言的所有用法都非常未指定的"（25），这体现了伊瑟尔、英加登和奥扬所强调的空缺和不确定性。文学文本尤其利用了语言的未指定性和缺席的能力来实现这种即兴的、不可预测的反应。凯夫生动地解释，文学"大胆而高度精确的未指定性模式表现得就像一个提示符或蹦床，创造了无限的可能性，让想象力跃跃欲试——或进入其他人的头脑中"（27）。

限制回应的同时接受（如果是文学功能可供性甚至要求）即兴发挥的功能可供性的二元性赋予了它们某种特殊的历史性。用凯夫的话来说，他们是"口是心非的（Janus-faced）：他们都会指向"先前参与的历史，这些历史已经确立了他们当前的塑型，以及我们继承的他们的可能性感觉，即使他们指向"沿着时间之箭，向着人类文化即兴创作现在和未来的发展"（62），这可能会把他们带向不可预见的方向。例如，凯夫注意到"这篇文章的来世是蒙田不可能想象得到的"，他发现"文学手段通常回顾性地定义和认识的。将体裁视为功能可供性结构，有助于将注意力重新向前定向，到对现有范本的无休止的再加工"（58），作家和读者通过即兴创作来应对先前文本实现的行为的可能性。

在叙述的例子中，功能可供性的术语与讨论得最多的概率问题尤其相关。[①] 卡琳·库科宁（Kukkonen，2014b：372）认为，对叙述所提供的概率的反应是，一般规则的一个具体实例是"通过感知动作如何发展来深刻地了解具身认知"。

---

① 詹姆斯·费伦在其引人入胜的章节"某人告诉别人：受众和可能的不可能"（Somebody Telling Somebody Else: Audiences and Probable Impossibilities）（2017：30-59）中对这一复杂问题进行了特别有见地的分析。他解释，"可能的偏差不是一次性的或异常的现象，而是有指导意义的例子，表明讲述者在构建文本动态时经常依赖阅读动态的展开"（43）。他对读者和文本的动态在"看似违反概率"的情况下如何相互作用的描述（59）与我在这里提供的分析一致，即叙事中交织的各种行为模态如何与读者的概率预测游戏。

安迪·克拉克（Clark，2016：5）提出了贝叶斯认知模型（Bayesian model of cognition）作为预测过程，他认为“我们通过……猜测世界来了解世界”。这是普遍的认知，也适用于伊瑟尔（Iser，1976：108–118）所描述的阅读和跟随理解故事的前瞻性和回顾性的加工过程。库科宁（Kukkonen，2016：157）提出，叙事具有她称为“可能性设计”：“当情节安排了叙事中事件相关的顺序时，它给读者提供了关于虚构世界新的观察结果，而且这些新的观察结果可以证实或反驳他们对虚构世界中可能发生的事情的可能性的、预测模式。库科宁指出这些关于可能性的预测并不局限于故事情节，而是在“反馈循环”（feedback loops）中与叙事中对读者期望产生影响的其他行为样态相互作用——他们关于接下来在他们跟随理解故事的体验中会发生的事情的预测（通常是非设定性的、不加思考的、直觉的），这是由故事情节中的人物和事件之间的相互作用引起，还是由叙述者的讲故事行为引起（她隐瞒或透露的内容，她如何判断，以及我们是否信任或怀疑这些评价）。

叙事行为展开中的可能性预测不局限于情节层面，它使叙事中很多不同的行为样态之间的各个层面及其相互作用产生了动态联系。库科宁（Kukkonen，2014a：724）发现，当叙事世界在我们的体验中以符合或违背我们的期望的方式展开时，“读者发现虚构世界的不同概率模型”在相互冲突或竞争中并不罕见，因为当叙事话语讽刺性地评论情节事件，引导读者预期不同于人物可能会预测的东西，或者当我们作为读者、听众或观众感知某种体裁通常能提供的东西时（例如，希腊悲剧或好莱坞电影所特有的奖励或者惩罚），会引导我们想象事件从本身还无法预测的可能性。因此，叙事的可能性设计没有固定的结构，而是不同行为模态之间的动态、流动、复杂的交互作用，在读者、反馈回路和（库科宁所称的）“认知连续阶段”（cascades of cognition）中引发各种预测过程，通常发生在意识之下，通过直觉的、前反思的评估，但有时会在抽象的、反思性的判断中闯入自我意识。这些响应叙述可能性的循环和连续阶段再次利用并模拟了日常认知生活中的知觉加工过程，在其中我们不断地比较、综合和协调关于我们对世界的预测。这（也）是为什么我们对叙述可能性的体验可以在体验的其他方面了解和重新塑型我们的预测行为。

叙事中动作交织的方式矛盾地证明了它的社会和历史的特殊性，也让人想起那种共鸣，使故事能够在跨越时间和文化距离的情况下对听众产生影响。这个矛盾是因为我们是生物和文化混合物，作为具身生物我们行为和认知能力既由物种范围内的进化过程塑造，也由我们作为特定群体成员局部的情境体验塑造。库科宁和马可·卡拉乔洛（Kukkonen & Caracciolo，2014：267）指出，“身体体验塑造了文化实践”，即使“文化实践帮助思维理解身体体验”。一方面，他们发现历史上“相对稳定的身体模式”使读者能够对不同文化背景和历史时期的文本做出情绪和动作知觉上的反应（266）。但另一方面，博伦斯（Bolens，2012：42）提出，“无论是对于表现情绪的人，还是对于感知到情绪信号的人来说，执行任何肢体动作信号的历史、文化和社会背景总是与姿势（gesture）的意义有关”。博伦斯发现，肢体身势语言信号在语言符号中的沉积作用甚至可以导致行为词语共鸣之间可察觉的文化差异，这些差异体现了“对位移事件维度概念化的不同方式”（38），英语词汇中与盎格鲁－撒克逊词根相对的法语或拉丁语动词之间的对比中有明显的差异可以证明。

因此，行为的语言呈现可能同时划分又超越历史距离。例如，引用托拜厄斯·斯摩莱特（Tobias Smollett）于 1753 年出版的小说《法托姆男爵斐迪南历险记》（*Adventures of Ferdinand Count Fathom*）中的一段话，库科宁（Kukkonen，2014b：368）声称，“恐惧对角色产生的影响所产生的强有力的肢体语言”给予具身读者关于（他的）心理状态相当精确的理念，这一想法把读者自己的具身共鸣复制到她所读文字的肢体语言形状和方向中。然而，这段文章的措辞通过诸如“辛酸的挥舞”“恐惧的每一次新鲜的刺激”“一系列新的咒语”等短语传达了这些情绪，它们与大多数 21 世纪读者的语言习惯相去甚远。[①]“这些语言编码的肢体语言信号，尽管很奇怪，如果这段文字成功地传达了人物焦虑的具身感觉，那么就标志他们正在跨越的历史和文化界限——如果措辞的不熟悉感超过具身情绪的熟悉感，那么就不可能成功传达。博伦斯解释，“叙事的肢体语言文体……它的身体阐释……是由作者对语言进行风格化塑造的，从而创造出具有象征意义的姿势”（35）。因为文体是一种作为结构，它通过语言手段来表达一个动作是什么样的，而语言手段又不同于它所模拟的东西，一个故事的肢体语言风格将矛盾地既标志其历史和文化的特殊性，又恰恰通过这些方式（描述的语言动作）来超越这些视界（语言在遥远的、未来读者中产生的具身共鸣中）。

故事可以作为我们不同生活之间的媒介，因为它们塑型和再塑型我们对世界的体验中交织在一起的行为模态。作为生物和文化的混合体，我们与人类的其他成员共享具身的运动能力，并通过在漫长的共同历史中进化而来的行为和感知回路参与到世界中。作为行为的塑型，故事可以把我们与其他看似熟悉和陌生的世界联系在一起，因为它们不但利用，而且重新组织了我们与其他同种生物共同拥有的具身体验的各个方面。我们的生物文化混合性使我们有可能对故事产生身体共鸣，尽管那些那些故事的动作远离我们世界，即使这些共鸣设计的方式可能也会让我们感到那些世界与我们自己的日常体验有多么遥远。

这些差异反过来可以在各种方面产生成效，因为它们可以启动进一步的动作。与其他类型的功能可供性一样，我们彼此交流的故事面向两个方向。

---

① 这是库科宁引用的整段话。主角费迪南“刚刚与死亡擦肩而过”，库科宁解释道，“带着一个潜在的奸诈女房东逃跑，作为他前往下一个城镇和安全地带的向导”：“对于他这次远足的感受来说，常见的恐惧是一种舒适的感觉。他为保护自己而采取的第一步，仅仅是本能的作用，而他的官能却因绝望而熄灭或压抑；但现在，当他的思绪开始复发时，他被最无法忍受的恐惧所困扰。风在灌木丛中的每一声低语，都被淹没在谋杀的威胁下，树枝的摇晃被解释为波雅的挥舞，每一个树影都变成了渴望鲜血的恶棍的幻影。简言之，在每一次这样的事件中，他都会感到比真正的匕首刺伤更痛苦的事情；他吃了一点新鲜的恐惧，在一系列新的咒骂中，他扮演了女指挥的回忆者，强调她的生命与他对自己安全的看法完全相关”（引用于 2014b：368）。

一方面，它们带有他们汲取体验的、认知的世界的痕迹，另一方面，他们可能会将这些共鸣重组为叙事行为的塑型，为并不是事先完全指定未来几代读者和听众提供回应的可能性。人类的动作本质上是横向和面向未来的，具有固有性和超验性的特点，因为他们将我们超越目前的处境，投射到他们所指向的目的和目标。故事的历史生活之所以能够跨越文化和世代的视野进行交流，是因为叙事启动的动作中所体现出的超验性力量。故事的历史生活在交流时跨文化和跨世代的视野，是由叙事活动中所体现的超越能力实现的。故事跨越文化和历史距离的力量似乎不可思议，但它只是人类进行面向未来、跨越国界动作的能力的一个例子。讲故事的行为可以把我们投射到我们世界的视野，因为动作超越了它们开始的情境，因为它们的最终目标是尚未完全看到。讲故事的动作可以让我们跨越我们世界的视野，因为动作超越了它们开始时的情境，因为它们要达到的目的还没有完全看到。

第四章　神经科学与叙事的社会力量

我们对于他人动作直觉的、基于身体的理解能力是社会关系的基础，包括故事讲述者、故事人和观众之间的关系。故事之所以具有社会力量，是因为在叙事中编排情节的塑型行为和我们作为读者或听众跟随理解故事的活动之间有一个环路，因为我们将故事的模式融入塑造我们世界的构型中。然而，故事能否灌输积极的道德态度和亲社会行为，绝非一个简单和直接的问题。叙事对促进人际间的理解、道德行为和社会公正的力量，除其他方面以外，取决于故事改变模式形成时基于大脑的加工过程的能力，通过模式形成，我们可以理解与我们共享世界的其他人的具身思想。如果故事能够促进同理心，并以其他方式促进人类特有的协作活动所需的共有意向性，那么故事这种能力的力量和局限取决于通过镜像、模拟和认同将自我和他人双重化的具身加工过程，这些过程是社会大脑运作的基础。这些过程的限制和不完善反映在叙事作为道德和政治工具的优势和劣势上。

哲学家和认知科学家经常提出广义的主张，即故事如何增强我们理解他人和共情他人的能力，而这对于文学评论家和理论家来说，显得天真的乐观，因为他们知道叙事可以产生一系列不同，甚至矛盾的效果。玛莎·努斯鲍姆（Martha Nussbaum）和史蒂芬·平克（Steven Pinker）就是这种天真的典型例子，而最精明的叙事移情理论家之一——苏珊娜·基恩，正确地将他们的例子运用到自己的任务中。基恩（Keen，2007：xviii–xix）指出，对故事的社会和道德力量的类似信仰报告了努斯鲍姆的主张，阅读小说可以创造“更好的世界公民，能够将爱和同情延伸到未知的其他人”，以及平克的主张，讲故事是一种“道德技术”，它“使人类”通过扩展“‘道德圈’，使‘其他部族、其他部落和其他种族’变得‘更好’”（参见 Nussbaum，1997；Pinker，2011）。基恩发现：“嗯，这要看情况而定”，他指出了许多“被污名化的人物的例子，他们因嘲弄和羞辱而被提出，令主人公和类似的隐含读者都感到高兴”（xix）。

不幸的是，心理学文献中也大量存在关于文学提高社会认知能力的似是而非的、过于简单化的主张。最臭名昭著的例子是大卫·科默·基德（David Comer Kidd）和伊曼纽尔·卡斯塔诺（Emanuele Castano）（2013）的一项广为宣传的研究，声称发现了“阅读文学小说可以改善心理理论”——因此这种主张导致《纽约时报》（*New York Times*）建议阅读《小契诃夫》（*A little Chekhov*）“为相亲或求职面试做好准备”（Belluck，2013：A1）。一项不太公开的多个机构复制研究中作者们评论，这一主张已经被“公认为传统智慧”（Panero et al.，2016：e47）。最近一项关于道德的神经生物学基础的调查得出结论，例如，对这项工作强有力的肯定：“研究确实表明，阅读文学小说可以增进识别和理解他人主观情感和认知心理状态的能力（Kidd & Castano，2013）”（Decety & Cowell，2015：295）。然而，这是否属实，以及如果是这样的话，小说是如何做到这一点的，还不清楚。一方面，复制研究未能验证基德和卡斯塔诺的结果：“简言之，我们没有发现阅读文学小说对心理理论的短期因果效应的支撑”（Panero et al.，2016：e52；见 Kidd & Castano，2017 的回复）。这一发现并未登上《时代》杂志也就不足为奇了。

同样，心理学家基思·奥特利（Keith Oatley）和雷蒙德·马尔（Raymond Mar）也发表了几篇被广泛引用的研究报告，声称发现了阅读小说与社交能力之间的关系。例如，奥特利主张“小说是对社会世界的模拟”，他提出“类似于在飞行模拟器中提高飞行技能的人，读小说的人可能会提高他们的社交能力”（Oatley，2016：619）。马尔、奥特利及其同事的一项研究甚至断言，“经常阅读虚构作品”的“书虫”在各种“同理心 / 社交敏锐度测量”上的表现可能比偏好非虚构文学的“书呆子”表现得更好（Mar et al.，2006：694）。然而，我在上一章中说过，模拟是一种作为关系——一种相似与不相似的关系——它比直接因果关系的假设表现出更可变和不可预测。广受尊敬的阅读认知科学家理查德·格里格正确地指责这些研究未能详细解释模拟是如何工作的，他呼吁对“读者的社会认知”参与的特定“学习和记忆过程”进行更具体的分析（Mumper & Gerrig，2019：453）。基德和卡斯塔诺复制研究的作者同样认为，“我们应该从询问阅读虚构作品是否能提高思维理论技能，转移到在什么情况下阅读可以做到这一点，以及如何做到以及为谁而做到”（Panero et al.，2016：e52）。

详细分析讲述和跟随理解故事必需的神经科学和现象学过程是满足这种需要的一种方法，这种方法需要对叙事的社会力量（和限制）进行更具体、更详细的解释。作家和读者在交流故事时，会激活他们想象其他世界的认知能力，但文学界和学术界有很多证据表明，这并不一定会使他们更加关心他人，或减少攻击性和自我参与性。神经科学研究不会改变这一点，但它有助于解释故事促进亲社会行为的能力和局限性，包括同理心和互利合作。我们需要的不是关于叙事促进同理心和社会理解能力过于宏大、简单化的主张，而是要认真和详细地分析故事的矛盾效果与具身认知的复杂、常常是矛盾的特征之间如何关联。

同理心、认同和自我与他人的双重化

在对叙事运动学的一个启发性的分析中，吉勒米特·博伦斯（Bolens，2012：1–3）区分了运动智能（kinesic intelligence）和动觉感觉（kinesthetic sensations）——“我们人类识别和解释身体运动的能力”与我们可能拥有的自身动作的运动感觉相反，无论是自发的还是非自发的：“动觉感觉不能直接分享，而运动信息可以交流。我感觉不到别人手臂上的动觉感觉。然而，我可以根据我在他的动作中感知到的运动信号推断出他的动觉感觉。在动觉同理心行为中，我可以通过我自己的动觉记忆和知识在内心模拟这些推断出的感觉可能是什么样的。”理解故事（被讲述的内容）中所表现的行为以及理解叙述（讲述）的动作的能力需要两种认知能力——将信号塑型成有意义的模式的阐释学能力（运动智能）和直观感觉，即编排动作情节的结构和叙述中运用的形式如何与我自己构型这个世界的非反思习惯模式相适应（体现在我的动觉感觉中）。

我们用来理解故事的运动智能和动觉同理心意味着自我和他者的双重化，根据莫里斯·梅洛-庞蒂的说法，这使得另一个自我（alter ego）从根本上说是自相矛盾的。梅洛-庞蒂解释，"当我们了解社会世界或判断社会世界时，社会世界就已经存在了"，因为体验的主体间性最初是随着我们对共同世界的感知而产生的——然而，他继续说，有"一种无法超越的生活唯我论"，因为我注定永远不会体验到另一个人对她自己来说的存在（2012［1945］：379，374）。博伦斯所描述的动觉同理心是矛盾的，既是主体间的，也是唯我论的，例如，因为我"内心会模拟"他人一定会有的感觉，就好像她的感觉就是我的一样，当然，这些不是我的感觉（否则我就不需要根据我自己的感觉来推断它们）。跟随理解一个故事同样是一个矛盾的过程，既有主体间的维度，也有唯我论的维度，在这个过程中，我自己用来塑型世界的资源被用来解释另一个虚构的、叙述的世界，这个世界看起来既熟悉又陌生，因为它的构型与我类似，也不类似。叙事理解是一种作为关系，由此我思考别人的想法，但却把它们当作我自己的想法——我给故事带来的"真实的我"和通过赋予它我的意识能力而产生的"陌生的我"的双重性（见 Iser，1978：152–159）。（This other world is fascinating, after all, because it is not my own.）这种双重化克服了自我与他者之间的对立（给我一个在日常生活中不可能毕竟直接进入另一个世界的机会），即使这种双重性再现这种对立？（这个别人的世界是迷人的，因为它不是我自己的。）[①]

① 这种双重化是所有故事的特征，而不仅仅是那些描绘心理内在性的故事。不管它们的主题是什么，故事都会使我的世界与另一个世界双重化，因为描述我的理解习惯的意向性模式与叙事的不同塑型模式相互作用。在一些表征人物心理生活的现实主义小说中，这种双重化可能会将读者与他人的内心想法和感受联系起来，尽管这当然不是所有故事都试图做到的。

支配所谓小说思维的叙述逻辑分析的语法范畴本身不能公正地解释另一个自我悖论包含的内在矛盾和复杂性。例如，多丽特·科恩（Dorrit Cohn）（1978：5–6）在她关于表现意识的技巧的经典研究中，对显而易见的、无法解释的谬论感到疑惑："叙事小说的特殊生活相似性……取决于作家和读者在生活中所知最少的东西：另一个人心里如何思考，另一个人的身体是如何感受的"——事务状态的"逼真性无法被证实"。然而，从现象学的角度来看，这一悖论确实很奇妙，但并不神秘。这只是日常体验的一个例子，我们能够无意识地凭直觉知道别人的想法和感受，即使他们的内心生活超出我们的掌握。维特根斯坦（Wittgenstein）指出，"我们看到的是情绪……我们看不到面部扭曲，并推断（某人）感到快乐、悲伤、无聊"（1980：¶570；原文强调）。其他的情绪是原始的，最初呈现在我们面前，但是肖恩·加拉格尔和丹·扎哈维（Gallagher & Zahavi，2012：204）发现，"他者的给予是最奇特的类型。其他人的他者性恰恰表现在他的难以捉摸和难以接近"。梅洛－庞蒂解释，"我的体验必须以某种方式将他人呈现给我，因为如果我的体验没有做到这样，我甚至不会谈论孤独，而且我甚至不会宣称无法接近其他人"（2012［1945］：376）。唯我论（Solipsism）只是一个问题，因为我们在主体间相互协调。主体间性和唯我论似乎是相互排斥的范畴，但在我们对他人的生活体验中，它们是不可分割和矛盾地联系在一起的。

这些矛盾看似不合逻辑，但却是生活中存在主义的事实。梅洛－庞蒂指出，其他人矛盾的存在和缺席是一个"我如何能够对超越我的现象敞开心扉的例子。正如我死的那一刻对我于来说是不可企及的未来，别我肯定永远不会活在人本身的存在中。尽管如此，对于我来说，其他人都是以一种不容拒绝的风格或共存的背景存在的，我的生活有一种社会氛围，就像它有必死性命运的味道一样"（381–382）。我们分享故事的能力，这些故事将我们带入其他人生活证明了这种初级的主体间性（Primary intersubjectivity）——如此自然和无意识的东西，以至于我们认为这是理所当然的——即使像死亡一样，其他人的世界也是我们生命中不可分割的一个方面，只是因为它们总是在视域中，在他们的缺席中矛盾地出现，在他们的超验中固有地存在。

另一个自我的悖论在我们社会生活的许多矛盾中都是显而易见的（因此，在故事中也是如此），其中一个奇怪的事实是，我通过观察和与他人互动来理解我自己的自我。认知叙事学家艾伦·帕尔默（Alan Palmer）（2004：138）指出，“我们不能仅仅从我们自己的案例中学习如何将心理状态归因于我们自己：这种能力依赖于观察他人的行为”。他观察到，这是一个悖论，故事常常利用：“虽然我们确实可以直接接触到自己当前的某些部分精神世界，在其他方面，我们比其他人更难接触到自己的思想”，他引用了《远大前程》的例子，其中“毕蒂……比皮普本人更了解皮普的思想活动”（128）。克里斯·弗里斯（Chris Frith）（2012：2216）有趣地指出，“有［实验］证据表明，我们在认识他人行为的原因方面比我们在认识自己行为的原因方面更准确……因此，我们对自己行为的理解很可能会得益于他人的评论”——即使，皮普的例子也表明（而且我们不需要科学来预测），这也很可能得不到感激。[①]

这是故事发生和探索另一个自我悖论的许多方式之一，这些悖论通过现象学比起语法范畴被理解得更好。矛盾的是，加拉格尔和扎哈维（Gallagher & Zahavi，2012：207）指出：“我们为我们的心理状态所学的语言是我们学会应用在他人身上的语言，即使我们学会将其应用在自己身上。”通过为我们提供解释其他生命的类别和术语，故事也为我们提供了理解自己的工具。这是因为其他人既像我们，也不像我们，这种作为关系允许差异在理解我们自己和另外不存在的人的词汇中塑型，否则这些他人都不会存在。如果说大众心理学（一个社会中流传的关于行为的传统智慧）是理解他人的一种资源，那么它也为我们提供了一种工具来解释我们自己的内心生活，既像也不像我们在社会世界中

① 弗里斯引用了 Pronin，Berger & Molouki，2007 来支持他的主张，即我们比自己更容易认同他人行为的原因。这项关于所谓内省错觉（introspection illusion）的研究记录了一致性评估中一种可能并不令人惊讶的不对称性，即判断他人比我们更顺从的倾向。

观察到的东西，而故事则是这些工具的重要来源（见 Hutto，2007）。

自由间接话语同样是一种叙事技巧，它的矛盾和悖论不能简化为其语言特征，而是需要现象学分析。这种双重声音的话语（double-voiced discourse）是一种口技，其中文本表达了某个人物的想法，这只有他或她知道是用叙述者的话。例如，艾玛·包法利对她丈夫迟钝的著名抱怨："查尔斯的谈话和任何人行道一样单调，每个人的想法都穿着平日的衣服沿着人行道沉重跋涉，没有情绪，没有笑声，没有遐想"（Flaubert，2003［1857］：38）。她用叙述者的语言表达了她个人的想法，这两者都是，也不是艾玛所想的。毕竟，文本之前刚刚述说了几句台词，"她不知道要说什么"来"表达（她）难以捉摸的不舒服"（38），叙述者在这里为她做了这样的事情，这样做是为了她自己表达自己，因为她自己不能表达——但再一次，在另一个转折中，带着讽刺的潜在含义，通过能辨认出叙述者的而不是她的煽情隐喻。因此，科恩（Cohn，1978：107，105）称之为自由间接话语的特色歧义，其令人费解但耐人寻味的"现在你明白了"的性质，"现在你不明白"通过"将一直有区别的声音叠加在一起"表现出特别着迷，用其他不那么矛盾的技巧——例如，当叙述直接引用角色的想法时，（"'查尔斯的谈话和任何人行道一样平淡。'艾玛想。"）或者用明确的归因来解释（"艾玛认为她丈夫的谈话和任何人行道一样平淡"）。[①]

科恩的叙事学研究方法提出了时态和人称的各种语法标记来区分和定义这些技巧（见 104–105），但在这里认识论和现象学的歧义不能用纯粹的语言范畴来解释。自由间接话语的悖论是另一个自我的悖论——也就是说，叙述

① 科恩将自由间接话语称为"叙事独白"，这是一个矛盾的术语，其矛盾（在第三人称叙事中表达的第一人称独白）反映了这种歧义。她将这种形式与"引用独白"（quoted monologue）（定义为"人物的心理话语"）和"心理叙事"（psycho-narration）（"叙述者关于人物意识的话语"）区分开来（见 1978：14）。关于自由间接话语的叙事文学有很多。其众多辩论的核心是杰拉德·热内特在声音和聚焦［或他的词汇中的"情绪"（mood）］之间有问题的区分（1980：161–262）——"谁说"vs"谁看"——从叙事学的角度来看，这两种看似不同的状态在自由间接话语中毫无区别地融合在一起。了解对这一争议的深刻总结和分析见 Walsh，2010。

者思考别人的想法，但却认为他们（或至少让他们表达想法）就好像那些是他或她自己的想法，因此话语变得双重和分裂，由叙述者语言的“我”来表达人物的意识的“我”。对于读者来说，这种技巧所提供的体验同样是双重的和矛盾的，因为我们通过对叙述者话语的过滤，在存在于某个人物的内心，也保持一定的距离。让我们有机会接触到一个为她自己而存在的自我，而这个自我的不可接近性同时也被叙述者的存在所证明。

自由间接话语的双重性是奇怪的、难以捉摸和自相矛盾的——但也是自然和熟悉的，这样读者就无意识和直觉地知道如何处理它，并且通常不会因为它的解释挑战出差错，即使是叙事理论家努力将其确定下来。科恩评论道，“这种手段之所以有诱惑力，正是因为它几乎是在无意识中被理解的”（Cohn，107），而不需要批评家的特别指导或叙事理论家的术语。在给出了一系列细致的语法区别后，科恩在难得的不确定时刻承认：“纯粹的语言标准不再提供描述这种技巧的可靠指南”，这种策略即使在隐藏自己的时候也能显露自身，但不总是没有要求读者的智力（106）。这里的双重否定［“不总是没有”（not always without）］有启迪作用，因为它表明了这项技术看起来多么自相矛盾的即有不自然，但也很自然和熟悉。它的歧义性可能会违反“纯语言性的”或语法性的界限，但读者通常不会被它们所困扰，因为我们在社会世界的日常生活经验使我们习惯于将其他人心理的双重性体验，因为他们的主体间性容易理解，而且唯我性隐晦难懂，同时可理解又不可理解。我们可以毫不费力地理解自由的间接话语，因为我们熟悉另一个自我的悖论，但这种技巧所隐含的复杂性和谜题也可能看起来令人困惑，当我们停下来思考它们时，会让我们惊叹不已——与我们共享世界的其他人的奇怪的双重性存在和缺席也是如此。

认知科学家和心理学家提出了三种解释另一个自我悖论的方法，而新兴的共识是，这三种方法可能结合起来在大脑与社会世界复杂、混乱的互动中起作用（见 Armstrong，2013：131–174，Gallagher & Zahavi ，2012：191–218）。第一种方法被称为心理理论（theory of mind, ToM）或理论理论（theory theory，TT），它侧重于我们将心理状态归因于他人的能力——从而进行“心智阅读”（mind reading），据此我们可以将认识到的可能与自己不同的其他人的信仰、愿望和意图进行理论化。第二种方法，模拟理论（simulation theory, ST）认为，我们不需要理论来理解他人简单的日常行为，而是自动运行“模拟程序”，通过使用我们自己的思想和感觉作为他们必须体验的事情的模型，让自己设身处地。模拟理论的批评者声称这引起了疑问，它回避了摹仿者如何感知他人身上发生的事情的问题，但在猕猴运动皮层首次发现的镜像神经元提供了一个可能的答案。我在第三章“动作的理解的分析”中解释，这些神经元不仅在动物执行某个特定动作时活跃，而且在它观察到另一只猴子或实验者的相同动作时也会活跃——例如不仅是当猴子抓到一块食物时，而且当科学家做同样的事情时也是如此。尽管镜像神经元的研究一直存在争议，而且在某种程度上仍然悬而未决，但实验已经确凿地表明，镜像加工过程证明不仅在运动皮层，而且在整个大脑与情绪、疼痛和厌恶相关的区域（例如）中。[①] 这三种理论——心智理论、模拟理论和镜像神经元——都以不同的方式重新尝试解释人类在一个矛盾的主体间性和唯我主义的世界里达成一致，常规地、无意识地参与“我（me）和非我（not me）”的双重性行为。

所有这三个过程都涉及跟随理解故事的活动中，而叙事也各有不同，因为它们或多或少地以各种不同的方式借鉴自我与他人的每一种双重性模式。那种通过错误信念测试（false-belief tests）所需的这种理论（TT）所强调的心智阅读技能，可能会由描述以令人惊讶或可疑的方式行事的人物的故事引发，我们可以推测其动机和欲望，或由我们有理由怀疑其可靠性的叙述者讲述，因此我们感到不得不用我们发明的反叙事（counternarratives）反对他们这个故事的

① 见第三章和 Armstrong，2013：136–42 中对镜像神经元争议的分析。见 Iacoboni，2008 和 Rizzolatti & Sinigaglia，2008 关于支持该理论的证据，以及 Hickok，2014 关于怀疑的原因。关于该理论支持者最近的研究状况报告，见 Ferrari & Rizzolatti，2014；Rizzolatti & Fogassi，2014。

版本。其他鼓励我们沉浸在故事行为中的叙述，可能会启动摹仿理论（ST）无意识、潜意识的模拟常规活动，因为我们参与到我们构建的幻象中，而且我们在替代参与人物的戏剧中忘乎所以，这些参与可能引起具身的、情绪的反应（无论是怜悯的同情，表征冲突的有感染力的兴奋，还是对令人紧张的威胁的恐惧）可能会触发那种镜像神经元实验中确定的具身的共鸣。

然而，在跟随理解故事中过程激活这些过程是否以及如何提高我们的社交技能尚不清楚，因为叙事理解中包含的认同行为是双重化范例，内在不可预测并且接受大范围变化。这就是同理心的道德和社会影响众所周知有歧义的原因，主题的科学文献充分证明了这一点。例如，人们普遍认为，同理心的同感并不一定会产生有益道德的、忠实于既定社会道德准则的同理和怜悯。事实上，格利特·海茵（Grit Hein）和塔妮娅·辛格（Tania Singer）（2008：154）指出，"同理心可能有阴暗面"，因为它可以用于马基雅维利式的目的（Machiavellian purposes），"找到一个人最薄弱的地方，让她或他受罪"。或者，让·戴西迪（Jean Decety）和克劳斯·拉姆（Claus Lamm）（2009）观察到，感受他人的情绪状态可能会导致"个人痛苦"（personaldistress），并导致对受害者的厌恶，而不是同情的关心和参与。因为认同（identification）是一种双重化行为，它的后果无论在文学作品中还是在生活中都不是预先注定的。移情可以促进亲社会或反社会的行为，这取决于认同的作为关系如何塑型"我和非我"之间的关系。

同理心理解的双重性证明"认同"的经典定义为"Einfühlung"，即一个人"感觉到自己进入"另一个人的体验。西奥多·利普斯（Theodor Lipps）（1903）常被引用的例子是观众在观看马戏团杂技演员高空钢索表演时可能会感到的焦虑，表演的刺激来自观众对走钢丝者的危险的替代感觉。安东尼奥·达马西奥（Damasio，1994：155–164）所说的"仿佛身体循环"（as-if body loop），即大脑模拟不由外部刺激物引起的身体状态，可能确实是由这种参与性体验启动的。但是，对另一个人所观察到的行为的虚构再创造可能不会产生她或他正在体验的同样的动运动知觉感觉。在这种情况下，冷静、镇静、泰然自若的专业表演者可能体验不到和观众一样的恐惧、焦虑和兴奋——否则他或她可能会浑身无力然后并摔下来——即使观众欣赏表演的能力取决于他或她没有处于真正的危险中。举个例子，著名的走钢丝者的菲利普·珀蒂（Philippe Petit）1974 年在世贸中心双子塔之间行走时的感受报告："走了几步，我就知道我能够游刃有余［尽管］我知道没有很好地装上钢索［，］……但这对于我来说已经足够安全地走下去。然后，当我走得很慢的时候，我难以承受轻松的感觉，简单的感觉"（引用于 Nodjimbadem，2015）。对于观众来说，表演的刺激绝不是这种宁静的感觉！阿德里亚诺·德阿洛亚（Adriano D' Aloia）（2012：94）解释，"观众受试者并不是'与'杂技演员的主体性'在一起'的一方，而是'与之一起'——在相邻处'并肩而行'，这"意味着某种远距离矛盾的接近"（见 Stein，1964［1917］）。同理心意味着"远距离的接近"，因为认同是"我和非我"的双重化，而不是主体性的合并。

同样，当我们读到某个人物虚构表征的体验或认同某个叙述者的视角时，我们自己不会简单地消失在自我和另一个自我的合并中。相反，通过启动一种既结合又分离自我和他人矛盾的双重性，读者运用他们自己的塑型理解能力，从而另一个世界基于也许不同模式构建结构可以出现。沃尔夫冈·伊瑟尔（Iser，1978：155-159）指出，结果是主体性的矛盾重复，是"陌生的我"和"真实的，虚拟的我"的相互作用，"陌生的我"是我重新创造和占据的思维模式，而 "真实的，实质上的我" 的理解塑型能力导致了此另一个世界的形成，而且在这个过程中，他们可能发现自己被改观和转换。这些不可预测的、动态的、开放式的相互作用之所以能够发生，是因为理解故事的行为包含了各种各样的双重性，而不是自我与他者之间的静态对应或同质的合并。

跟随理解某个故事而产生的身体感受，以及以间接感受到的同理心的方式参与它所表现的动作——无论亚里士多德关于怜悯和恐惧的经典例子，还是故事所能唤起的其他各种各样的情绪反应——因此都是双重的和分裂的。

它们是“仿佛”情绪，既属于身体的又不属于身体运动知觉，我们在原始体验中所拥有这些感觉，不受叙事边缘区域的影响。例如，这种双重性有助于解释为什么陀思妥耶夫斯基的小说《罪与罚》如此惊心动魄和令人不安。“拉斯科尔尼科夫的等待就是我借给他的等待”，让－保罗·萨特（Jean-Paul Sartre）（1965［1947］：39；原文强调）发现，他对审问他的治安法官的仇恨是用各种迹象从我身上挑起和哄骗出来的我的仇恨。我们对罪犯的认同是一种特殊的双重化感受，借此我体验到他的愤怒和焦虑，就好像这些情绪是我自己的一样，因为在某种意义上，即使他们也不是我的情绪，它们是因为他们是拉斯科尔尼科夫的情绪（我不是斧头杀手）。它们是我投射到他身上并与他一起感受到的情绪，尽管我一直是我自己，是那个读者，他不是我都认同和观察到的人物（而两者兼而有之的能力是双重性认同的结果，据此边界被同时维持和跨越）。认同拉斯科尔尼科夫给人强烈冲击，因为我们体验了一个斧头杀手的焦虑——和不安，因为这跨越了我的日常世界和另一个奇怪和可怕的世界之间的界限——但只是好像那正在发生，这样即使我们体验了参与者的情绪，我们也能保持观察者的超然。

在一个观察者替代他人的痛苦或厌恶的实验研究中，这种认同具身体验的“仿佛”性质被广泛地记录下来。经常被引用的实验有威廉·哈奇森（William Hutchison）（1999）、塔妮娅·辛格（Singer，2004）和郑亚伟（Yawei Cheng）（2010）等人的实验表明，脑岛和前扣带回皮层的神经元不仅对针刺或电击作出反应，而且在看到其他人受到同样痛苦的刺激时——甚至对别人被戳或电击的报告时也会发生反应。但是观察者的反应对个体差异也很敏感——比如，如果爱人受到刺激反应会更强烈，或者如果证人是一个习惯于观察疼痛并将其视为潜在益处的人（如护士或针灸师）反应会不那么强烈——这些变化反过来表明，大脑模拟日常活动启动的“仿佛身体循环”（as-if body loop）是自我和他人的双重化，而不是简单的一对一的匹配。同样，布鲁诺·威克（Bruno Wicker）和他的小组（Wicker et al.，2003）的著名实验表明，前脑岛不仅在体验由难闻气味引起的恶心时作出反应，而且在观察他人恶心的面部表情时也有反应。但是观察别人恶心不太可能导致真正的呕吐，因为这种体验和它所复制的同样身体感觉既是一样的，也不是一样的。与故事中描述人物的一同感受，或者采用叙述者所建议的态度，同样也需要模拟和推论双重化过程，就像我们在体验具身的、运动知觉的原始感觉一样。我们对这些故事做出反应的再生成使得叙事认同成为可能，但是这些摹仿既像也不像那些他们所利用并且（部分地）复制以生物机制为基础的体验。

这种双重性使得我们对叙事的情绪反应的结果比亚里士多德的宣泄理论表明得更加多变和不可预测。“仿佛”模拟中这种既相似又不相似（the like and the not like）的双重化有助于解释经常观察到的悖论：诸如恐惧和恐吓的情绪在其他方面可能导致不适或者痛苦，而不是引起审美再生成的愉悦感。我们对悲剧英雄的认同与他或她的体验既有相同之处，也有不同之处，而且这才是关系到所有的问题。但这种双重化也不一定导致它模拟的情绪的净化，因为反映他人的感觉反而可以促进和蔓延性地传播它们。保罗·布鲁姆（Paul Bloom）（2010：192）发现，实验证据表明“看暴力电影并不能使人处于放松或和平的精神状态——它唤醒了观众”。马可·亚科博尼（Marco Iacoboni）（2008：209，206）同样担心“大脑中的镜像神经元会产生我们通常不知道的无意识摹仿效应”，这是反过来也可以解释为什么“接触媒体暴力会对摹仿暴力产生强烈的影响”。然而，暴力的表现并不会立即和一定引起观看者的攻击行为，因为反应取决于影响心理学家称为“观察学习”（observational learning）的几个因素——例如，这个行为是否得到奖励和加强，这个模式是否被正面看待并被视为与观察者相似，或者行为是否在观察者的能力范围内（见 Gerrig & Zimbardo，2005：199-200）。

攻击性并不是对表现出的暴力的无意识反应，因为同理心认同中“我和非我”的双重性是一种作为关系，可以有不同的塑型，并且可以有不同的结果，这取决于相似和不相似的互动影响中的否定如何发生和接受。戏剧化的行为中，塑型人与人之间冲突关系的情节编排模式是千变万化的——例如，有些人将攻击行为表现为英雄行为，另一些则预示着受害者的痛苦——而这些不同的情节反过来又会根据反应者的诠释性处理，以各种方式变塑型和转化，他们可能会感到兴奋或反感，并据此构建自己对故事的解读（以同情回应，或以恐惧反应，或两者以某种独特的组合）。在这些表征模式和反应模式之间的相互作用可能导致攻击和冲突的呈现转化为审美快感、道德排斥或模拟暴力，这取决于叙事中如何塑型“作为”以及如何在听者或读者的反应中再塑型。这些都不是预先确定或者预先决定的。

所有这些复杂性和偶然性都很难用像基德和卡斯塔诺（Kidd & Castano，2013）这样的心理学家在试图评估“文学虚构作品是否改进了心理理论”时的处理方法来衡量。科学的新颖方法常常需要弄清楚如何使用有缺点的、有限的测量仪器来揭示事物在其他情况下是无法达到的状态（例如，功能性磁共振成像（fMRI）技术通过测量有差异的血流来构建大脑神经元活动的视觉图像，就是这种情况）。但有时这些仪器的局限性只会引起人们注意它们无法达到的复杂性（因此，认知科学家经常会讲一个笑话，为什么丢了钱包的人会在灯柱下寻找钱包——因为那里有光，尽管那不是丢失的地方）。基德和卡斯塔诺的研究选取了一个黑匣子（文学虚构作品），并询问了它如何影响另一个黑匣子（认知和情感心理理论），作者的发现是模糊和有问题的，因为他们的工具是迟钝而粗糙的。例如，复制研究的作者们指出，通过使用“久负盛名的奖项”作为“文学虚构作品”的衡量标准，基德和卡斯塔诺创造了一个“迷糊”的范畴［包括德里洛（Delillo）、契诃夫（Chekhov），以及路易丝·埃尔德里奇（Louise Erdrich）等不同的作家的研究结果］，因此“目前尚不清楚文学虚构作品的哪些方面可能对他们认同的效果产生因果关系”（Panero et al.，2016：e47）。复制研究指出，“其他实验……用通俗虚构作品，而不是被认为是“文学”的作品（不管是什么意思），对社会认知产生了影响，一些研究发现“言情小说读者的心理理论水平比家庭小说和科幻小说 / 幻想小说的读者更高”（e47）。[①] 什么样的我和非我”的双重化行为同时在虚构作品中启动，根据小说的文体和体裁特征有很大不同，甚至一些家庭小说和科幻小说或幻想作品，无疑会挑战和扩展读者的理解和认同他人的思想能力。例如，奥克塔维亚·巴特勒（Octavia Butler）《播种者的寓言》（*Parable of the Sower*，1993）中，一个饱受“过度同理心”之苦的叙述者在暴力、反乌托邦世界的危险中艰难行进，这与任何现代主义心理学小说或（就此而言）神经科学研究一样，都是对认同歧义性富有洞察力的探索。文学虚构作品是一个过于宽泛的范畴，无法记录这些偶然性。

基德和卡斯塔诺所说的“心理理论”同样也太含糊，无法阐明理解故事包含的矛盾的双重化加工过程。他们的研究采用了对心理理论的两种测试——一种是认知心理理论测试（cognitive theory of mind），要求参与者做错误信念问题选择题，问题是关于卡通人物尤尼在不同的情况下可能会想什么；另一项是心理情感理论（affective theory of mind）（在眼睛测试中阅读心智），要求参与者从可能通过一双眼睛照片表达的四种情绪中选择。这两种测试都证明了它们作为诊断工具的有用性，可以用来识别患有严重自闭症（autism）或阿斯伯格综合征（Asperger’s syndrome，患者在理解他人方面可能存在的基本困难，但这两种方法都不够差异化或复杂，无法区分可能解释故事中描绘的精神状态所需要的各种理论构建（TT）、模拟（ST）或镜像。回答关于卡通人物偏好的错误信念问题可能涉及理论化或模拟他或她的心理状态，或者甚至在感官运动层面回应想象的动作产生共鸣。猜测一双眼睛所暗示的情绪同样可以促进理论化、模拟或情绪镜像——而且可能是所有这三种方法，对于不同调查对象有各不相同

① 这里提到的流行小说作品是“哈利·波特”（Harry Potter）系列，该系列已被证明可以在心理理论和同理心的一些措施提高表现（见 Vezzali et al.，2015）。关于言情小说与家庭小说和科幻 / 奇幻小说的对比效果，见 Fong & Mullin，2013。这项研究将人际敏感任务（interpersonal sensitivity task）的表现与调查对象对各种文学流派的熟悉程度联系起来，这在他们对作者识别测试（author recognition test）的回答表明，但不幸的是，报告他们结果的文章没有具体说明每一类中包括哪些作者。浪漫小说和科幻小说 / 奇幻小说之间的区别似乎相对直接，但言情小说和小说之间的界限就不那么明显了。

的组合方式。在这个认知和情感心理理论的黑匣子里到底发生了什么还不清楚。

理解那些矛盾地存在与缺席、主体间可理解与本体上晦涩难懂的他人，是一个复杂的理论化、模拟和与其他具身意识产生共鸣的过程，理论理论、摹仿理论和镜像机制的交互作用比心理理论模块（甚至分为认知和情感维度）包括的内容更加复杂。这些过程是如何通过理解某个故事来启动的，这会带来更多的复杂性和偶然性，而这是一般认知和情感能力的选择测试无法衡量的。因此，也许基德和卡斯塔诺在描述文学虚构作品的效果时，实际上使用了一系列混乱的并不完全一致的方法，他们用不同的方式主张“磨炼”（hone）、“补充”（recruit）、“加强”或仅仅是“填补”（prime）心理理论（ToM）（378，380）。如果一个故事所做的只是“补充”或“填补”早已存在的认知能力，那么它并不一定“改进”它们，而“磨炼”或“强化”需要改进根本就不清楚。这个复杂的、自相矛盾的双重化自我过程比基德和卡斯塔诺的设备和范畴更为多变和难懂。

对双重化的偶然性相似的感觉迟钝破坏了奥特利和马尔作为社会世界模拟的虚构作品模式（Otley，2016；Mar et al.，2006）。在他们看来，这对我们的社交能力产生了积极、意义明确的影响。奥特利（Otley，2016：618）的主张非常简单和直截了当：虚构作品是在互动中模拟自我。然而，模拟是一种作为关系，而不是这个模式所假定的将因果联系起来的单向机制。通过一个“虚构”的世界来模拟“真实”世界是双重化的过程，用一个世界呈现另一个世界（毕竟，如果模拟与它所塑造的不完全相同，它只是启示性的）。虚构的模拟使我的世界和另一个世界之间，相似与不相似之间的双重性相互作用，其后果无法事先预测，并将根据各方给体验带来的影响而有所不同。例如，关于认同和同理心的歧义性的辩论表明，这些来回往返的交流可能“增进理解”并增加同情心，也有可能导致个人痛苦和反感。对某个接受者（如亚里士多德）的某种模拟（如悲剧情境）可能会激起怜悯和恐惧，导致宣泄，但对于另一种接受者可能会引发摹仿性暴力和攻击（正如布鲁姆和亚科博尼惧怕的那样）。如果说虚构的社会互动模拟简单而直接地增进了人际间的理解，那就是忽视了这种各种各样的潜在结果，这种盲目性是一种模式的结果，将叙事理解视为一种单向的因果机制，而不是一种递归的、相互的双重性加工过程。

奥特利和马尔的研究在心理学文献中非常著名，但它们都建立在讲述者、故事和观众之间关系的假设基础上，这些假设既粗略又机械。例如，根据奥特利的观点，“虚构作品可以被认为是自我和他人的一种意识形式，可以从作者传递给读者或观众，并且可以内化为日常认知的强化”（2016：618）。这个模式将意识具体化，把它视作为是某种可以从作者到接受者单向转移的东西，具有可预测的结果（直接“增强”先前存在的能力）。把意识想象成一个可转移的对象，严重地简化和歪曲了构型（摹仿 1）、塑型（摹仿 2）和再塑型（摹仿 3）的递归回路中相互交织和相互转换的动态过程。奥特利很少承认模拟需要双重化，他简化并包含了它的效果：“虚构作品是一系列社会世界的摹仿，如果它是立体的，我们可以把它与我们日常生活世界的各个方面进行比较，以表明仅仅用日常知觉去观察，我们可能无法获得的见解”（618）。“立体镜”的意象使双重化稳定成为观点的静态并置，而这些观点再次只有一个可预测的结果——一个简单、积极的教育益处。事实上，体视效应（Stereoscopic effects）可能比这更奇特、更令人困惑，但只有它们启动的对立不确定地发挥出来，而不僵化成固定的形式。当我们跟随理解故事时思考他人的想法和感受另一个人的情绪所产生的双重效应，可能比奥特利提出的模式更有成效——但也可能更麻烦，也不那么适宜——因为叙事理解启动的世界之间的相互作用比立体并置或单向意识转移更加不可预测且更具开放性。

心理学家迈卡·马姆普尔（Micah Mumper）和理查德·格里格（Mumper & Gerrig，2019：453，457）观察到在叙事的认知效果的心理学解释中“模拟理论已经作为最常见的解释机制出现”之后（他们脑子里想着马尔和奥特利的成果），他们恰当地抱怨说，它的工作方式通常被低估了：“研究人员经常将模拟作为一种因果机制，这一概念从未与具体主张联系在一起，即什么类型的加工过程使模仿具身化，以及这些过程如何随着时间的推移而展开。”

马姆普尔和格里格提出的修正和改进值得注意，因为他们都试图记录叙事理解中所包含的一致性构建和双重化偶然性。

例如，马姆普尔和格里格认为，理解一个故事可能涉及他们所说的“做出推论”和“基于记忆的加工”，猜测一些隐含和隐藏的方面（例如，某个人物可能在想什么或感觉到什么，或者她可能秘密地怀有什么动机或策划），他们正确地指出，这些认知过程不是因果机制，也不一定需要模拟（见459-461）。同样，他们发现，故事所表征的情感不需要在读者中产生相同的情绪，这正是模拟模式的假设。马姆普尔和格里格反而指出，叙事可能会引发“情绪评价”（emotional appraisals），导致读者和故事世界之间的“不匹配”以及“匹配”（462-463）。毕竟，我们对一个人物或虚构世界的感受可能与文本戏剧化的情感和评价截然不同（甚至根本上反对）。确实如此，例如，当《洛丽塔》（*Lolita*）的读者对亨伯特·亨伯特关于早熟少女的狂想做出厌恶和道德排斥的反应。[①] 马姆普尔和格里格发现，即使故事支持“叙

---

① 参见詹姆斯·费伦与这部小说所带来的道德困境的深思熟虑的斗争（Phelan，2005：98-131）。“纳博科夫正在做一些非同寻常的事情，无论多么令人反感，”他认为：“居于恋童癖者的视角，其实，要求我们认真对待这个视角……至少在某种程度上，要求我们同情他。”（130）费伦试图让纳博科夫从怀疑中获益（我觉得这超出了我自己的能力），但他最终得出结论，“因为纳博科夫和作者的受众对亨伯特视角的关注是以多洛雷斯的视角为代价的，所以恰恰是纳博科夫小说的构建反映了亨伯特在行为层面的主导地位”（130-131）。费伦对如何评价这部小说感到困惑，因为他认为应该优先考虑“作者的受众”，他认为这是一种写在文本中的视角，但他承认“作为一个有血有肉的读者，我发现这种视角有明显的优势和问题”（130）。然而，“作者受众”并不是一种独立的、客观的事务状态，而是一种双重的、主体间的结构，这种结构是由“有血有肉的读者”在接受历史上与纳博科夫文本的不同接触创造的，横跨这段历史产生的“我与非我”之间令人不安的不和谐是这部作品异质存在的一部分（见第二章）。没有一个作者能够提前理解未来人们对她的理解。伽达默尔（Gadamer，1993［1960］：296-297）指出，“文本的意义不仅偶尔，而且总是超越作者……如果我们完全理解的话，就足以说我们以不同的方式理解”（见 Armstrong，2011）。在作者 - 读者关系中，没有理由给予任何一方特权——没有理由顺从“作者的受众”——因为他们的互动才是文本生存和传递的方式。亨伯特的叙述所引发的认同行为所带来的道德困境对于这种互动不可或缺，纳博科夫面临的风险是，读者（像我一样）可能不愿意配合他（正如费伦慷慨地试图做的那样），因为多洛雷斯所受到的残酷和轻视，无法弥补地干扰了文本对我们参与的需要。费伦正确地总结，“创作这本书的作者是一个值得钦佩的人，也是一个值得警惕的人”（131）。对于钦佩还是警惕更加合理，不同的读者会得出不同的结论，但无论哪种情况，这些困境都生动地证明，对读者的评价与文本中戏剧性的评价之间可能出现的不匹配，模拟都是不充分的模式。

事参与”，这也可能不涉及模拟，因为（再想想《洛丽塔》）可能存在“读者参与可能会产生不同于人物反应的情绪反应”的情况（464）。这些对模拟模式的修正和更正认识到，社会世界的虚构呈现并不会导致社会认知的意义明确的线性转移，而是启动双重性、递归和推论模式形成的复杂、多种意义并且异质的加工过程。

有趣的实验发现证实了双重化的体验是由故事引发的。在最近的一项结合心理学定量仪器和现象学定性方法的研究中，来自达勒姆大学（Durham University）“倾听声音”项目（Hearing the Voice project）的跨学科团队通过《卫报》（*Guardian*）和爱丁堡国际图书节（Edinburgh International Book Festival）征集了 1566 名参与者的回复，采用一份问卷，也提供了个人的口头描述，询问他们在阅读某段叙事时听到人物和叙述者声音的体验（见 Alderson-Day，Bernini & Fernyhough，2017）。首席研究员查尔斯·费尼霍（Charles Fernyhough）（2016）是一名心理学家和小说家，他的博士后同事是接受过定量方法培训的心理学家［本·奥德尔森 - 戴（Ben Alderson-Day）］和面向现象学的叙事学家［马尔科·贝尔尼尼（Marco Bernini）］。达勒姆研究小组假设，他们的调查将得出“人物声音的听觉模拟”（99），这与基于功能性磁共振成像（fMRI）的证据一致，即“听觉大脑皮层的声音选择区域”更多的是通过“直接言语”的语言表征而非“间接参照”激活的（例如，“我讨厌那只猫”vs“他说他讨厌那只猫”）（见 Yao，Belin & Scheepers，2011）。他们同样推测，如果他们的讲话触发了同样对真实声音做出反应的皮层区域，那么表现叙述者或人物说话的故事可能会激活类似声音的体验。这确实是他们发现的，79% 的受访者说他们经常听到响应故事的声音，72% 的人认为这些声音生动：“我们的研究结果表明，许多读者在阅读文本时对人物的声音有着非常生动的体验，这与其他两种生动的日常生活体验[内在言语（inner speech）]和更不寻常的体验[听力幻觉倾向（auditory hallucination-proneness）］有关”（106）。[1]

然而，并非所有的读者都有相同的经历：“读者对自己声音的描述的特点和动态是多样和复杂的……对于一些参与者这是有意的，构建的加工过程，对于其他人来说是无意识的沉浸，对于其他人来说，这是又一种似乎渗透到其他非阅读环境中的体验”（106）。奥德尔森－戴、贝尔尼尼和费尼霍提出，因为“一般人认为具有异常生动和类似幻觉体验的特征存在于大众中的连续统一体”，所以“一般来说，更生动的阅读体验参与者也更容易产生类似幻觉的体验”（100）。因此，理解故事似乎需要“我和非我”双重化，那么对于一些读者来说，这可能采取的形式是听到人物和叙述者的声音，但这种情况发生的程度取决于他们先前存在的认知倾向。如此多的人在阅读时会听到声音，但不同程度的即时性很符合这样一个理论：“真实的我”和“陌生的我”在我的世界双重化中与故事世界相互作用（我的听觉皮层被触发，在我体内产生另一种声音），但这种双重性会因不同的读者而有所不同（如真实的我和陌生的我的耦合采取不同的形状）。

双重化的可变性和异质性使史蒂芬·平克备受讨论的关于文化扩展和小说兴起的有益道德后果的主张受到质疑。平克对阅读体验的描述是现象学的，但却没有理解其中的矛盾。当别人的想法出现在你的脑海中时，你就是站在那个人的有利位置观察这个世界，”他宣称，“你不仅直接理解了你无法亲身体验到的景象和声音，而且你已经进入了那个人的思维，暂时分享了他或她的态度和反应”（2011：175）。平克赞同历史学家林恩·亨特（Lynn Hunt）（2007）的观点，认为书信体小说，如塞缪尔·理查森的《帕梅拉》（*Pamela*，1740），具有特殊的道德功效，因为它们能够产生有益的认同体验的能力：“在

① 见这项引人入胜的研究第101页的图表，奥德尔森－戴、贝尔尼尼和费尼霍的研究结果细节的突破。例如，当被问及“你在阅读时听到过角色的声音吗？”回答是“从来没有166次（11%），偶尔157次（10%），部分时间446次（28%），大部分时间468次（30%），全部时间329次（21%）。“当你阅读时，人物的声音有多生动？”这个问题引发了这样的回答：“没有声音出现125次（8.0%），模糊出现307个次（19.6%），有一些生动品质的声音555次（35.4%），有很多生动品质的声音363次（23.2%），像听到真人一样生动有216次（13.8%）。”

这一体裁中，故事以人物自己的语言展开，立即展现人物的思想和情感而不是从一个无实体的叙述者遥远的视角来描述他们……成年男子在体验与他们毫无共同之处的平凡女子（包括仆人）生活中禁忌的爱情、无法容忍的包办婚姻和残酷的命运转折时，不禁潸然泪下”（176）。

然而，这并不是所有读者的反应。亨特和平克奇怪地忽视了《帕梅拉》引发的臭名昭著的争议，这些争议让读者同情她勇敢并最终成功地抵挡了雇主的好色的求爱，反对像亨利·菲尔丁（Henry Fielding）（最著名的）这样的“反帕梅拉主义者”（anti-Pamelists），他在《沙梅拉》（*Shamela*）中试图揭露理查森的女主人公是一个伪君子，其真正动机是唯利是图和自私自利：“我曾经想过靠自己的人发点小财。我现在打算用我的贞操（1961［1741］：325）发个大财。”其他持怀疑态度的读者指责帕梅拉主义者有偷窥和色情挑逗的行为，揭露他们所谓的道德启迪是一层薄薄的面纱，掩盖了阅读反复出现的企图引诱的插曲中替代的，类似色情的快感。[①]

类似的歧义也困扰着其他书信体小说的接受，比如臭名昭著的歌德（Goethe）的《少年维特的烦恼》（*Sorrows of Young Werther*，1775）的情况，据报道，这部小说在欧洲各地引发了一系列盲目摹仿者自杀事件，因为读者摹仿了失望的英雄的浪漫死亡，导致这部小说在丹麦莱比锡城和意大利被禁（见 Phillips，1974）。这部作品还激发了弗里德里希·尼古拉（Friedrich Nicolai）的讽刺性反讽性的对立作品，《少年维特的欢乐》（*The Joys of Young Werther*，1775），在这部作品中，主人公的自杀因为被一个朋友堵住了手枪而失败，而拒绝了他的求爱的女人则动了怜悯之心。维特危机表明，在读者认同的行为中，“我和非我”的双重性，可能会无意识地复制故事中发生的情感和动作，这让许多认知科学家想起，认同的镜像过程不一定会导致宣泄，反而可能会促进不那么有益的摹仿效果。与平克天真乐观的观点相反，这些

① 关于帕梅拉的争议，见 Keymer，2001，以及菲尔丁对理查德森的批评，见 Battestin，1961。

双重性过程并不都是有意识和自我意识的，因此，它们可能会产生比增强想象他人视角的能力更深的影响，伴随着增进洞察力和同情心，而书信体小说的道德利益的支持者们都在欢欣鼓舞。平克承认“采纳他人观点意义上的‘同理心’与同情他人意义上的‘同理心’并不相同”，但他声称“第一个可以通过自然路径通向第二个”（175）。然而，这一步并不像他所说的那么直接和自动，因为理解故事所带来的世界双重化也可能“自然地”导致冲突、猜疑和暴力摹仿行为。[①]

认知科学无法预测叙事的社会结果。叙述模拟的“仿佛”和双重性“作为”所引起的变化太多，太难以控制，无法支持关于叙述的社会力量简单、笼统的概括。正如苏珊娜·基恩（Keen，2015：139–140）讽刺地评论，“尽管文化上很相信叙事同理心的益处，但缺乏叙事同理心引起的利他主义证据”。故事通过增强同理心作用和心理理论使我们改进的主张，或者叙事从内在促进社会进步的说法应该受到质疑，因为这样的断言对于涉及故事交流的复杂、矛盾的相互作用来说过于简单化。

然而，具身行为和自我与他者关系的神经科学确实表明，叙事具有社会力量，因为他们引起了基于大脑和身体的加工过程。因此，一些心理学研究报告说，阅读故事的体验会使不同的同理心和心理理论测试的表现有所改善，这一点也不奇怪。例如，巴尔（Bal）和维特坎普（Veltkamp）（2013）提供了阅读中的“情绪转移”（Emotional transfer）可以产生同理心的证据，而哈克穆尔德（Hakemulder，2000）已经进行了实验，证明故事促进理性的“道德反思”的能力。然而，这些研究还需要冷静对待，这不仅是因为衡量这种效果的困难，而且也因为叙事理解的双重性过程可以展开的方式的多样性和异质性。我认为，无论是被巴尔和维特坎普所认可的叙事使情绪上激动的体验，

---

① 见马丁·霍夫曼（Martin Hoffman）权威的《同理心与道德发展》（*Empathy and Moral Development*，2000），对从同伴情感到同情和道德利他主义路径上的偶然性和复杂性进行了细致的分析。

还是哈克穆尔德强调对他人视角的自我意识反思都不需要有道德上的有益影响，而且两者都会产生反社会的后果。

关于故事的道德和社会能力的实验证据是歧义的。马姆普尔和格里格（Mumper & Gerrig，2019：455）进行了一项系统评价，比较了多个故事的道德影响研究，结果显示“终生阅读虚构作品与同理心和心理理论衡量标准之间少量的正相关。”也就是说，在我们分析的所有研究中，随着参与者阅读虚构作品数量的增加，他们的同理心和心理理论测试得分也有小幅增加的趋势。我们还发现非虚构类阅读与同理心和心理理论呈正相关，尽管显示相关度上更小。然而，重要的是要记住，这种关联不是因果关系。例如，基德和卡斯塔诺复制研究的作者所指出，在这类研究中一个混合的因素是，具有高度同理心和心理理论水平的人可能倾向于阅读更多的虚构作品（也许还有非虚构作品），因此很难指出是什么导致了什么（见 Panero et al.，2016：e46）。马姆普尔和格里格的元分析可以支持两种解释——也就是说，阅读可以提高心理理论和同理心水平，或者反过来。我对故事的道德和社会影响的警告性评论，并不意在表明它们没有有益的社会影响——只是这些影响可能比乐观主张所认识到的更加多变和多样，更难衡量。简单化的概括并不能帮助我们理解叙事的社会力量到底是什么，或者它们是如何运作的，而这些力量所服务的目的也并不是由大脑的运作所预先决定的。

合作、共同意向性和耦合的大脑

在故事交流中，世界的双重性是一种基本的合作性互动，可以促进共同的意向性，这是其他灵长类动物所缺乏的一种独特的人类能力。迈克尔·托马塞洛（Tomasello，2005：676）将“‘我们’意向性”称为“参与涉及共同目标和社会协调协调计划（联合意图）的合作活动”的能力。“人类思维基本上是合作的。”他指出（2014：ix）。类人猿和其他非人灵长类动物也有“复杂的社会认知技能”，但根据托马塞洛（Tomasello，2014：76）的说法，它们对同种动物个体意图的解读“主要是为了争夺食物和伴侣（即它们的智力是马基雅维利式的）。人类共享意向性的能力在父母和婴儿的“最初对话”（2005：681，675）中证明，这已经涉及“话语轮换”和“情感交换”——当然，这些活动也包括讲述和追随理解故事——这种合作互动最终会成为被称为“累积文化演变”的“齿轮效应”（ratchet effect）（2014：83）。我们可以传承文化成就（如读写能力）并在上一代人所学的基础上发展，因为我们可以合作并分享意向性。

合作能力对语言习得也至关重要。除其他原因外，这是因为两者都需要协调注意力的能力。托马塞洛（Tomasello，2003：21）指出，“许多研究发现，儿童最早的与母亲分享注意参与的技能与他们最早的语言理解和产生技能高度相关”。他解释说，“源于一个简单的事实，即语言不过是另一种类型——尽管是一种非常特殊的类型的——联合注意（joint attention）技能；人们使用语言来影响和操纵彼此的注意力”（21）。这也是他们讲故事的原因。无论是在日常会话中还是在交流叙事中，沟通都需要联合注意。

与其他人合作需要我协调我的视角和你的视角，从而形成托马塞洛（Tomasello，2014：43）所说的同时共享和个性的双层结构，一个“联合注意和个体视角”的双重结构。这种二元性也是叙事理解合作工作中“我和非我”的双重化特征。推动文化合作的共同意向性（shared intentionality）并没有产生主体性的联合——一种克服自我和他者对立的合并。相反，它是一个双重结构，把自我和另一个自我、相似和不相似联系起来，却没有完全消除它们的差异。

这种双重化可能再次产生有益和有害的后果。例如，乔舒亚·格林（Joshua Greene）（2015：210），很可能是这样一种情况：“道德不断发展，不是作为一种普遍合作的手段，而是作为一种竞争武器，作为一种将‘我’变成‘我们’的体制，反过来使‘我们’能够战胜‘他们’。”根据托马塞洛（Tomasello，2014：84）的观点，无论好坏（而且有好有坏），这种“内群体/外群体心理”……很有可能是（我们）人类所独有的；“据我们所知，类人猿没有，早期人类根本没有这种群体认同感”。让·戴西迪和杰森·考威尔（Jason Cowell）指出，这种发展的遗产可以从经常被记录的“隐性群体偏好”（implicit group preferences）中看到，“可能直接与道德行为相冲突”（Decety & Cowell，2015：280，289–290）。例如，他们注意到，“孩子们对所有人表现出的同理心和关心程度并不均等”，但“对他们认同的个人和群体成员表现出偏见”，这些偏见可能会持续到成年。米娜·齐卡拉（Mina Cikara）和杰·J.范·巴维尔（Jay J. Van Bavel）（2014：245）对种族、年龄和性别的内群体偏见和刻板的实验证据进行了全面综述，发现“在地球上的每一种文化中，以及在小到5岁的儿童中，都能观察到偏好的集体倾向”。[①] 认同某个群体的能力使像我这样的人之间的合作与协作成为可能，从而建立起人类积累文化发展的独特能力，但它通过区分“像我”和“不像我”来做到这一点，从而使自我与他人之间的冲突以及人类特有的暴力行为做好准备。

神经科学已经越来越认识到需要考虑协作和联合意向性的各种影响，这些影响超出了在单个大脑中发生的情况，但是它的测量仪器极大地受限于记录这些交互作用的能力方面。毕竟像功能性磁共振成像（fMRI）机或脑电图EEG记录仪这样的仪器，是为单个的、固定的受试者设计的。莱昂哈德·席尔巴赫（Leonhard Schilbach）及其同事（2013：405）倡导“第二人称神经科学”，因此感叹“神经影像学中艺术的状态目前技术严重限制了使用全方位的语言和非语言渠道来研究自由运行的互动”。[②] 乌里·哈森和他的合著者认为，“认

① 然而，霍夫曼（Hoffman，2000：297）警告不要夸大群体内偏见的危险：“偏向家人和朋友的偏好本质上没有错……只要能让人们也帮助陌生人，群体内的同理心偏好是正常的，也是可以接受的。他引用的研究表明，“至少在美国，旁观者倾向于帮助陌生人”——尽管他指出，“程度不如家人和朋友”。

② 见Konvalinka & Roepstorff，2012，了解对多个大脑相互作用进行脑电图和功能性磁共振成像研究的技术困难的有用分析，以及对神经科学家试图克服这些困难运用的创新程序的回顾。便携式脑电图技术的进步促进了这种所谓的超扫描研究，最近发展的近红外光谱（near-infrared spectroscopy，NIRS）也是如此，它通过头皮上的探测器测量血流的变化。超扫描运动的最终目标还有很长的路要走（如果可以实现的话），这与诺贝尔奖获得者大卫·胡贝尔（David Hubel）在被问及他希望在理想世界中使用的大脑扫描技术时所描述的差不多（2011）。他说，这是一个装在移动受试者头骨上的帽子，可以测量大脑各个层面的单细胞神经元活动。胡贝尔思维里只有一个大脑。对于协作的超扫描研究，需要给一组受试者戴上这样的帽子，然后必须对他们的测量值进行校准。

知神经科学范式中对单一个体的主要关注模糊了在大脑之间进行操作来塑造行为的力量”，这种盲目性是不幸的，因为“脑与脑的耦合”可能导致“无法单独出现的复杂联合行为”（Hasson，2012：114–115）。这种行为在动物和人类身上早已被观察到。一个经常被引用的例子是某些种类的鸟的歌声产生，其中涉及雄性和雌性之间复杂的“舞蹈”，“表演者”和“听众”根据另一种性别的鸟的行为来调整自己的行为（见 West & King，1988）。[①] 人类也经常根据在其他人身上观察到的行为来调谐自己的行为。例如，尤塔（Uta）和克里斯·弗里斯（2010：167）指出，“当两个人互相‘协调’时，他们倾向于无意识地摹仿对方的动作和姿势”，这是一种“变色龙效应”。同样地，一起坐在摇椅上的人很快就开始一致摇摆，好像某种程度上机械地联系在一起（Richardson et al.，2007）。

所谓的超扫描方法，利用创新的移动脑电图技术，以同时记录和比较互动实验参与者的脑电波模式，已经开始记录基于这种耦合行为的神经同步性。例如，吉他手和钢琴家表演二重奏时，演奏的准确度相当于或超过个人表演者的准确度，脑电图测量他们的脑电波揭示了同步振荡耦合的模式（Keller，2008；Lindenberger，2009）类似的脑电波同步性也被记录在对人们互相做出一些姿势、有节奏地敲击手指、或打牌的研究中（见 Sänger et al.，2011）。

超扫描实验提供了有趣的证据，表明同步性不是消除差异的合并，而是一个双重化的过程，根据参与者的技能和态度可能会有所不同。例如，克里斯·弗里斯的实验室（Frith，2012：2217）已经证明，“两个人一起工作来检测细微的视觉信号比一个人最好的单独工作都要好”。然而，弗里斯所观察到，“在信号检测任务上的合作并不总是有利的”，因为“如果搭档的能力迥异……

① 这种交互性是否挑战了托马塞洛关于人类合作能力独特性的主张，这是一个有趣的问题。关于动物 - 动物和动物 - 人类合作活动的探索，见 Prum，2013 和 Weil，2012。参见 Tomasello，2014，了解人类协作与猿类可观察到的协作行为之间的差异分析。考虑到由于我们的进化历史，我们与其他物种有如此多的共同点，如果动物与人类的差异之间没有连续性，那将是很奇怪的，但托马塞洛也提出了一个令人信服的案例，即合作能力的差异（“我们的意向性”）使人类之间的文化学习和共享成为可能，如果有的话，人类没有其他物种之间那么明显。

这对搭档的表现会比其中那个好些的搭档单独表现更差”（2218）。另一项超扫描研究显示，“跨脑同步性也取决于团队成员之间依恋的本质。例如，在一项合作任务中，比起与朋友和陌生人的二人组合，包含情人的二人组合表现出更大的前额叶间跨脑同步性（prefrontal interbrain synchrony），这也反映在他们更好的任务表现上”（Bhattacharya，2017；见 Pan et al.，2017）。

合作互动需要一种差异的耦合，有时比个人单独工作产生更好的结果，但有时更糟糕。丹・邦（Dan Bang）和克里斯・弗里斯发现，由于“信息集合”（pooling information）和消除彼此偏见的好处，“在许多概率和推理问题上，团队表现出优于个人”（Bang & Frith，2017：7）。然而，他们也指出，群体“有自己的偏见”，并且“经常放大大多数成员的最初偏好”——因此，在概述有关“群体决策”（group decision-making）的文献时，他们得出了“金发女郎原则”（Goldilocks ）的结论，即“过于相似的个人”和“差异太大的个人”同样不利于团队表现（10，13）。更相似合不相似并不总是产生一种优越的互动。成功合作的关键不在于如何克服分歧，而在于它们如何相互交织。

有效的同步本质上是矛盾的。卡尔・弗里斯顿和克里斯・弗里斯（Friston & Frith，2015：391）发现，“当两个动态系统试图预测彼此时，交流（即共同的动态叙事）就会出现”，每个动力系统都会调整对另一个动力系统可能做作出表现以及相应地反应的预期。但这种相互预测和调节、预期和调整的来回往返过程，是一种矛盾的活动，也需要对活动进行抑制。例如，轮流交替是一种需要知道何时不动作的技巧。同样地，弗里斯顿和弗里斯所指出，成功的谈话要求参与者认识到“一个人既可以说话，也可以倾听，但不能同时做到这两点”（391）。交互的互动不仅要求参与者采取动作，还要求他们知道什么时候不应该采取动作，以使互动得以交互。因此，伊万娜・孔瓦林卡（Ivana Konvalinka）的小组（2012：215）的研究发现，“当两个人从事一项同步性任务时，当他们都持续地相互适应对方的行为时，他们会做得更好——换句话说，就是当他们成为两个追随者，而不是采用一种领导者－追随者的动态时”。

研究协作的认知科学家指出，相互性既是一种自然现象，也是一种非自然现象。人类显然是社会性动物，其奖励系统鼓励涉及合作的冒险行为。席尔巴赫的小组（Schilbach，2013：410）指出，一些实验记录了“在一致性互动过程中，与奖赏相关的神经回路的参与”。他提出我们的大脑有奖励性协作活动的能力，而“人类似乎有一个默认的奖励期望”（410）。我们倾向想要情感回应，因为当合作成功时，我们会得到奖励。这种以大脑为基础的协作倾向与其他证据一致，即参与群体互动本质上是有益的（见 Tabibnia & Lieberman，2007）。

人类可能倾向于协作，但来回往返的合作活动也是风险，令人担忧，而且矛盾。弗里斯（Frith，2012：2218）指出，“对协作的思考本质上是递归的：只有当你的搭档确信你会合作时，她才会合作”——即使这样也不够，因为她还必须“确信你有信心”——而且，他观察到，“绝对的确定性永远不会在这种情况下实现。因为交互的相互作用是矛盾和不稳定的，所以需要开始和维护的对他人的开放和对自我兴趣的抑制都不足，而且很容易崩溃或出错。弗里斯主张也许是正确的，这种不确定性“在许多需要协作的现实生活中不会引起问题”（2218）。但这也促使许多认知科学家和思维哲学家担心“搭便车者”的问题，他们利用他人的信任，没有信任合作就会失败（见 Decety & Wheatley，2015）。这些理论家发现，最自然的做法是“搭便车”，在没有贡献的情况下获得群体利益。然而，也有大量证据表明，人们天生就倾向于蔑视这种行为——他们会费尽心思地惩罚搭便车者，即使没有必要这样做（所谓的利他主义惩罚）。因此，不能交互和协作的行为被认为是不自然的，我们的同类对此表示不满（见 Krasnow，2015；Flesch，2007）。

我们意向性（we-intentionality）的悖论和矛盾是许多涉及协作的文化生产形式的特征。音乐就是最好的例子。根据伊恩·克罗斯（Cross，2003：48），音乐“能够与他人分享模式化的时间，并促进情感状态和互动的和谐”。

克罗斯认为，“音乐和舞蹈中有节奏地一起移动所引发的共同情感体验”可能会增强早期人类的合作生存策略，例如，在狩猎或群体间冲突中（50）。桑德拉·特雷胡布（Sandra Trehub）（2003：13–14）指出，在婴儿想要“注意声音序列的旋律轮廓和节奏模式”以及“协调协和音的模式、旋律和和声以及韵律节奏”时，共享意向性的能力已经显现出来。这初步证明了协调注意力和对任何类型的协作互动（包括交流故事）所需的其他产生的行为模式作出反应的能力。

克罗斯和他的同事（Rabinowitch，Cross & Burnard，2012：111）提出了“音乐群体互动”（musical group interaction，MGI）这个术语来描述“音乐的联合创造”。有趣的是，音乐群体互动的矛盾之处在于它突出了我们意向性的双重结构：“简单地说，每个音乐群体互动参与者可能对音乐体验有几乎不相关的主观感受。深入地说，音乐群体互动可能会在个体参与者之间引发复杂的纠葛，需要意图、情绪和认知加工过程易变的共享。这种意向性的共享再次是矛盾的，不是一个同质的合并或多个自我的结合，而是同时克服和保持自我与他人之间的对立的双重化：“尽管（音乐群体互动）可能变得非常强烈，但每个人仍然觉得自己是独特的主体。然而，在某些情况下，这种差别感可能会被抹去”，以至于“分离自我与他人之间的界限变得模糊，演奏者会被引导去体验演奏者同伴的动作，至少在一定程度上，作为自己的动作”，在极端情况下，“某个受试者可能将另一个参与的受试者几乎视为自己，以至于将别人的感觉体验成自己的感觉”（111，118）。在这样一个矛盾的体验中，协调的、合作的活动的相互性导致了耦合主观性的同步是如此和谐和强烈，以至于当一个人专注于超越自己的东西时，边界似乎消失了，即使引起这种共同意向性（shared intentionality）的动作和互动是由不同的个人开始进行。

作为一种耦合的、合作的但又不同的主体性之间的来回往返互动，这种矛盾的事务状态是不稳定的，容易受到干扰和瓦解。克罗斯和他的同事们指出，“有许多因素会破坏团体内部的和谐，比如个人冲突、过度竞争、音乐技巧不平衡、缺乏耐心、不愿意合作，而且也许更重要的是，他们很难退到一边，接受团队作为一个整体，在这个整体中，没有任何成员占主导地位，而是所有成员都开始一个联合项目”（115）。音乐群体互动是一种内在矛盾的现象，它既要求集中、熟练地运用个人能力，又要求（同时）意志屈服，放弃控制，而这一矛盾正是协作活动的双重结构的一个显著例证。

协作意义创造的矛盾并非音乐所独有。汉斯－格奥尔格·伽达默尔指出，类似的矛盾是许多类型游戏（games）和玩游戏（play）的特征。根据伽达默尔（Gadamer，1993［1960］：104，106）的观点，游戏的悖论是“游戏高于玩家意识的首要地位”：“所有的游戏都是被玩的东西。”没有发起和维持游戏的参与者的行为，游戏就不会存在，即使他们一起的协作活动创造了似乎有它自己作用的某种东西，它的“我们意向性”指导、操纵甚至控制着玩家的个人意向性。根据伽达默尔的说法，“游戏的真正主体……不是玩家而是游戏本身”，这就是“控制玩家的咒语，吸引他进入游戏，并让他留在那里继续玩”（106）。同样，梅洛－庞蒂（Merleau-Ponty，2012［1945］：370）发现，“在对话的体验中……我的话语和我的对话者的话语被讨论的状态唤起，并被插入一个我们都不是创造者的共同操作中。这里有一个被两个人分享的事物……我们的观点相互渗透，我们通过单一的世界共存”。就像游戏或音乐表演一样，谈话有时似乎有自己的生命，引导和吸引参与者的贡献，即使它只存在于参与者的行为中，一旦一方拒绝继续下去，对话就会破裂。

游戏、音乐和对话都是我在其他地方（1990：20–43）所说的“他律性”（heteronomous）事务状态，有个体作用的意义创造行为才可能存在，即使他们随后获得了一种准独立的地位，超越甚至（有时）对抗参与者，就像游戏看起来那样迫使玩家做出某种动作，或音乐家调整自己的演奏以配合合奏的节奏和音调。类似的效果也可以通过讲述和跟随理解故事启动的来回往返的互动而产生，因为读者或听众发现自己被自己的认同行为所构成的人物情绪感动得流泪，感受这个准人物的感觉就像自己一样（在某种程度上，确实是这样矛盾的存在）。在所有这些情况下，耦合的主观性的协同互动使得一种共同意向性的出现成为可能，这种意向性不仅仅是其各个部分的总和，而且似乎有自己的作用，即使这种意向性是由参与者的共同活动产生的，而且只有参与者共同活动才会存在。

将游戏和故事比作音乐是很有启发性的，因为自觉的意识下有节奏的协调行为既让人有能力，又让人失去能力。在有节奏互动和和弦统一的体验中，边界消失的感觉让人想起尼采（Nietzsche， 1994［1872］）著名的分析酒神式音乐的力量打击阿波罗式的线和形式。酒神式的狂热可能奇迹般地，甚至是崇高地将我们转移到自己之外，但这种合并和边界丧失的体验也可能导致有据可查的感染效应（contagion effects），使批评和评估的认知能力丧失（例如，音乐会上观众反应的共同“兴奋”，或者体育活动或政治集会上大众的集体热情）（见 Garrels， 2011；Lawtoo， 2013）。虽然可能没有那么强大，但被叙事所吸引的体验同样会使听者狂喜，似乎抹去了世界之间的界限。如果没有尼采所描述的酒神式的消解那样令人陶醉，那么这种主体性的合并可能会促进情感和感知模式的灌输，并且对习惯性模式的形成产生的影响要比更冷静、不那么吸引人、不那么狂喜的符号和信息交流产生的影响更大。

能够产生自我超越体验的耦合主体性的同步也可以成为习惯化和社会控制的力量。不管是好是坏（而且，又可能两者都有），故事重塑或强化听者塑型世界的无反思模式的能力可能会增加到某种程度，即在“我们意向性”的协作体验中，自我与他人之间的差异被缩小、去除或克服。叙事的意识形态运作——它灌输、延续和自然化认知和情绪的具身习惯的能力——被优化，因为“真实的我”和“陌生的我”的双重化中的“非我”减少或消失。如果故事要求我们停止怀疑，以便让自己沉浸在它们所提供的幻觉中，这一邀请可能诱使对消解界限，意识形态批判的启发性猜想正确抵制这种界限，目的是动摇思想和感觉习惯对我们的控制，这些习惯的力量我们可能无法识别，因为它们是如此根深蒂固、熟悉和自然化的。故事促进有益的社会协作和使意识形态困惑习惯化的能力是一个问题的两个方面。

分布式认知与故事的社会生活

这些复杂的情况要求我们对经常听到的一种说法提出重要的警告，即一种文化的叙事构成了集体知识和社会凝聚力的宝贵来源。例如，利科（Ricoeur，1987：428）认为，故事提供了“叙事理解力”（narrative intelligence），给予不同于哲学或科学中“理性的理论运用”的“实践智慧”，一种理解的隐性方式的文化储备，杰尔姆·布鲁纳（Bruner，1986：69）认为这是“我们自己的自我感知和我们对周围社会世界中其他人的感觉之间的主要联系”。这些观点最近被重新表述为基于安迪·克拉克有影响力的扩展思维概念的分布式认知术语。克拉克（Clark，2011：226）调查了扩展我们认知能力的环境提供的各种工具和功能可供性［回想吉布森（Gibson，1979）的著名术语］，发现“语言围绕从一出生就包围着我们”——“因此，大量的语言……和外在的符号在帮助构成人类思维的认知漩涡中，是最重要的。”当然，这些包括我们发现流传在周围的故事。大卫·赫尔曼（Herman，2013：162–192）因此声称“叙事散播知识的能力——传播关于世界知识的能力，或者与世界接触的方式——使它成为一种关键思维工具”，文化的故事知识库通过它们提供的“超个人的意义生成系统”，构成了“思维的社会”。

认知并不局限于头骨内部发生的事情，但这并不意味着（一些分布式认知的倡导者似乎认为），在那里发生的事情并不重要。例如，克拉克自己也承认，“大脑（或大脑和身体）包括一套基本的、轻便的认知资源，这些资源凭借自身就很有趣”（224）。[①] 阿尔瓦·诺埃（Noë，2009：xiii）肯定是正确的，他解释说，“你不是你的大脑”——“人类体验是一种在世界上并且和与他人一起呈现的舞蹈”，而且“我们不是被关在我们自己的思想和感觉的监

① 例如，参见 Clark，2016“预测性过程”（predictive process）和大脑自上而下的假设生成能力，从而认识到头脑内部基于大脑的认知过程的重要性。

狱里”——但是我们－意向性（we-intentionality）来回往返的“舞蹈”取决于参与者的具身意识给互动带来了什么，以及他们的塑型是如何通过他们主观性和各种合作者主观性的双重化被塑造和改变。那么，分布式认知的概念不应取代基于大脑的叙事社会能力分析，但它可以通过阐明故事和接受者的认知过程之间交流的动态来有效地补充这些分析。

这些互动在某些方面类似于，我们参与将我们的思想延伸到世界上的其他类型外部资源，但在其他方面与之有重要的不同。根据克拉克的说法，每当“人类有机体与外部实体在双向互动中联系起来时，就会产生认知，在大脑及其延伸之间创造出一个耦合系统”，其中“所有的组成部分……发挥积极的因果作用”，并且“联合支配行为”（222）。就像克拉克所举的盲人手杖或带有公式或方向的笔记本的例子一样，某种文化的故事可以提供导航设备或一套工具，提高我们个体协调在世界上方向的思维能力。就像由环境特征提供的解决问题的资源一样，我们发现，已经在我们文化的故事中流传的预先形成的模式提供了随时可用的资源，以便思考我们不需要从头开始创造的常见情况。然而，作为“耦合系统”中“双向交互”的参与者，这些思维的扩展可能不会让用户保持不变。例如，语言的习得已经有力而深刻地改造了大脑。同样，正如我们需要学习如何使用工具或使我们的实践适应环境的功能可供性一样，只有让故事塑造我们自己，故事才能扩展我们的思维。我们需要学习如何通过习得认识和回应故事利用的模式来理解故事，而这些塑型叙事的方式只有在重塑我们基于大脑和身体的构型世界的习惯时，才能在我们生活的其他领域拥有认知能力。

一种文化的叙事提供了一种共同的意向性模式，我们可以通过将我们的认知倾向与它们为我们使用而准备的塑型模式相结合，而这种双重性是可以重塑互动的双方的来回往返的过程。这不是一个线性或单向过程。即使是学会按照使用特定工具或设备的说明来操作，也不仅可以改变用户，也可以改变手段，无论是通过将其特点应用到最初可能没有意图的问题上，还是通过发现可以导致改进或改变其设计。特伦斯·凯夫（Cave，2016：48）发现，“功能可供性从定义上来说是开放式的，因为某人或某物总是会为最不可能出现的目标想出一个新的用途”。他指出，由凯夫所称“文学功能可供性”（literary affordances）实现的这些反应，既有限制性又“不明确”，引起和促进特定用途，也可能有一些不可预测的可以改变设备和使用者的即兴创作（见 51–62）。再一次，这些互动可以采取多种形式，这取决于功能可供性和反应者，以及在他们相遇时发生了什么。由这些相互作用启动的双重性耦合、来回往返过程不一定唯独受任何一方指导或控制。

跟随理解故事就是在叙事中的动作塑型模式和接受者借以体验世界的推拉作用样式之间进行双向、来回的互动。这些交换可以采取多种形式，产生不同的结果。就像在玩游戏的体验中一样，这种来回往返互动是如此的吸引人，以至于它可以接管自我意识，并且将其投入交流的共同操作（提供沉浸于故事中的快感，或加强通常的认知模式的意识形态力量）。或者故事和接受者之间的相互作用可以为创新的互动打开他们之间的一个空间，这些互动双方都无法单独控制，但这可能会改变两者——从而产生对叙事的新解释，塑型其元素的新方式，或者模式形成新的可能性，打破接受者的过往习惯，并且重塑他或她的世界。故事通过它们的传播被重塑，因为它们通过随后的复述和重听中流传下去的方式在接受中被再塑型。这个环路反过来对于观众可以有改造作用，或者可以讲授和强化现有的模式。通过这些互动产生的共同意向性对于参与者来说是不自主的；这种意向性取决于双方给体验带来的塑型模式，但它导致了一种事务状态的出现（在接受整个过程中的叙事历史上变化并且多样的“生活”），矛盾地超越了这些模式，即使它是由这些模式创造的（见 Armstrong，1990：20–43）。

这种环路并不是叙事所独有的。即使是像锤子这样的简单工具，熟练地使用也会是一种非常吸引人的经验，以至于在眼下的工作中，工作者、设备和任务之间的界限变得模糊，而且工具很容易受到许多各种不同无法预测、转化应用的影响（锤子可以用来建造房子或谋杀，在这两种情况下都会产生不可预见的分支后果）。然而，这里有一些不同之处很重要。故事对操纵世界和解决问题的装备过程，但并不能完全由工具性维度来定义故事。审美体验的虚拟性可能比使用工具来达到某些目的更有趣和更开放，即使这些目的可能导致其他无法预测的后果。

故事在接受者生活中接受和转化的处理是来回往返的相互作用，这种互动动态可能会变得开放、有趣和无法预测，以至于叙事服务于非工具性目的，并可停留在“仿佛”的领域中——虚构作品起作用的领域，利科说，根据“是这样又不是这样”的双重性逻辑（Ricoeur，1977：265–305）。如果讲述故事和跟随理解故事之间来回往返的游戏调动了大脑习惯性的意义生成模式，并将这些模式与检验、修改和改变其塑型世界的习惯方式的需要相违背，那么，审美维度的“仿佛”比起解决问题的模式工具性使用中为实验、灵活性和游戏开辟了更大的空间（尽管在这里，当异常不符合它通常部署的图形时，大脑也需要在其习惯性格式塔中接受调整和重新调整）。矛盾的是，也许故事的实际的有用性在于防止我们的认知加工过程凝结成僵化的习惯模式——保持其重新塑造和重新形成的能力——这种实用性可能会因审美的非工具性游戏而增强。因此，为了故事本身而交流故事在认知上是有用的，特别是在某种程度上，塑型和再塑型的游戏能够放松我们个人和社会思维中任何一系列特定叙事模式的习惯的、思想的束缚。

然而，比起马克·布拉彻（Mark Bracher）（2013）提倡的通过重复的“认知再训练”的“治疗”计划，故事对陌生化、中断和游戏我们受它们控制的认知模式的社会能力要求某种不同的“认知政治”（cognitive politics）。他的教学项目提出使用社会“抗议小说”（protest novels）来揭露和纠正导致不公正的“错误的认知图式”：“人必须让大家反复认识、打断和覆盖被触发时旧的、有缺陷的心理图式元素，以及要反而激活新的，更恰当的心理图式元素”（25–26）。这尤其惊人地示范了一类心理图示理论可以引起的机械又简化的思想。[①] 人们可以同意布拉彻的评论，他称之为“关于……人性的四个错误的设想”（见 8）——假设人由“本质”定义是完全“自主”的，“原子上”彼此分离，而且“同质”（“简单地好或者坏”）——不认可任何特定的正义或不公正的概念。这些假设并不是一个“错误的心理图式”，可以被“新的、更充分的心理图式”所取代。与这个严格的二分法所承认的加工过程相比，“视作为”的构型加工过程更具多变性和多元性（见 Armstrong， 1990）。布拉彻对本质主义本身的批判表明，人类是生物文化的混合体，能够以各种方式组织他们的社会和认知生活，科学不能（也不应该试图）规定任何特定的解释模式或任何特定的道德或政治秩序。

布拉彻通过反复强化正确的认知范畴而进行的逆向认知设计，不仅是一种道德上和政治上有问题的支配和权威断言；它也没有意识到“仿佛”在叙事互动中的力量，可以中止和挑战那些支配感知我们对世界的模式的习惯。通过来回往返的互动我们交流故事可以颠覆我们意向性传统的、自然化的模式，开启不同的，也许更活跃的协作互动可能性。布拉彻的治疗性、重复性的再训练计划将淘汰那些非常无法预测的、开放的、有可能给我们的故事体验带来解放力量的游戏［布拉彻的课堂一定是一个多么沉闷，像葛擂更（狄更斯小说《艰难时世》中的人物）的家一样单调乏味的地方］。

公正是一个历史上偶然的，文化上可变的，本质上有争议的概念，叙事可以通过他们与我们的认知习惯的互动，帮助重塑和重新形成。“仿佛”在审美体验中的游戏和不可预测的叙事互动的来回往返会产生政治结果，通过允许社会和道德范畴的协调和重新组合成为可能，正如朱迪思·施克莱尔（Judith Shklar）（1990）在分析民主社会中“不公正感”如何发展和变化时所描述的那样。她认为“不公正”而不是“不幸”的事情——一个社会认为不公平而不仅仅是不幸的那种事情（例如，种族歧视造成的痛苦，与火山或

① 见第一章，关于指代我们塑型的“视作为”加工过程的错误，使用布拉彻使用的“图式、脚本和偏好规则”术语。

地震等自然灾害造成的伤害和损失相比），因此需要政治补救而不是慈善援助——这是一种文化和历史上可变的事务状态，可以通过民主群体的论证和辩论而改变。这些界限是如何划定和重新划定的，可能会受到我们彼此讲述的故事的强烈影响。这些界线必然是模糊的，但它们的可竞争性正是施克莱尔的重点——“昨天坚如磐石的规则是今天的愚蠢和偏执”，她发现（8）——因为她认为，质疑和调整这些范畴是民主交流的关键工作。[①]施克莱尔所描述的那种不公正的再塑型，是由一种开放式的、来回的交流促成的，故事与我们塑型习惯可能转化的互动可以促进这种交流（见 Armstrong，2005）。

认知科学可以帮助我们分析和理解这些不同的政治和教育项目启动的我们意向性的耦合过程，但它不能在两者之间作出决定。耦合主观性的同步可以加强参与者的认知习惯——或者像布拉彻的项目一样，通过重复的再训练来重建他们的认知习惯。或者，就像我偏爱的游戏的政治一样，我们讲述和跟随理解故事时“仿佛”互动地来回往返可能会暴露出我们认知结构的局限性和偶然性，并通过审美的非工具性效果使它们有可能转化。再一次，神经科学可以帮助我们理解叙事的社会力量，但是这些力量可以服务于不同的目的，而且它们的结果不是预先决定的。

最近一个有趣的超扫描实验记录了不同教学活动可能产生的各种脑 - 脑同步。神经科学家苏珊娜·迪克（Suzanne Dikker）和她的同事（2017）利用脑电图颅帽（EEG skullcaps）记录 12 名高中生在一个学期的 11 节课中的脑电波模式，发现了大脑耦合的显著变化的证据，这使得一位评论员得出结论：“课堂参与和神经连贯确实是密切相关的”（Bhattacharya，2017：R347）。也许并不奇怪，当学生“观看视频并参与小组讨论”时，大脑与大脑的同步比

① 这个边界如何改变的例子是 2017 年 9 月 16 日袭击波多黎各的飓风玛丽亚，这起初是一次不幸事件，给该岛居民造成了巨大痛苦，但不能归咎于任何特定个人或政府机构的渎职行为。当联邦政府的救援工作落后于佛罗里达州和得克萨斯州对类似自然灾害的应对时，这一不幸就导致了不公正。波多黎各最初没有电力供应的日子很不幸，但并不一定不公平；然而，几个月后居民仍然没有电，这一事实确实可以被认为是不公正的。

"听老师大声朗读或讲课"时更强烈（Dikker et al.，2017：1376）。更重要的是，比起并排或不相邻的学生配对，"学生在课堂上与他们面对面的搭档表现出最高的成对同步性"（1379）。虽然直觉上可能很明显（大多数学生可能会同意讨论或电影不像演讲那么乏味），但这些发现很重要，因为它们提供了脑-脑耦合神经加工过程的物质证据，这些过程是课堂和其他地方合作互动的基础。

在解释他们的证据时，实验者得出的结论是，"'学生'对周围感官输入的神经诱导"——即"老师、视频或彼此"——因"联合注意"（joint attention）而不同。或者，用技术术语来说，"大脑与大脑的同步性增加，因为共同注意（shared attention）根据我们周围环境的时间结构调整神经振荡来'调协'夹带（entrainment）"（1380）。也就是说，当我们共同关注在时间上展开的现象时，我大脑中神经元集合的振荡与你的脑电波同步地产生共鸣（"调谐"导致"夹带"）。当我们在时间上协调我们暂时展开的视角时，协作会在与彼此来回往返的互动和我们共享的世界(我们观看的视频，听的讲座，或我们参与的讨论）中，产生大脑-大脑耦合（我们意向性）。联合注意需要在共同意向性的体验中兼具"我和非我"，而这种双重性是合二为一的认知结构，潜在于直到神经层面震荡之下的成功协作活动中。

然而，这些高中生的大脑中到底发生了什么，脑电图仪器无法检测到，他们脑电波的同步并不意味着他们都在思考同样的想法，就像管弦乐队的成员通过混合不同乐器的声音来和谐地演奏，会有相同的体验或神经签名(neural signatures）。此外，同步不是同质化，而是不同的加工过程和视角的和谐。如果一部电影或一次小组讨论比阅读或演讲更能让人沉浸在集体活动中，那可能是因为它们通过个人的意义生成鼓励了参与，为想象、情绪共鸣和共同事业中参与者的积极贡献创造了更多的可能性。如果教学法练习（didactic exercise）能迫使联合注意形成协调其成员意向性的同步模式（"跟着我重复"），它的目的可能是让某个群体做出一致的反应，而且很可能成功。联合注意可以产生群体思维，但是不同的小组活动可能会在参与者之间产生或多或少的一致性同步（支持家乡的运动队与在激烈的辩论中交换论点都会产生脑对脑的同步性，但具有同质性的程度不同）。奇怪的是，在这个实验中，强迫性较低的活动导致了更强的脑电波同步性，这可能是因为它们更有利于促进共同意向性的来回往返，积极贡献和沉浸式释放的矛盾组合是协作的特点。

大脑如何同步对理解讲述和跟随理解故事的体验启动的来回往返的互动至关重要，而最近的另一项实验也得出了有关基于这些交流下的皮层内模式的提示性结果。乌里・哈森的实验室（Silbert et al.，2014：e4687）拓展其在功能性磁共振成像的受试者间相关性分析方面的创新成果，分析了由产生和理解叙事生成的大脑皮层活动——首先绘制出“三个讲 15 分钟故事的人大脑中确实被激活的所有区域”，然后将这一活动的时间进程与“［11 名］听众理解同一叙事时大脑中激活的区域”相比较。这项研究不仅比较了讲故事和听故事时激活了哪些皮层区域，还比较了这一活动中说话者和倾听者的时间进程——不仅比较了大脑各区域的“空间重叠”，还比较了“神经活动在产生和理解过程中是如何耦合的”（e4687）。一些区域没有重叠（毕竟，听和说是不同的活动），而且随着时间的推移一些重叠的地区没有类似的回应，但被故事的创作和理解激活的大脑其他部分都在时间上相关联——他们的活跃是耦合的和同步的。脑与脑时间同步耦合的证据在内侧前额叶皮层（medial prefrontal cortex）特别明显，该区域“与基于奖励的学习和记忆、同理心、心理理论”有关，以及楔前叶（precuneus），楔前叶是位于上顶叶（superior parietal lobe）的一个区域，它与“广泛的一系列高度整合的任务有关，包括情景记忆检索、第一人称视角和代理人的体验”（e4692–4693）。在合作和联合注意的过程中，这些区域是人们期望被耦合的大脑区域，而且这就是这个实验所显示的——在一个与理解和认同他人以及协调注意力和记忆相关的大脑皮层区域网络中，时间相关的同步性。如果故事通过启动和同步基于神经元的认知活动，跨越自我与他人之间的界限来发挥社会力量，那么与记忆、视角选取、同理心和代理人有关的区域中反应的时间耦合，将正好证明这种叙事理解中世界双重化所产生的基于大脑的互动。

然而，几乎总是这样，这个实验提出的问题和它回答的问题一样多。虽然它记录的大脑皮层活动的同步性有力地证明了一个故事意图性的主体间共享，但仍然不清楚我们究竟应该如何理解说话者和听者在实验中的不同作用，或者这些作用如何比作不同讲述和理解故事的加工过程中被耦合的主体位置。例如，实验中的三个说话者与故事的作者并不完全相同，因为他们复述了规定的叙事不是他们创作的。但他们也不完全等同于故事的叙述者，因为那是叙述中复述和其他角色一起实现的位置［例如，一个故事的不同人物，或者隐性或显性的受述者（narratee）］。就像口头背诵一首诗，可以被视为一种诠释作品的方式，一个说话者阐述一个预先设定好的故事，既属于它的理解者，也属于它的创作者。尽管如此，实验确实记录了叙事构型交流中需要的共同意向性，因为所有 14 名参与者（3 名发言者，11 名倾听者）对叙事中意义的塑型模式用不同但相关的同步方式作出了回应。但重点仍然在于，实验中的发言者和倾听者关系与讲述者、故事和听众的关系并不完全一致。这种不精确性意味着，实验声称记录了讲述和跟随理解故事所需的脑对脑耦合并不完全准确。

同样，叙事理论家们对叙事交流中可以塑型的各种主体地位之间的关系也进行了无休止的争论——例如，作者、隐含作者、叙事者、受述者、作者的听众，和实际的听众——则这个实验留有歧义。① 这些区别对听者或读者的体验很重要，因为它们表明了叙事意向性的不同模式，而接受者的主体性可能会参与其中，并与之并驾齐驱——例如，将我的意识与叙述者或受述者的意向性耦合起来，或者投射出我的意识认为与之相关的隐含作者，或者将我个人对故事的反应与我所知道或想象中（或已经或将要）的其他参与者接受

---

① 关于这些概念的清晰解释，请参见 Phelan，2018。这篇目标文章引发的热烈讨论很好地概述了现下关于这些备受争议的区别的辩论情况（尤其是阿尔伯、卢特和普林斯的回应）。

时的视角相匹配［同伴读者、倾听者、评论家和对话者（通过他们的回应，故事得以延续），任何作者都无法完全预料到的实际受众］。在所有这些双重关系中，各种各样的相互作用、耦合和同步都会发生，但是神经科学的仪器无法记录这些体验是什么样的。

这个实验留下的一个重要问题是它对脑对脑耦合的衡量与故事的社会生活中横跨更广阔的时空范围内发生的各种同步之间的关系。来自不同社会世界和历史时期的观众对同一个故事的反应无疑是在同步他们的大脑，因为他们重新激活了叙事的意向性，从而参与了其跨越接受历史中的我们意向性的传递，但是这种跨文化，跨世代协作是不可能通过超扫描脑电图实验或功能性磁共振成像图像主体间相关性分析来衡量的。这项实验记录的耦合大脑活动的模式提供了证明不同的大脑如何同步对一个故事做出反应的物质证据，如果 14 名受试者在复述或听故事的不同时间分别进入和离开功能性磁共振成像机时发生这种情况，那么在这个特殊情况下被测量的跨时空的相关性可以合理地扩展，意味着在更大的时空界限有相似的同步性。扫描技术可能无法提供对这些广泛分散的相互作用进行精确测量，但实验证据仍然支持这样的推论：类似基于大脑的双重化的同步和加工过程在历史和文化的互动中正在起作用（或者，更好的是，在游戏中），故事通过这些互动来行使他们的社会力量。当我听到一个来自很久以前或很遥远地方的故事时，我确实经常觉得我的世界正在与另一个世界产生共鸣，也许在这个功能性磁共振成像实验中记录的脑－脑耦合是这种神秘、短暂体验的物质的、生物学基础。

作为认知档案的故事：有意识是什么感觉？

认知文学评论家最近提出，神经科学有很多东西可以从文学中学习，因为它理解的现象是违反客观测量或物理分析的。这里的中心问题是主观感受（qualia）问题，即如何解释第一人称某种感觉的生活体验的两难境地，比如看到红色（见 Humphrey，2006）。这个问题是托马斯・内格尔那篇令人难忘的题为《当蝙蝠是什么感觉》(*What Is It Like to Be a Bat?*)(Nagel, 1974)的文章的主题，其中他提出有意识的体验——第一人称生活的感觉，例如，看到红色——用客观的科学术语不能充分解释。内格尔的评论针对的是像弗朗西斯·克里克(Francis Crick)(1994：3，9)这样的神经科学家，克里克公然宣称“你只不过是一堆神经元”，主张“‘看到红色’的神经关联”是客观可定义的。克里克认为：“科学认为，我们的思维——即大脑的行为——可以通过神经细胞(和其他细胞)及其相关分子的相互作用来解释。”因此，“我们可以说，只有当你大脑中的某些神经元(和/或分子)表现在某种方式时，你才会感知到红色”(7，9)。这一假设为“神经美学”领域的许多工作提供了信息，这一领域由英国神经科学家塞米尔·泽基开创，他主张将艺术美解释为额叶皮层中“奖励系统”的反应(见 Zeki & Ishizu，2011)。他备受关注的 TED(technology, entertainment design)演讲(在 YouTube 上有上万次浏览量)中提出，他指向功能性磁共振成像(fMRI)图像上的一小块彩色区域，说那里是有美丽的艺术和音乐的体验交汇处，并宣称这就是美在大脑中的位置。

这种说法有很多问题，其中有审美体验在大脑皮层各区域和大脑与身体之间产生了深远的来回往返的相互作用，而并不局限于任何神经大脑结构区域(见 Conway & Rehding，2013)。然而，同样重要的是功能性磁共振成像能不能显示意识的问题。这些高亮的彩色图像看起来像是活动中的大脑快照——神经元对美的反应而活跃——但这种表面现象是有欺骗性的。一方面，功能性磁共振成像技术只能间接测量大脑皮层的活动，跟踪血液流向大脑某些部位的差异，具有相当大的时间滞后性。然而，更重要的是，泽基的图像不过是可视化图像表示一组 21 名受试者血流统计测量的平均差异的，因此更像是表格或者图表而不是照片。克里克也许是对的，我们只有在神经元活跃的情况下才能体验到美或其他任何东西，但这些图像至多是生动的统计显示；它们不是音乐或视觉艺术意识的样子。

单细胞测量单个神经元的电活动可以提供更接近神经元活动的近似值，

这是一种比功能性磁共振成像更直接、更具体的测量技术，但由于道德限制，在人类受试者中通常是不可能的。然而，有时就像癫痫患者在手术前一样，有必要也允许将探针插入活着的主体大脑中并记录电活动，有趣的实验发现有时也会产生这样的结果——正如神经科学文献中一个臭名昭著的案例，在癫痫病人的面部识别区域发现了一个神经元只对女演员詹妮弗·安妮斯顿（Jennifer Aniston）的照片做出反应，而对她和前夫布拉德·皮特（Brad Pitt）的照片或其他面孔没有反应物体（见 Quiroga et al.，2005）。这就是克里克所寻找的——潜在于体验中的神经元活动——但这不是意识到詹妮弗·安妮斯顿的样子。

因此内格尔怀疑第一人称体验可以被物理科学的术语和概念所捕捉。他提出，“每一个主观现象本质上都与某个单一的视角有关，客观的、物理的理论似乎不可避免地会抛开这个视角”（1974：437）。他进一步声称，“即使要形成一个关于做蝙蝠是什么样的概念（更不必说，要知道做蝙蝠是什么样的），也必须采取蝙蝠的视角”（442n）。没有声呐回声的人类能否做到这一点尚存争议，但令文学评论家震惊的是（内格尔似乎没有意识到的是），“视角”这个文学术语在小说理论中有着很长，有时还颇具争议的历史。一个视角（人的视角，如果不是蝙蝠的话）能否在虚构作品中表现出来，从而使读者能够想象地再创作出其生活的即时性，这是叙事理论中一直争论不休的一个重要问题。

当大卫·洛奇（David Lodge）（2002：16）声称“文学构成了一种与科学知识互补的意识知识”，他选择是的小说家亨利·詹姆斯的一部小说的例子并不偶然，因为亨利·詹姆斯与虚构作品中的视角相联系是很著名的。洛奇小说《想……》（*Thinks...*）中的认知科学家（2001：42–43）解释了“意识的问题”（也就是“如何对主观的第一人称现象进行客观的、第三人称的描述”），另一个主要人物，碰巧是一个有创造力的作家回答说：“哦，但是小说家在过去的两百年里一直在这样做，作为证据，她凭记忆复述了《鸽翼》（*The Wings of the Dove*）的开场白。洛奇观察到，“我们读小说就《鸽翼》一样，因为它们给我们一种令人信服的感觉，即除了我们自己以外的人的意识是什么样子”（2002：30）。这种成果并不是詹姆斯独有的［洛奇引用的另一个例子是安德鲁·马维尔（Andrew Marvell）的一首诗］，但是詹姆斯对视角的实验有着特殊的认知兴趣，因为他们试图表现的主要不是世界的什么，而是意识如何对世界的感知。这种知觉的主题化揭示了文学和其他艺术无论何时都试图表达主观体验时所涉及的过程、问题和悖论。

詹姆斯关于视角和聚焦的实验是有启发性的，因为文献提供给主观感受的途径并不像洛奇所说的那么简单明确。毕竟，体验的艺术表现并不是简单地提供意识以供亲身观察问题，也不是让我们完全地、直接地沉浸在另一个世界中的问题。“它是什么样的”中的“样”，只能通过审美展现的“仿佛”（见Iser，1993）来呈现。当来自任何流派或时期的文学作品试图重新创造不是我们自己的人的样子时，他们只能通过使用与他们试图表现的主观体验不完全相同的文体、惯例和技巧来实现。凯夫（Cave，2016：14）的观点是正确的，他认为“文学提供了一个几乎无限的档案，记录了人类思考的方式，他们是如何想象自己和他们的世界的”。然而，挖掘这个档案，在呈现有意识感觉的认知体验时，需要有“仿佛”的审美可变性的欣赏。

因此，洛奇这个例子的奇怪之处在于，詹姆斯并没有立即直接地表现出凯特·克罗伊（Kate Croy）的意识，而是通过一种可识别的、精雕细琢的、出名地有争议的文学风格来表现：

> 凯特·克罗伊，她在等她父亲进来，但他却不讲理地把她关在门外，有几次她在壁炉架上的玻璃里露出一张苍白的脸，那张脸由于恼怒而变得苍白，让她到了见不到父亲就要走的地步。然而，就在这时，她留下来了；她换了个地方，从破旧的沙发挪到用玻璃布装饰的扶手椅上——她试过了——立刻有了一种滑和粘的感觉。（2003［1902］：21）

即使在这两句话中，我们也能认出詹姆斯与众不同的方式。詹姆斯的小说遵循他众所周知的通过“中央智能”（Central Intelligence）的视角间接地表现一个场景的方法（这就是洛奇选择这个例子的原因），詹姆斯的小说通过描绘凯特的知觉和反思（例如，她对镜子中的自己的看法，还有她对父亲耽搁的懊恼），甚至是她的触觉（俗气的家装饰品的感觉）。詹姆斯有时因为描绘了巨大的头和不存在的身体的人物而受到批评，但在这里，凯特·克罗伊的意识是通过触觉体现。然而，这个段落中与凯特的想法和感受一样明显的是詹姆斯的写作［甚至他是如何通过把形容词变成名词的修辞手法来表现触摸的实质性的（“滑溜的和黏的”）］。

这并不是意识流（stream of consciousness）（不管这个令人绝望的模糊的术语意味着什么），而是一个非常平衡的短语和从句的结构，它唤起了人们对语言游戏的注意。这种风格本身意味着人物以外的存在和视角——让我们从隐含叙述者的视角观察凯特的双重感觉，同时也感受到了她的内心世界。我们在那里和她一起看，甚至我们也在看着她——我们看着詹姆斯，惊叹于他的风格（或者说绝望，因为我们怎么能同时做这三件事——一种可以理解的挫折感引起他的哥哥威廉抱怨，而且劝诫亨利只要在这方面取得进展，还要告诉我们故事发生了什么）。詹姆斯在这篇文章中描述，在这个时刻成为凯特·克罗伊的感觉，是审美表现的复杂产物。

洛奇将自由间接风格的发明归功于它赋予小说以非凡的力量，使其能够打开内部视野，了解他人的生活（见 2002：37–57）。我主张，这种技巧确实是另一个自我悖论的一种表现，但它并仅仅不是自然的、直接的和透明的。一个生物文化的混合体，它的自我和他者的双重化既是一种基本的、具身认知加工过程的生成，也是一种偶然的历史建构——一种只有在漫长的文学实验历史中才出现的文体惯例，它可以以各种方式用于不同的目的。这有很大的差异，例如，在居斯塔夫·福楼拜（Gustave Flaubert）在《包法利夫人》（*Madame Bovary*）中的自由间接风格的尖刻讽刺和詹姆斯描述伊莎贝尔·阿切尔彻夜未眠的意识时所流露出的强烈同情，这两种风格在名声不好的《一位女士的画像》

第 42 章或是众所周知的歧义作品中反映了她婚姻的失望，乔伊斯对斯蒂芬·德达鲁斯在《青年艺术家的肖像》中的情感表现得无可置疑的超然。文学也许有能力表现出科学缺乏客观衡量的意识可能的样子，但“仿佛”的“作为”在艺术的另一种视角的再创造和第一人称意识的直接性之间仍存在空缺。

这一空缺既使人丧失能力，又赋予力量。它使文学无法完全超越一种意识与另一种意识之间的差异，但它也使艺术有可能，生成其他生命的样式并尝试不同的方式。如果说表征的“作为”阻止了虚构作品的立即和直接呈现主观感受，那么它也允许作家通过认知的独特风格来展示和探索知觉经验的各个方面。神经科学可以帮助文学理论的一个方法是通过识别和描述一种特定的叙事技术试图表现和再创造的认知过程。仅仅详细说明与视角、意识流或内心独白等技巧相关的形式特征或语法标记是不够的。艾伦·帕尔默（Palmer，2004：64）指出，“在言语范畴的研究方法中，思维中有许多领域没有得到解决”，这种方法支配着对虚构思维的叙事学分析。由于表现意识的不同叙事方法突出人类理解的不同方面，一种描绘思维生活的特殊策略只有在其认知含义得到分析和解释之后才能得到充分阐明，对于这项工作，神经科学的思想和理论有很大用处。仅是科学概念不足以解释一种特定技术的认识论含义，因为从某种程度上讲，意识是什么样生成的“仿佛”需要仔细地解释，与风格审美相协调，但是，试图解释一个认知过程是如何在叙事中生成的，却不去查阅心理科学使自己失去了有价值的分析工具。

对表征风格的认知假设和目标进行分析的需要，尤其明显地体现在很难定义文学和绘画中的印象注意美学。印象主义是文学、绘画和其他艺术提供认知档极好的范例，可以从中挖掘来证明有意识是什么样的问题是如何由不同流派、不同时期和不同文化的艺术家探索。作为人类认知生活的生物文化多样性的证据，这个档案在历史上有所不同，因为“它是什么样的”中的“像”和“仿佛”中的“作为”可以用各种不同的方式发生，即使它的另一个特点是普遍的认识论结构和加工过程在最近进化过程中保持不变。

从历史上看，印象主义流派开始于渴望通过揭露和主题化其认识论的可能性条件，使现实主义的审美激进化。视觉和文学印象主义都对表现手法的惯例失去了耐心，因为它们与意识的运作方式不一致，因此看起来有人工痕迹。然而，印象主义的悖论在于，试图忠实地呈现意识认识世界的知觉加工过程，阻碍了摹仿的幻象构建。其结果是艺术可能看起来很奇怪、令人费解，不切实际，并把注意力放在作为艺术的自身上（画面的形式性质或叙事话语的文本性）。这一悖论为具有现代主义审美特点的抽象化和反仿文本游戏指明了道路。这些变化的原因与意识作为表征的目标难以捕捉有关。印象主义之所以产生现代主义，是因为主观感受审美的不稳定性。

"印象主义"（impressionism）这个词是如此的异类，以至于它似乎无法定义，涵盖了从莫奈学派（Monet' s school）的画家到引领小说从现实主义向现代主义过渡的文学印象主义艺术家［特别是亨利·詹姆斯、约瑟夫·康拉德和福特·马多克斯·福特，但这一术语有时被扩展到包括几乎所有试图表现主观体验的作家，从沃尔特·帕特尔（Walter Pater）、斯蒂芬·克瑞安（Stephen Crane）到乔伊斯、普鲁斯特和弗吉尼亚·伍尔夫］。然而，"印象主义"通常指的是对发展表征技巧的兴趣，这种技法将公正地对待第一人称的感性知觉体验。[①] 如何用绘画或文字来呈现一种感觉或知觉的主观经验，是印象派艺术与众不同的挑战，也是困难（也许不可能）实现这一目标，这不仅是印象派异质性的原因，也是它的许多悖论和矛盾的原因。

印象主义通过试图克服这个差距，揭示了艺术中另一种视角"仿佛"的再创造的"作为"与第一人称意识的直接性之间的差距，这就是为什么它是一个如此矛盾的现象。例如，考虑一下莫奈（Monet）的画作《印象：日出》

① 最近的一项研究（Parkes，2011：ix）发现，"文学印象主义通常被描述为一套文体和形式策略，旨在增强我们对个人感知体验的感觉"，而"印象"一词，尽管定义不同，但"表示人类意识中感官体验的标志。"关于印象主义小说家的多样性，参见 Kronegger，1973 和 Matz，2001。更多关于我这里分析的詹姆斯、康拉德和福特的叙事实验的认识论含义内容，见我的《困惑的挑战》（1987）。

（*Impression: Sunrise*，1872）矛盾的目的和效果，经常被作为印象派美学的象征标志被引用。这幅画试图在特定的时刻，在特定的光线和大气条件下呈现视觉感受，这幅画例证了左拉（Zola）对印象主义的描述，即“通过个人的气质被看到自然的一角”（引自 Rubin，1999：48）。它的目的是精确和准确地捕捉某个瞬间的体验效果，它既是客观的，也是主观的。因此，一个悖论是，印象主义不仅被认为是更科学的，而且它的表现方式比其挑战的现实主义传统更具个性和现象性（见 Lewis，2007）。莫奈画的日出有更多现实主义的主张，既符合当时的大气条件，也符合知觉者的视觉感受。然而，在另一个更为复杂的重要问题上，它只能用彩色笔触效果的排列来表现这种感性体验，因此这幅画的另一个矛盾之处——期待现代主义关注图画平面的矛盾——是它的气氛，煽情的效果取决于颜色对比（红色和蓝色），形状（强烈的，偏离中心的太阳圆和粗略指示的船）以及强调其作为被制造物体的实质性（甚至在左下角有其制作者的签名和日期）的笔触（在天空和水中大力而粗略地应用）之间的关系。

这些矛盾对观者的影响看似矛盾其实有道理的和双重性的，同时也是直接的和反思性的。莫奈的绘画既是一种对瞬间感觉的替代性沉浸的刺激，也呼唤它所模拟的认知条件的反思，也是反思其借以批评现实主义不自然性的艺术技巧。正如艺术史学家詹姆斯·鲁宾（James Rubin）（1999：115）敏锐地指出，“莫奈的技巧集中在纯粹的视觉现象上，在存在和缺席之间创造出一种引人入胜的相互作用——这种相互作用引起了对表征和幻象的注意”。这幅画在存在与缺席之间摇摆，试图呈现的不是也不可能是第一人称的体验，它努力创造体验的幻影，突出它试图这样做物质的、技术的手段。这种矛盾具有一种矛盾的效果，即促进对作品形式特征的审美反思（绘画平面上的抽象色彩游戏，这是现代主义抽象概念的先兆），即使它鼓励观众重新创造一种最初感觉瞬间的“仿佛”双重化——一种既是，也不是莫奈所体验到的瞬间的幻影。日出感觉的主观感受既存在也不存在莫奈的绘画中，这种二元性在感官沉浸和认知的审美反思之间引发了某种振荡。

这些对立在两位著名的旁观者约翰·拉斯金（John Ruskin）和E.H. 冈布里奇（E. H. Gombrich）之间的冲突中表现得很明显，他们对印象主义持不同意见，因为他们强调其定义矛盾的相反两极。根据拉斯金的著名阐述，“绘画的全部技术力量取决于我们恢复了所谓的纯真之眼（eye of innocence）；也就是说，我们对这些平面的色彩斑点有孩子般的知觉，仅仅如此，而没有意识到它们意味着什么，正如一个盲人如果突然有了视力就会看到它们”（Ruskin，1857：6n；原文强调）。这种在传统范畴之前对原始认知的描述具有讽刺意味，也是必然地，依赖于隐喻——一种与儿童或盲人如何看待事物的想象性比较，但严格来说并不准确。视觉神经科学发现，如果不能在幼儿的关键时期接受刺激，使其能够自我组织，那么后视皮层（the rear visual cortex ）就会萎缩。这是现在经典实验的中心发现之一，这两个实验为托尔斯坦·威塞尔（Thorstein Wiesel）和大卫·胡贝尔（见 Wiesel & Hubel，1965）赢得了诺贝尔奖。如果没有建立对方向、运动和颜色的反应模式，视觉大脑就失去了与神经元连接的能力，因此，一个突然获得视力的盲人根本看不见东西。莫奈的画既不是一个孩子也不是一个失明的人会如何看待这个场景，然而这个“不是”有启发性，而不是仅仅是错误的，因为它实现一种对照，用构型语言的“仿佛”以令人难忘的方式表明“有某种最初感觉是什么样子”（当然，某种主观感觉的体验，严格来说并不是可复制的 ）。拉斯金也许在科学上是错误的，但是“天真之眼”这个短语作为一种主观感受的隐喻在某种程度上是正确的，可以解释为什么它一直延续下来。

冈布里奇（Gombrich，1960：298）以反对“天真之眼是一个神话”而闻名，他坚持认为“旁观者的份额”在知觉和绘画中的作用：“看到永远不只是记录。它是整个有机体对刺激我们眼睛后部的光线模式的反应。”这确实是当代神经科学的一个中心理论，它把视觉理解为一个来回往返的加工过程，在大脑、身体和世界之间的相互作用中，跨越视觉皮层来回汇集输入信息（见

Livingstone，2002）。然而，据冈布里奇不完全的估计，印象主义也需要与模式有目的游戏。莫奈的绘画依赖于完型和构念来实现效果，不仅表现在画面上形状和色彩的正式排列和并置，而且还在于观众识别场景的特征的能力（船只和港口，初升的太阳，它在水面上的倒影），这些特征既存在也不存在。视觉体验的存在与不存在之间的振荡没有证明无形，却是图形和图案相互作用的产物。拉斯金和冈布里希对莫奈从事的事业的看法既是对的也是错的。拉斯金正确地理解了印象主义是一种渲染主观体验的尝试，但冈布里奇正确认为，要做到这一点必须利用“仿佛”的审美和认知资源，来表明它是什么样子。

最著名的倡导者、小说家和批评家福特·马多克斯·福特，最著名矛盾断言证明，相似的悖论是文学印象主义的特征。根据福特的观点（Ford，1964［1914］：41），“任何印象主义作品，无论是散文、诗歌、绘画或雕塑，都是对某一时刻印象的记录”。其目的是产生“现实生活中场景确实有的那种奇怪的振动；你会给你的读者留下印象……他正经历着一段体验（1964［1914］：42），具有“复杂性，诱惑力，波光粼粼，阴霾，生活就是这样”（1924：204）。福特和他曾经的合作者约瑟夫·康拉德认识到，“生活没有叙事过，而是在我们的大脑中留下了印象。反过来，如果我们想给你们带来生活影响，我们就不能叙述，而要给你们留下印象”（Conrad，1924：194–195）。遵循这个建议，印象派的叙事，如《好士兵》喜欢或《吉姆老爷》打断了时间的连续性，在时间上来回跳跃，为事件和人物提供了不连续的视角，这些视角可能会令人困惑，因为它们抵制我们构建模式的意图。福特声称“小说家的目的是让读者完全忘记作者存在的事实——甚至是他正在读一本书的事实”（1924：199）。但这些迷惑人的技巧似乎有相反的效果。他们并没有推动杂乱无章的隐形性，而是引起注意文本的构建和它的分离戏剧化的认知过程。

正如《印象：日出》启动的存在与不存在之间的振荡，这种矛盾突出这样事实：在绘画或文学作品不能直接和立即地给予主观感受，而只能通过“仿佛”的操纵来被重新创造、模拟和发生。因此，福特主张“印象派必须总是夸大”

（1964［1914］：36），这一学说似乎与他的理论背道而驰，即作者和文本必须消失。然而，在绘画或文学作品中，扭曲是不可避免的，因为表现必然会把一些东西表现为某种东西，而不是它本身。印象主义的中断并没有试图通过摹仿形成幻象来掩饰这种困境，而是暴露了这种困境。

因此，印象主义与维克托·什克洛夫斯基著名的陌生化美学有许多共同之处。什克洛夫斯基（Shklovsky， 1965［1917］：12）认为，艺术的目的是“使对象‘陌生’，使形式变得困难，增加知觉的难度和时间长度”，从而“恢复生活的感觉能力……来让人感受到事物，让石头像石头一样”。这种陌生化技巧的效果可能是矛盾的，它不仅能使知觉再次生动起来，而且还能促进人们反思习惯如何使感觉能力迟钝，并引起人们注意抵制自然化的艺术形式。这种双重性类似于分神和困惑的效果，福特将其描述为典型的印象主义：

> 事实上，我认为印象主义的存在是为了渲染现实生活中的那些异常的效果，就像透过明亮的玻璃看到的许多景色一样——透过如此明亮的玻璃，当你看到一个风景或一个后院，你会意识到，从表面上看，在它表面上反射了你身后一个人的脸。因为整个人生都确实是这样的，几乎总是我们在一个地方，我们的思想在另一个地方。（1964［1914］：41）

这是一种双重化的体验，一种存在与缺席之间的振荡——同时是知觉的增强和无意识加工处理的中断，促使观看者思考某种奇怪的光学效果，这是审美上有趣的特性，即使它另外预示了意识未被注意的方面。这种二元性既呈现了“主观感受”——有视觉感觉是什么样子——也唤起人们关注它是什么样子发生方式，需要“作为”的操纵（这里被认为是一种分散意识的体验，就好像我们同时在两个地方一样）。

如果说表现的仿佛阻碍了印象派画家立刻且直接地呈现“主观感受”，那么它也使印象派画家得以对知觉经验的各个方面进行前瞻和探索，他们如何做到这一点的差异反映在印象主义审美的多样性上。例如，詹姆斯把视角作为小说创作的中心原则，因为他对意识的构建能力很感兴趣——我们如何通过“从看见的东西中猜出看不见的东西”（1970c［1884］：389）并从使某些事情变得隐藏和不确定的有限视角创造模式来认识世界。给《梅茜知道的》（*What Maisie Knew*）或《使节》的读者“创作能力是什么样子”的幻影——就像梅茜或斯特雷瑟那样看待世界的“仿佛”体验，——但也能够讽刺地注意到这些人物可能没有观察到，或是太富想象力地填充的东西（以便我们就可以分享孩子的困惑，即使我们了解那些让她困惑的成年人的自恋阴谋，当斯特雷瑟得知查德和德维安夫人之间的“正直的依恋”并非完全贞洁时，我们并不像斯特雷瑟那样感到惊讶）。通过使角色对世界的视角主题化，并根据某些假设、习惯和期望使角色构建的方式戏剧化，詹姆斯允许我们沉浸在其他人的意识中（体验共享他们视角像什么样子），即使我们也观察到它的典型局限性和盲点，注意到它对世界的控制和其他人以不同方式解释事物的视角之间的中断（残忍嘲笑梅茜的天真问题，或伍利特对斯特雷瑟已被巴黎巴比伦带走担忧的成年人）。这种双重性使我们注意到认知模式生成的构建能力，这种能力我们通常在日常知觉中没有注意到，而传统的现实主义虚构作品则通过展开一系列展示物体和人物的各个方面，来默契地用这些能力来描绘物体和人物。

康拉德和福特歧义的、断片的叙事为相似的认知目的运用了不同的技巧。在《吉姆老爷》一书中，马洛对这个有名无实的人物采取不同视角之间的不一致，阻碍了他综合成一个连贯的视角，并因此使他感到沮丧和困惑：“这些视角助长了人们的好奇心，却没有满足这个好奇心；它们对方向的目的没有好处”（1996［1900］：49）。马洛对吉姆的管窥仍然是零碎的和不连贯的，这些管窥拒绝综合，突出了用清晰理解所需的模式在元素之间建立一致性的驱动力。在福特的印象派代表作《好士兵》中，叙述者道威尔在重温和修正许多他误解的假设和让他感到困惑的信念时，同样无法使事件的不同版本一致。“我不知道。我把它留给你。”他反复告诉读者，即使他的叙述接近不确定的结尾（1990［1915］：282）。这两部小说因为有歧义而出名，质疑和违反读者做更好地使证据符合一致的模式。在想知道是相信还是怀疑叙述者的解释和诠释时，我们在自己的体验中重现了他们的不确定性，而拒绝将片段粘合则让人们关注认知模式构建这一通常隐形的工作。

绘画和文学中印象主义派实验的奇怪之处之一在于，它必须依靠如此复杂的技术创新，才能使意识看似简单、不言而喻的存在呈现在自身上。但这种矛盾也是现代主义的一个决定性特征。例如，弗吉尼亚·伍尔夫在谴责情节的“暴政”和无法捕捉生命“光环”的传统表征的“不合身的外衣”之后，在她的经典宣言《现代小说》（*Modern Fiction*）（1984［1921］：149–150）中，她明确要求：“让我们按照原子落在脑海中的顺序来记录它们。”然而，她也认识到，在所有的即时性中呈现第一人称体验需要技巧和惯例，因此她担心她的这一代人将被指责为“一个失败和碎片的季节”，“粉碎”和“崩溃”以及“格格不入地写作”，因为“爱德华时代的工具我们来使用就是错误的”，而更合乎需要的技巧尚未发明（Mr. Bennett & Mrs.Brown，1950［1924］：117，116，114，112）。

因此，这个看似矛盾的现象是，试图呈现出有意识像什么样子会产生一系列的文体创新，从伍尔夫和乔伊斯到福克纳等，这是一种被过度使用的涵盖性术语“意识流”大幅度简单化的技术性种类。问题不在于这些现代主义者中哪一个独特的风格实验模式清楚无误地了解主观体验的“光环”。与《尤利西斯》中的“汽笛”（Sirens）或“太阳之牛”（Oxen of the Sun）相比，《到灯塔去》的“时间流逝”（Time Passes）是“原子”（atoms）的表征更准确吗？班吉在《喧哗与骚动》中的叙述是否比他哥哥昆汀、杰森、——拉姆齐太太、利奥波德·布鲁姆或莫莉的更忠实地呈现了意识？这些问题的不合理表明，这不是制订这个问题的正确方法。当然，现代主义者和印象派的实验揭示出的，是寻求呈现出主观感受是什么样子，需要运用表征的“仿佛”，而且这可能无休止地变化。这就是为什么现代主义像印象主义一样，是一种表现意识的多种风格的异质集合，而不是统一的认识论或同质的美学。

关键不是詹姆斯、康拉德、福特或其他伟大的现代主义者对意识的看法或多或少是对的，而是他们用不同的技术实验来构型意识像什么样子的，用“仿佛”在阅读体验中使神经科学从不同视角探索认知生活的各个方面发生。“仿佛”中“仿”和“像什么样子”中“像”的可变性引起了风格实验的多样性，印象主义和现代主义据此来展示和探索意识，从来没有把“它”理解得很对，因为它们总是使“它像什么样子”发生，这是使表征具有历史性的实验、创新和变异的加工过程。[①] 文学永远无法比科学还要完整地、完全地捕捉到有意识的感觉，但印象主义和现代主义的实验可以帮助我们理解为什么会这样，即使他们试图超越“仿佛”的限制，传达一种他们无法掌握的体验。

印象主义和现代主义是艺术如何提供一个认知档案特别清楚和令人信服的范例，可以提供补充神经科学所能揭示的关于意识的具身生活的视角。这些审美运动的焦点是“有意识是什么样子的”，这些审美运动的重点是有意识地将认知过程主题化，在作为关系的呈现时的塑型体验中发挥作用，我们通过这些关系了解彼此和我们的世界。在任何历史、遗传或文化模式下，审美发生的“仿佛”操纵并使人们看到通常看不见的视作为模式，我们通过这些模式来解释世界，并在这个加工过程中可能转塑型和转变它们。[②] 音乐、视

---

① 这是大卫·赫尔曼误解的关键点，他主张现代主义作家都致力于一个“生态有效”的、反笛卡尔的具身、行为认知模式（见 2011：243–272）。赫尔曼急于为伍尔夫、乔伊斯、劳伦斯和其他现代小说家辩护，反对指控他们通过将小说转向内在来分裂思维和身体的认知谬误，赫尔曼将他们的认识论同质化——毕竟，但他们在“有意识是什么感觉上并没有都达成一致”——尽管他忽视了任何意识表征的历史特征。认知档案中显示的意识生活的不同版本不应根据其认识论有效性进行评估，而应该因为其在披露认知生活的特定方面（以及在隐藏、伪装和可能曲解他人的过程中）时对“作为”和“仿佛”独特有效运用而得到理解。即使现代主义者都是笛卡尔主义者，这也不是一件坏事，而是他们文化和历史特殊性的标志（也许更准确的说法是，不同的现代作家在与这种观点的距离和接近程度上各不相同，帕特尔、普鲁斯特和贝克特离得最近，劳伦斯和乔伊斯离得最远）。档案中的表征风格不是 21 世纪认知科学走向“真相”运动的目的论阶段，而是我们生物文化多样性的证据，其特征是认知普遍性和历史、文化差异的变化和可变组合。

② 阿尔瓦·诺埃 2015 年提出了类似的论点，认为艺术作品是“奇怪的工具”，它们暴露了我们体验世界的组织模式，从而使它们的重组成为可能。

觉艺术和文学以不同的方式使“仿佛”发生，但它们都具有认知价值，因为它们对特定审美领域的作为结构的操控，会影响认知据以运行的作为关系。

在叙事的例子中，我试图在本书中展示，通过使用我们体验世界，并将它们塑型成话语和故事的模式（讲述和受述）的构型，我们交流的故事可能会再塑型激励和定义我们日常认知生活的作为关系。这三种类型摹仿的环路创造了构型的档案——记录社会和历史的故事——证明我们的具身认知能力游戏般的可塑性。这个档案是一个共同意向性的主体间储层，它不仅见证了在不同的时期和文化中“意识是什么样子的”；它也邀请我们通过他们留下的故事中将在我们的认知生活发生的痕迹与其他大脑同步。世界故事的认知档案是其他时代和地点叙事中社会力量的宝贵记录。然而，这些力量不仅被锁在过去，而且可以跨越历史和文化的距离，因为我们将我们自己的大脑与人类其他成员塑型成故事的协调与不协调模式相耦合。

结　语

神经科学和叙事理论有很多值得相互借鉴的地方。在意识的神经相关物和讲述与跟随理解故事的生活经验之间有一个解释性的空缺，但我试图表明，这种空缺可能是一种资源，而不是一种障碍。挑战，无疑说起来容易做起来难，理解和利用这两个领域之间的差异如何提供了不可简化但（至少可能）相互启发的互补观点。问题不在于如何在一个宏大的认识论综合体中使科学和人文科学相调和［E. O. 威尔逊（Wilson，1998）知识大通融的梦想］，也不在于如何解决所谓的两种文化之间的冲突。更确切地说，我们需要的是，从学科优势的立场出发，找出如何在这一分歧上进行富有成效的交流，在这种情况下，自然科学和人文科学都认识到什么对方可以做，而自身理论和方法却不能。本书的主要目的之一就是找出可能发生这种交流的地方，并提出它们可能的样子。

叙事理论可以从这种交流中学到什么？一方面，我认为当代神经科学关于认知、语言和情绪的发现使一些文学和叙事学理论不如其他理论可信（尤其是那些仍然被结构主义叙事学的遗留问题所困扰的理论）。我也试图展示一些神经科学研究（例如，关于大脑功能中断的时间性，或者关于行为－感知回路）可以为叙事理论中备受讨论的话题（故事如何组织时间，情节如何模仿行为）提供启发。

然而，这些好处并不是全部都是单向的。我认为，对于认知、隐喻和社会互动中模拟的神经科学研究，需要被文学和叙事理论理解，这些理论已经非常精确和详细地分析了体验的虚构阶段的“作为关系”和“仿佛”的复杂运作方式。这些理论从尼采，伊瑟尔和利科（以及其他人）的著作中得来，表明为什么摹仿的“作为结构”比因果或机械模型暗示得更多变和开放，这反过来解释了为什么隐喻在具身体验中的基础在从具体到抽象的范围上有不同的等级。因此，对愤怒或痛苦等体验的具象隐喻的生物文化变异性，既是人类中普遍存在的，又在文化和历史上有所区别。同样，阅读的现象学理论表明，在我们对嵌入文本中的意向体验中，自我和他者的双重化使人们对摹仿模式的单向假设产生了怀疑，这个模式构成了文学作品能够改善心理和同理心理论能力的简单化主张的基础。理解故事和大脑之间的关系需要具备叙事理论和神经科学的能力。他们都不能单独完成这项工作。

如果叙事学存在已久的目标之一是解释故事、语言和精神之间的三角关系——要理解我们讲述和跟随故事的能力是如何与我们人类的基本语言和认知过程特征相关——那么叙事理论有责任跟上科学的步伐。可能曾经有过这样的情况：所谓的第一代认知科学，基于大脑的人工智能模式，与结构主义叙事学的假设很好地吻合。像计算机一样的大脑基于大脑结构学的模块之间的逻辑和算法关系可能对应通用语法的操作法则或基于言语（parole）的语言（langue）的有序结构，对于叙事学来说，认知叙事学提出与这些模块类似的认知图示、框架或脚本，以及定义管理这些运作的偏好规则是有意义的。

然而，我在第一章中解释过，随着科学的发展，这种大脑模式已经不再受欢迎。新的扫描技术提供的大量且不断增长的证据表明，一个模块化的、类似计算机的大脑概念过于僵化和有序，无法解释横跨大脑皮层以及大脑、身体和世界之间的动态、递归的相互作用，认知模式通过这些相互作用形成、消解和重组。语言是一种整个大脑的现象（Huth et al.，2016），大脑皮层的不同部分可以重新利用，以支持各种不同和多变的认知功能（Anderson，2010），就像大脑通过再利用视觉皮层的一部分来学习阅读一样，视觉皮层已经逐渐形成不变的物体识别（Dehaene，2009）。我们的语言能力是建立在反复发生的、相互作用的体验基础上的，而不是固有的语法之类是结构（Nadeau，

2012），而情绪同样是个人和文化体验的大脑结构上可变的功能，而不是具有定义的“神经特征”的普遍结构（Lindquist et al.，2012；Barrett，2017）。大脑是一个相互作用、相互构成的元素的动态组合，这种纵横交错的概念取代了逻辑有序的模块化理论，认知叙事学需要相应地修改其研究计划。

科学是一项历史事业，而不仅仅是事实的集合，它的理论随着新的证据对先前接受的模式提出质疑而改变。像叙事学这样的人文学科领域提出认知和身体的假设，需要根据科学研究的发展不断地回顾和评估这些假设。然而，神经科学并不能解决我们所有的争议。科学实证主义的坏影响不会阻止探寻和辩论。首先，证伪是不对等的。科学可以驳斥某些与证据充分的发现不一致的观点，但它不一定能告诉我们什么是正确的。有些理论被证明是错误的，但仍然对于的富有成效的不同意见提供了很大的进步空间。虽然建立在大脑模块化理论基础上的语言和情绪理论并不能很好地经得起越来越多的证据的考验，但关于如何最好地理解我们认知生活的这些方面，仍然存在许多问题，而且相互冲突的解释方法仍然可行。正因为我们进化发展的认知素养有多种方式可以用来创造不同的叙事和文化世界，因此不同的阐释学程序可以用来解释这种模式形成的活动——但对什么有效，什么无效都有限制（见Armstrong，1990）。

纵横交错的大脑动态的、递归的模式与各种不同的分析大脑、身体和世界在故事交流中相互作用的方法是一致的。我们利用了利科和伊瑟尔的成果，我更喜欢一种构型环路现象学模式，在我们交流故事时，在不同方面的体验之间来回穿梭——叙事和情节编排中的行为塑型（摹仿 2）如何利用预塑型的个人和文化体验（摹仿 1），并可以反过来转化接受者的构型认知过程（摹仿 3）（见第一章）。但我也建议，第二代认知叙事学中的其他实用导向的方法提供了有前途的见解，与当代神经科学相一致，通过动态相互作用来构建和交流故事。例如，特伦斯·凯夫（Cave，2016）将关联理论中的含义理论与吉布森的功能可供性概念相结合，以提出了一种用文学思考的认知模式，强调叙事形式提供的即兴可能性。伊莱恩・奥扬（Auyoung，2018）运用传播理论中的流畅概念来阐明摹仿的小说是如何变得似乎真实的。卡琳・库科宁（Kukkonen，2016）使用预测性加工处理的贝叶斯模型来解释叙事中的概率设计如何与指导我们阅读和生活中的认知活动的预期相互作用。詹姆斯・费伦（Phelan，2017）的修辞学理论论述了很多方式，以此作者试图通过操纵叙事交流的各个方面来影响他们的受众。这并不是一个面面俱到的清单，但我认为，这是一个指示，许多研究路线使这个叙事理论历史上的新时期令人兴奋和充满希望。①

经典结构叙事学中的一些术语和概念仍然为分析创作和交流故事的构型环路提供了有用的工具。例如，我反复调用故事和话语之间的基本叙事学区别（Chatman，1978），以探索不同时间过程和行为模式之间的相互作用，这些特征描绘了讲述（叙事行为）、受述（事件的组织），以及他们的接受（叙事理解的活动）的特性。类似地，杰拉德・热内特（Genette，1980）对叙事时间倒错的权威性解释揭示了故事的时间组织中的中断，有趣的是，这些中断与我们时间性分散的大脑的独特性相关。然而，这些术语和概念往往需要修正或补充，因为语法导向的模式缺乏澄清和解释叙事的认识论和认知运作的能力——例如，我在第四章表明，语言模式不足以解释广泛讨论的自由间接引语的歧义性如何与主体间性的体验矛盾相互作用，或者不同历史时期的故事如何塑型认知的“作为结构”，以便通过不同版本的“仿佛”来展示有意识是什么样的。经典叙事学的词汇，尽管有时极其复杂和晦涩难懂，但它可以为理解叙事构建和打破模式的过程提供宝贵的工具。错误的是把这些术语具体化或僵化，把它们以本体论表达或固定为一种分类法。

对叙事学进行归类和分类的驱动力是追溯到亚里士多德时期的叙事学普遍特征，是一件好事，也是一件坏事。范畴化是一种基本的认知活动，在

① 其中，见 Bernini，2018；Bolens，2012；Caracciolo，2014；Gosetti-Ferencei，2018；Kuzmičová，2012；Park，2012，2018 和 Troscianko，2014。

不同的“视作为”的感觉加工过程中起作用，我们具身大脑通过这些加工过程与模式互动以塑型我们的世界。从视觉上的对立到不同感官和知觉加工过程的探索活动，我们对差异的反应是生活的基本素养。错误在于将这些分类和分化加工过程为认知模块或形式结构，这些模块或结构，比起明显在纵横交错的大脑中在构建和破坏模式之间不断变化的平衡行为，提供了更多的逻辑和秩序。范畴化模式做着至关重要的认知工作，而且经典叙事学的术语和概念可以为理解这些加工过程提供工具，但是分类方案不能公正地处理秩序和灵活性的竞争需要之间的来回往返，而这由叙事通过与协调和不协调游戏促成。

故事提供了潜在的丰富资源来探索最近出现的许多问题，作为纵横交错的大脑的神经科学核心——例如，神经元集合、振荡绑定，以及大脑 - 大脑的耦合的加工过程，神经科学家已经认识到这对构成所谓连接体的大脑平层内部和大脑 - 身体 - 世界相互作用的动态系统运作至关重要（见 Raichle，2011；Dehaene ，2014）。由于它依赖大脑结构和大脑皮层模块化的过时观念，形式主义认知叙事学没有能力很好地为提供本研究需要的理论指导，但我希望，神经科学家可能会在我所阐述的时间、动作、主体间性的叙事理论和相应的认知科学之间的相关性中，找到可能的研究问题和探索领域的有用建议。神经科学可用的仪器并不总是足以应对这些挑战。例如，我解释过，叙事互动的时间性和社会性对当前扫描技术的测量尤其抗拒。但是，这些局限性往往指向神经科学家越来越认识到需要解释的大脑功能重要区域，——例如，时间对神经元同步的振荡加工过程如何至关重要，以及合作互动中耦合的大脑与独立的大脑如何表现不同。神经科学难以衡量的故事往往正是神经科学需要理解的。

同样重要的是要记住，文学作品所揭示的关于认知的东西，必然无法达到科学的测量工具——有意识的感觉是什么样的主观感受，比如，虚构的叙述可以以不同的方式发生，超出了实证主义可以记录的定量研究内容。同样重要的是，认知科学家不能忽视或轻视对待这些限制，过于简化一些问题，叙事理论可以，并且应该指导这些问题的复杂性——例如，其他世界的虚构表现是如何使自我和其他人双重化，其方式不能简化为单线模拟，而且可能不一定因此产生亲社会效应（基于同样的原因，关于暴力电影或电子游戏必然产生的反社会影响的预测也过于简单化和决定论的）。科学的印记之一是它在设计实验方面的创造性，这些实验避开了测量仪器的局限性，但是叙事理论有助于区分启发性创造力和钝边模糊处理（例如，在实验中，通过调用文学虚构作品中的模糊概念来检验心理理论测量的同样模糊的反应，这两种方法都没有公正对待叙事的文体复杂性或阅读加工过程的可变性）。

一些认知文学研究的实践者最近呼吁进行一次实证性的转向验证违反实验证据的阅读和叙事的理论主张［关于这类最好的作品，请参阅 2011 年创办的《国际文学实证研究学会杂志》，见《文学科学研究》（*Scientific Study of Literature*）］。这在许多方面都是值得欢迎的发展。然而，查明事实真相并不是一件简单和直接的事情。实证转向有时似乎是出于对理论推测的反感，但实验工作离不开理论。实验检验假设，这些假设需要建立在良好的科学基础上，也需要建立在良好的叙事和阅读理论的基础上。实证研究不应将实验性工作视为文学和现象学阅读过程模式的替代品，而应将叙事理论和现象学视为检验假设的来源，并作为理解其发现的框架。我引用了这一领域的一些重要研究成果，如理查德·格里格（Gerrig，2010，2012）和大卫·迈阿尔（Miall，2011），因为他们的实验有趣地阐明基于记忆的加工处理以及情绪在引导期望中的作用的重要科学和理论问题。实证工作不是收集事实的过程，而是设计信息性实验的过程，好的实验设计需要理解值得探索的问题，基于最受尊重的科学和相关的文学和叙事理论，以及鉴别收集证据的各种方法的局限性和优势。检验假设是一项理论工作，而不是理论的替代品。

关于叙事和阅读的实验性工作也需要记住读者如何能以不同的方式理解故事，不仅是因为他们的能力水平不同，而且因为他们的解释框架不同。对所谓的“异怪”（weird）受试者群体的怀疑（Henrich，Heine & Norenzayan，2010）——来自西方的、受过教育的、从事工业的和发达国家的大学本科生是否是关于认知过程的中立、无偏见的证据来源——这也与关于故事和阅读的神经科学和心理学实验有关。作为生物文化的混合体，任何受试者群体的成员都会具有一些普遍的和偶然的、历史和文化上的可变特征。从但某种意义上讲故事和跟随理解故事的能力对我们人类来说是很自然的——即使是小孩也能做到！这也是一种文化习得，是我们学习去做的事情，也是我们可以学习做得更好的事情（或者我作为一名文学老师是这么认为的）。

任何关于我们如何讲述和跟随理解故事的描述都可能有一个规定性的维度。例如，伊瑟尔对阅读过程的现象学描述也提供了关于如何更好地理解故事的指导（通过更思虑地关注我们如何填补空缺和不确定性，我们如何构建和打破幻象，我们如何投射出转而惊喜的期望，或是我们如何形成我们自己意识与文本准备的意识双重化）。我们学习阅读故事的方法之一是听从指导，我们认为他们有东西可以教给我们，而叙事理论可以尽量帮助我们成为更好的叙事读者。然而，在线性和单音尺度上无法衡量什么才算是更好，然而，这在目的论上导致了从坏到更好，再到最好。阅读能力是有一定程度的，但在某种情况下，同样有能力的读者可能会通过采取相反的，有时是相互排斥的，支持阐释学和获得不同的阅读实践来辨别自己，这反过来又可能反映出他们的文化和历史状况的偶然性。

作为读者，我们的生物文化杂交的矛盾之一是，我们普遍共有的认知素养可以在不同的预设和兴趣的指导下，用各种不总是协调的方式被利用，这样同样有效的文本解释就可以从根本上出现关于其意义的分歧（见Armstrong，1990）。文学的实证研究必须记住，对立的阅读实践甚至可能使最有能力的读者产生分歧，因为他们属于不同的解释群体，有着不同的价值观和目标。经验主义方法并不能够或应该希望通过深入挖掘问题的简单事实来克服这些差异。更确切地说，它们是阅读和解释的基本方面，文学的科学研究需要理解，而阐释学的多元论及其认识论局限的理论陈述可以帮助解释。

实证检验的科学理论本身不会告诉你如何阅读，尽管了解一些关于叙述所借鉴和启动的认知加工过程的知识，可能会强化我们理解故事与模式游戏的方式。这是科学所能告诉人文学科的局限性之一，也是不必害怕其决定论的理由。诠释是循环的加工过程，即提出关于各部分如何结合成整体的假设，并在出现异常和不一致时调整这些假设（见 Armstrong，2013：54–90）。我们在阅读和诠释时必须对它们进行的猜测和修正是开放式的往返交互加工过程，不能简化为确定性程序或机械公式。然而，我们的阐释学猜测可以由各种模式来指导，这些模式提供了关于要验证的假设的建议，这就是为什么任何类型的叙事理论（古典或后经典，认知的或语言学的，以形式兴趣为指导，或以对性别、性取向或政治的了解为依据）可以成为富有成效的、有趣的诠释来源，而且通过激发创造性的猜测，可以使我们更具见解的读者。例如，热内特对叙事的时间性、语态和焦点的精心分类本身并不能使我们更有能力诠释故事，但他的术语和概念无疑为如何理解各种叙事提供了丰富的建议来源。

热内特的成果也是很好的例子，说明了科学的叙事研究需要处理的另一个问题：数据库应该是什么？即使是像普鲁斯特的《追忆似水年华》那样复杂和费劲，一个足够全面的叙事理论，可以在单一的基础上构建吗？没有一个叙事理论家知道世界上来自不同的时代和文化的所有文学。当然，在广博的覆盖范围上，有过许多令人钦佩的、勇敢的尝试（最近的例子见 Pettersson，2018），而斯科尔斯和凯洛格的《叙事的本质》（Scholes & Kellogg，2006［1966］）继续阐明，因为这个现代主义者和中世纪学者之间用互补的专业知识罕见且富有成效的合作。我在这本书中提供的例子反映了我自己的局限性，因为我毕生致力于讲授和写作某些特定的叙事［包括小说研究课程，有从巴尔扎克到品钦的例子，鲍勃·凯洛第一次建议我在维吉尼亚大学（University of Virginia）担任主席时讲授，后来演变成了当我是鲍勃·斯科尔斯在布朗大学的同事时，关于现实主义和现代主义的讨论课］，我最了解的叙事——尤其是文学印象派作家詹姆斯、康拉德、福特以及现代派作家乔伊斯、伍尔夫和福克纳的作品——绝不是所有故事的代表，但我试图表明，他们对关于表现和叙述所启动的认识论过程的自我意识，使它们成为特别有用的案例，以强调我感兴趣的叙事构型的认知运作。叙事理论所提供的任何例子都会反映出他们所处的时代和地点的文化、历史偶然性——他们在认知存档中的位置——这是我们生物文化混合的必然结果。但是，这种混合也应该使从特殊到一般的推断成为可能，并且可以通过这个档案中任何给定的例子来确定物种范围的过程和属性。从这个例子中推断出这种混合的普遍性和广泛性也应该使它成为可能。无论如何，这是我的希望，这是所有研究叙事学的学生必须下的赌注——而实证的、科学的方法是无法避免的。

科学也不能支配或决定叙事的道德和教育意义。故事交流中的双重化游戏以及体验的叙事构型中“仿佛”和“作为”的可变性，都通过习惯性地强化优先认知范畴，拒绝简化为对叙事的社会力量的机械、单一的构想，无论是史蒂芬·平克对书信体小说的道德教育过于乐观的主张，还是马克·布拉彻用心良苦但专制的、完全统一的反转管理的教学。故事可以产生有害的和有益的道德后果，助长冲突和暴力，或促进同理心和同情心。叙事可以加强我们和他们之间的界限，或者他们可以挑战普遍存在的正义和不公正的观念，并鼓励关于再塑型我们对他人的责任感的民主式对话。这本书试图用科学和人文的术语来解释这种矛盾的事态。当我们讲述和跟随理解故事时，构型模式的三重交流（与塑型、塑型、再塑型环路）基于各种神经生物学过程以及它们使我们的大脑、身体和世界之间的相互作用。然而，这种构型环路是开放和不可预测的，这是一件好事，基于许多原因，它不仅与我们的神经生物学健康（防止认知模式受限于僵化的习惯）有关，而且与我们的生存和文化生活的创造潜力有关。提供叙事涉及的构型过程的神经科学资料分析有助于解释为什么会这样，但它们并不能让我们从艰难的道德和社会选择中。

神经科学和叙事理论都不能宣称对故事有最后的决定权。叙事对我们人类的生命至关重要，这样一个复杂的现象不太可能将它的秘密泄露给任何一种研究。神经科学和叙事理论之间的积极对话跨越了我们如何讲述和跟随理解故事的解释空缺，这是关于我们认知生活这一方面的反思和辩论漫长历史中的又一篇章。诉诸科学来寻找叙事理论中长期争辩的问题的答案并不能结束这些争论。还有很多问题有待商榷，但如果神经科学成为对话的一部分，那么这些争论可能会更加严谨且富有成效。

参考文献

Abbott, H. Porter. 2002. *The Cambridge Introduction to Narrative*. Cambridge: Cambridge University Press.

Alber, Jan. 2009. "Impossible Storyworlds—And What to Do with Them." *Story-Worlds* 1 (1): 79–96.

———. 2018 "Rhetorical Ways of Covering Up Speculations and Hypotheses, or Why Empirical Investigations of Real Readers Matter." *Style* 52 (1–2): 34–39.

Alber, Jan, and Monika Fludernik, eds. 2010a. *Postclassical Narratology: Approaches and Analyses*. Columbus: Ohio State University Press.

———. 2010b. Introduction. In Alber and Fludernik 2010a, 1–34.

Alber, Jan, Henrik Skov Nielsen, and Brian Richardson. 2013. Introduction to *A Poetics of Unnatural Narrative*, ed. Jan Alber, Henrik Skov Nielsen, and Brian Richardson, 1–15. Columbus: Ohio State University Press.

Alderson-Day, Ben, Marco Bernini, and Charles Fernyhough. 2017. "Uncharted Features and Dynamics of Reading: Voices, Characters, and Crossing of Experiences." *Consciousness and Cognition* 49:98–109.

Alexandrov, Vladimir E. 1982. "Relative Time in *Anna Karenina*." *Russian Review* 41 (2): 159–68.

Anderson, Michael L. 2010. "Neural Reuse: A Fundamental Organizational Principle of the Brain." *Behavioral and Brain Sciences* 33 (4): 245–66.

Aristotle 1990 [355 BCE]. *Aristotle's Poetics*. Trans. Hippocrates Apostle, Elizabeth A. Dobbs, and Morris A. Parslow. Grinnell, IA: Peripatetic Press.

Armstrong, Paul B. 1987. *The Challenge of Bewilderment: Understanding and Representation in James, Conrad, and Ford*. Ithaca, NY: Cornell University Press.

———. 1990. *Conflicting Readings: Variety and Validity in Interpretation*. Chapel Hill: University of North Carolina Press.

———. 2005. *Play and the Politics of Reading: The Social Uses of Modernist Form*. Ithaca, NY: Cornell University Press.

———. 2011. "In Defense of Reading: Or, Why Reading Still Matters in a Contextualist Age." *New Literary History* 42 (1): 87–113.

———. 2012. "Phenomenology." In *Contemporary Literary and Cultural Theory: The Johns Hopkins Guide*, ed. Michael Groden, Martin Kreiswirth, and Imre Szeman, 378–82. Baltimore, MD: Johns Hopkins University Press.

———. 2013. *How Literature Plays with the Brain: The Neuroscience of Reading and Art.* Baltimore, MD: Johns Hopkins University Press.

———. 2015. "How Historical is Reading? What Literary Studies Can Learn from Neuroscience (and Vice Versa)." *REAL: Yearbook of Research in English and American Literature* 31:201–18.

———. 2018. "Henry James and Neuroscience: Cognitive Universals and Cultural Differences." *Henry James Review* 39 (2): 133–51.

Arstila, Valtteri, and Dan Lloyd. 2014a. Introduction to part 4, "Fragments of Time," in Arstila and Lloyd 2014b, 199–200.

———, eds. 2014b. *Subjective Time: The Philosophy, Psychology, and Neuroscience of Temporality.* Cambridge, MA: MIT Press.

Attridge, Derek. 1992. "The Peculiar Language of *Finnegans Wake*." In *Critical Essays on James Joyce's "Finnegans Wake,"* ed. Patrick A. McCarthy, 73–84. New York: G. K. Hall.

Auerbach, Erich. 2003 [1953]. *Mimesis: The Representation of Reality in Western Literature.* Princeton, NJ: Princeton University Press.

Augustine, Saint. 1961 [397–400]. *Confessions.* Trans R. S. Pine-Coffin. London: Penguin.

Auyoung, Elaine. 2013. "Partial Cues and Narrative Understanding in *Anna Karenina*." In Bernaerts et al. 2013b, 59–78.

———. 2018. *When Fiction Feels Real: Representation and the Reading Mind.* Oxford: Oxford University Press.

Aziz-Zadeh, Lisa, Stephen M. Wilson, Giacomo Rizzolatti, and Marco Iacoboni. 2006. "Congruent Embodied Representations for Visually Presented Actions and Linguistic Phrases Describing Actions." *Current Biology* 16 (18): 1818–23.

Baars, Bernard J., and Nicole M. Gage. 2010. *Cognition, Brain, and Consciousness: Introduction to Cognitive Neuroscience.* Amsterdam: Elsevier.

Bagdasaryan, Juliana, and Michel Le Van Quyen. 2013. "Experiencing Your Brain: Neurofeedback as a New Bridge Between Neuroscience and Phenomenology." *Frontiers in Human Neuroscience* 7:680.

Bak, Thomas H., Dominic G. O'Donovan, John H. Xuereb, Simon Boniface, and John R. Hodges. 2001. "Selective Impairment of Verb Processing Associated with Pathological Changes in Brodmann Areas 44 and 45 in the Motor Neurone Disease-Dementia-Aphasia Syndrome." *Brain* 124 (1): 103–20.

Bal, P. Matthijs, and Martijn Veltkamp. 2013. "How Does Fiction Reading Influence Empathy? An Experimental Investigation on the Role of Emotional Transportation." *PloS One* 8 (1): e55341.

Balzac, Honoré. 2004 [1834]. *Père Goriot.* Trans. Henry Reed. New York: Signet.

Banfield, Ann. 1982. *Unspeakable Sentences: Narration and Representation in the Language of Fiction.* Boston: Routledge & Kegan Paul.

Bang, Dan, and Chris D. Frith. 2017. "Making Better Decisions in Groups." *Royal Society Open Science* 4 (8): 170–93.

Barrett, Lisa Feldman. 2007. "The Experience of Emotion." *Annual Review of Psychology* 58:373–403.
———. 2017. *How Emotions Are Made: The Secret Life of the Brain*. New York: Houghton Mifflin Harcourt.
Barsalou, Lawrence W. 1999. "Perceptual Symbols Systems." *Behavioral and Brain Sciences* 22:577–660.
———. 2008. "Grounded Cognition." *Annual Review of Psychology* 59:617–45.
Barthes, Roland. 1974. *S/Z*. Trans. Richard Miller. New York: Hill and Wang.
———. 1975. "An Introduction to the Structural Analysis of Narrative." *New Literary History* 6 (2): 237–72.
Battestin, Martin C. 1961. Introduction in Fielding 1961 [1741], v–xl.
Bear, Mark, Barry W. Connors, and Michael A. Paradiso. 2007. *Neuroscience: Exploring the Brain*. 3rd ed. Baltimore, MD: Lippincott Williams & Wilkins.
Belluck, Pam. 2013. "For Better Social Skills, Scientists Recommend a Little Chekhov." *New York Times*, 4 October, A1.
Bernaerts, Lars, Dirk De Geest, Luc Herman, and Bart Vavaeck. 2013a. Introduction in Bernaerts et al. 2013b, 1–22.
———, eds. 2013b. *Stories and Minds: Cognitive Approaches to Literary Narrative*. Lincoln: University of Nebraska Press.
Bernini, Marco. 2018. "Affording Innerscapes: Dreams, Introspective Imagery and the Narrative Exploration of Personal Geographies." *Frontiers of Narrative Studies* 4 (2): 291–311.
Berthoz, Alain, and Jean-Luc Petit. 2008. *The Physiology and Phenomenology of Action*. Trans. Christopher Macann. Oxford: Oxford University Press.
Berwick, Robert C., and Noam Chomsky. 2016. *Why Only Us: Language and Evolution*. Cambridge, MA: MIT Press.
Bhattacharya, Joydeep. 2017. "Cognitive Neuroscience: Synchronizing Brains in the Classroom." *Current Biology* 27 (9): R346–R348.
Blamires, Harry. 1996. *The New Bloomsday Book: A Guide through "Ulysses."* London: Routledge.
Bloom, Paul. 2010. *How Pleasure Works*. New York: Norton.
Bolens, Guillemette. 2012. *The Style of Gestures: Embodiment and Cognition in Literary Narrative*. Baltimore, MD: Johns Hopkins University Press.
Boulenger, Véronique, Alice C. Roy, Yves Paulignan, Viviane Deprez, Marc Jeannerod, and Tatjana A. Nazir. 2006. "Cross-Talk between Language Processes and Overt Motor Behavior in the First 200 msec of Processing." *Journal of Cognitive Neuroscience* 18 (10): 1607–15.
Bourke, Joanna. 2014. "Pain: Metaphor, Body, and Culture in Anglo-American Societies between the Eighteenth and Nineteenth Centuries." *Rethinking History* 18 (4): 475–98.
Boyd, Brian. 2009. *On the Origin of Stories: Evolution, Cognition, and Fiction*. Cambridge, MA: Harvard University Press.

Bracher, Mark. 2013. *Literature and Social Justice: Protest Novels, Cognitive Politics, and Schema Criticism*. Austin: University of Texas Press.

Brooks, Peter. 1984. *Reading for the Plot: Design and Intention in Narrative*. New York: Knopf.

Brown, Donald E. 1991. *Human Universals*. Philadelphia: Temple University Press.

Bruner, Jerome S. 1986. *Actual Minds, Possible Worlds*. Cambridge, MA: Harvard University Press.

Buckner, Randy L., and Daniel C. Carroll. 2007. "Self-Projection and the Brain." *Trends in Cognitive Science* 11 (2): 49–57.

Buonomano, Dean V. 2014. "The Neural Mechanisms of Timing of Short Timescales." In Arstila and Lloyd 2014b, 329–42.

Burke, Kenneth. 1966. *Language as Symbolic Action*. Berkeley: University of California Press.

Busch, Niko A., and Rufin VanRullen. 2014. "Is Visual Perception Like a Continuous Flow or a Series of Snapshots?" In Arstila and Lloyd 2014b, 161–78.

Bushnell, Rebecca. 2016. *Tragic Time in Drama, Film, and Videogames: The Future in the Instant*. London: Palgrave Macmillan.

Buzsáki, György. 2006. *Rhythms of the Brain*. Oxford: Oxford University Press.

Cacciari, Cristina, Nadia Bolognini, Irene Senna, Maria Concetta Pellicciari, Carlo Miniussi, and Costanza Papagno. 2011. "Literal, Fictive and Metaphorical Motion Sentences Preserve the Motion Component of the Verb: A TMS Study." *Brain and Language* 119 (3): 149–57.

Calvo-Merino, Beatriz, Daniel E. Glaser, Julie Grèzes, Richard E. Passingham, and Patrick Haggard. 2004. "Action Observation and Acquired Motor Skills: An FMRI Study with Expert Dancers." *Cerebral Cortex* 15 (8): 1243–49.

Caracciolo, Marco. 2014. *Narratologia: The Experientiality of Narrative; An Enactivist Approach*. Berlin: De Gruyter.

Caramazza, Alfonso, Stefano Anzellotti, Lukas Strnad, and Angelika Lingnau. 2014. "Embodied Cognition and Mirror Neurons: A Critical Assessment." *Annual Review of Neuroscience* 37:1–15.

Cave, Terence. 2016. *Thinking with Literature: Towards a Cognitive Criticism*. Oxford: Oxford University Press.

Chalmers, David J. 1995. "Facing up to the Problem of Consciousness." *Journal of Consciousness Studies* 2 (3): 200–219.

Changeux, Jean-Pierre. 2012. *The Good, the True, and the Beautiful: A Neuronal Approach*. Trans. Laurence Garey. New Haven, CT: Yale University Press.

Chatman, Seymour. 1978. *Story and Discourse: Narrative Structure in Fiction and Film*. Ithaca, NY: Cornell University Press.

Chatterjee, Anjan. 2010. "Disembodying Cognition." *Language and Cognition* 2 (1): 79–116.

Chen, Joyce L., Virginia B. Penhune, and Robert J. Zatorre. 2008. "Listening to Musical Rhythms Recruits Motor Regions of the Brain." *Cerebral Cortex* 18 (12): 2844–54.

Cheng, Yawei, Chenyi Chen, Ching-Po Lin, Kun-Hsien Chou, and Jean Decety. 2010. "Love Hurts: An fMRI Study." *Neuroimage* 51 (2): 923–29.
Christiansen, Morten H., and Nick Chater. 2008. "Language as Shaped by the Brain." *Behavioral and Brain Sciences* 31 (5): 489–509.
Churchland, Patricia. 2011. *Braintrust: What Neuroscience Tells Us about Morality*. Princeton, NJ: Princeton University Press.
Cikara, Mina, and Jay J. Van Bavel. 2014. "The Neuroscience of Intergroup Relations: An Integrative Review." *Perspectives on Psychological Science* 9 (3): 245–74.
Clark, Andy. 2008. "Pressing the Flesh: A Tension in the Study of the Embodied, Embedded Mind?" *Philosophy and Phenomenological Research* 76 (1): 37–59.
———. 2011. *Supersizing the Mind: Embodiment, Action, and Cognitive Extension*. Oxford: Oxford University Press.
———. 2016. *Surfing Uncertainty: Prediction, Action, and the Embodied Mind*. Oxford: Oxford University Press.
Cohn, Dorrit. 1978. *Transparent Minds: Narrative Modes for Presenting Consciousness in Fiction*. Princeton, NJ: Princeton University Press.
Colombetti, Giovanni. 2014. *The Feeling Body: Affective Science Meets the Enactive Mind*. Cambridge, MA: MIT Press.
Conrad, Joseph. 1996 [1900]. *Lord Jim*, ed. Thomas C. Moser. New York: Norton.
Conway, Bevil R., and Alexander Rehding. 2013. "Neuroaesthetics and the Trouble with Beauty." *PLoS Biology* 11 (3): e1001504.
Cook, Amy. 2018. "4E Cognition and the Humanities." In *The Oxford Handbook of 4E Cognition*, ed. Albert Newen, Leon De Bruin, and Shaun Gallagher, 875–90. Oxford: Oxford University Press.
Crick, Francis. 1994. *The Astonishing Hypothesis: The Scientific Search for the Soul*. New York: Simon & Schuster.
Cross, Ian. 2003. "Music, Cognition, Culture, and Evolution." In Peretz and Zatorre 2003, 42–56.
Culler, Jonathan. 1975. *Structuralist Poetics: Structuralism, Linguistics, and the Study of Literature*. Ithaca, NY: Cornell University Press.
D'Aloia, Adriano. 2012. "Cinematic Empathy: Spectator Involvement in the Film Experience." In Reynolds and Reason 2012, 91–107.
Damasio, Antonio R. 1994. *Descartes' Error: Emotion, Reason, and the Human Brain*. New York: Putnam.
———. 1999. *The Feeling of What Happens: Body and Emotion in the Making of Consciousness*. New York: Houghton Mifflin Harcourt.
Deacon, Terrence W. 2012. *Incomplete Nature: How Mind Emerged from Matter*. New York: Norton.
Decety, Jean, and Jason M. Cowell. 2015. "The Equivocal Relationship between Morality and Empathy." In Decety and Wheatley 2015, 279–302.

Decety, Jean, and Claus Lamm. 2009. "Empathy versus Personal Distress: Recent Evidence from Social Neuroscience." In Jean Decety and William Ickes, eds., *The Social Neuroscience of Empathy*, 199–213. Cambridge, MA: MIT Press.

Decety, Jean, and Thalia Wheatley, eds. 2015. *The Moral Brain: A Multidisciplinary Perspective*. Cambridge, MA: MIT Press.

Dehaene, Stanislas. 2009. *Reading in the Brain: The New Science of How We Read*. New York: Penguin.

———. 2014. *Consciousness and the Brain: Deciphering How the Brain Codes Our Thoughts*. New York: Penguin.

De Jaegher, Hanne, Ezequiel Di Paolo, and Ralph Adolphs. 2016. "What Does the Interactive Brain Hypothesis Mean for Social Neuroscience? A Dialogue." *Philosophical Transactions of the Royal Society B* 371:20150379.

De Jaegher, Hanne, Ezequiel Di Paolo, and Shaun Gallagher. 2010. "Can Social Interaction Constitute Social Cognition?" *Trends in Cognitive Sciences* 14 (10): 441–47.

Delton, Andrew W., and Max M. Krasnow. 2015. "Adaptationist Approaches to Moral Psychology." In Decety and Wheatley 2015, 19–34.

Dennett, Daniel C. 1991. *Consciousness Explained*. New York: Little, Brown.

Derrida, Jacques. 1984. "Two Words for Joyce." In *Post-Structuralist Joyce: Essays from the French*, ed. Derek Attridge and Daniel Ferrer, 145–59. Cambridge: Cambridge University Press.

Desai, Rutvik H., Lisa L. Conant, Jeffrey R. Binder, Haeil Park, and Mark S. Seidenberg. 2013. "A Piece of the Action: Modulation of Sensory-Motor Regions by Action Idioms and Metaphors." *NeuroImage* 83:862–69.

Dickens, Charles. 2008 [1861]. *Great Expectations*, ed. Margaret Cardwell and Robert Douglas-Fairhurst. Oxford: Oxford University Press.

Dikker, Suzanne, Lu Wan, Ido Davidesco, Lisa Kaggen, Matthias Oostrik, James McClintock, Jess Rowland, Mingzhou Ding, David Poeppel, and Dana Bevilacqua. 2017. "Brain-to-Brain Synchrony Tracks Real-World Dynamic Group Interactions in the Classroom." *Current Biology* 27 (9): 1375–80.

Dittrich, Luke. 2016. *Patient H. M.: A Story of Memory, Madness, and Family Secrets*. New York: Random House.

Donald, Merlin. 2012. "The Slow Process: A Hypothetical Cognitive Adaptation for Distributed Cognitive Networks." In Schulkin 2012, 25–42.

Dove, Guy. 2011 "On the Need for Embodied and Dis-embodied Cognition." *Frontiers in Psychology* 1:242.

Drake, Carolyn, and Daisy Bertrand. 2003. "The Quest for Universals in Temporal Processing in Music." In Peretz and Zatorre 2003, 21–31.

Dreyfus, Hubert L. 1992. *What Computers Still Can't Do: A Critique of Artificial Reason*. Cambridge, MA: MIT Press.

Droit-Volet, Sylvie. 2014. "What Emotions Tell Us About Time." In Arstila and Lloyd 2014b, 477–506.

Dudai, Yadin. 2011. "The Engram Revisited: On the Elusive Permanence of Memory." In Nalbantian, Matthews, and McClelland 2011, 29–40.

Easterlin, Nancy. 2012. *A Biocultural Approach to Literary Theory and Interpretation.* Baltimore, MD: Johns Hopkins University Press.

———. 2015. "Thick Context: Novelty in Cognition and Literature." In Zunshine 2015, 613–32.

Eco, Umberto. 1976. *A Theory of Semiotics.* Bloomington: Indianapolis University Press.

Edelman, Gerald M. 1987. *Neural Darwinism: The Theory of Neuronal Group Selection.* New York: Basic Books.

Edelman, Gerald M., and Giulio Tononi. 2000. *A Universe of Consciousness: How Matter Becomes Imagination.* New York: Basic Books.

Ekman, Paul. 1999 "Basic Emotions." In *Handbook of Cognition and Emotion*, ed. Tim Dagliesh and Mick Power, 45–60. New York: John Wiley & Sons.

Evans, Nicholas, and Stephen C. Levinson. 2009. "The Myth of Language Universals: Language Diversity and Its Importance for Cognitive Science." *Behavioral and Brain Sciences* 32 (5): 429–92.

Evans, Vyvyan. 2016. "Why Only Us: The Language Paradox." *New Scientist*, 27 February.

Fadiga, Luciano, Laila Craighero, and Alessandro D'Ausilio. 2009. "Broca's Area in Language, Action, and Music." *Annals of the New York Academy of Sciences* 1169 (1): 448–58.

Fauconnier, Giles, and Mark Turner. 2002. *The Way We Think: Conceptual Blending and the Mind's Hidden Complexities.* New York: Basic Books.

Faulkner, William. 1994 [1929]. *The Sound and the Fury*, ed. David Minter. New York: Norton.

Fazio, Patrik, Anna Cantagallo, Laila Craighero, Alessandro D'Ausilio, Alice C. Roy, Thierry Pozzo, Ferdinando Calzolari, Enrico Granieri, and Luciano Fadiga. 2009. "Encoding of Human Action in Broca's Area." *Brain* 132 (7): 1980–88.

Fernyhough, Charles. 2016. *The Voices Within: The History and Science of How We Talk to Ourselves.* New York: Basic Books.

Ferrari, Pier Francesco, and Giacomo Rizzolatti. 2014. "Mirror Neuron Research: The Past and the Future." *Philosophical Transactions of the Royal Society B* 369:20130169.

Fielding, Henry. 1961 [1741]. *Joseph Andrews; Shamela*, ed. Martin Battestin. Boston: Houghton Mifflin.

Flaubert, Gustave. 2003 [1857]. *Madame Bovary.* Trans. Geoffrey Wall. New York: Penguin.

Flesch, William. 2007. *Comeuppance: Costly Signaling, Altruistic Punishment, and Other Biological Components of Fiction.* Cambridge, MA: Harvard University Press.

Fludernik, Monika. 1996. *Towards a "Natural" Narratology*. London: Routledge.
———. 2014. Afterword, *Style* 48 (3): 404–8.
Fodor, Jerry A. 1983. *The Modularity of Mind*. Cambridge, MA: MIT Press.
Fong, Katrina, Justin B. Mullin, and Raymond A. Mar. 2013. "What You Read Matters: The Role of Fiction Genre in Predicting Interpersonal Sensitivity." *Psychology of Aesthetics, Creativity, and the Arts* 7 (4): 370–76.
Ford, Ford Madox. 1924. *Joseph Conrad: A Personal Remembrance*. Boston: Little, Brown.
———. 1964 [1914]. "On Impressionism" in *Critical Writings of Ford Madox Ford*, ed. Frank MacShane, 33–55. Lincoln: University of Nebraska Press.
———. 1990 [1915]. *The Good Soldier*, ed. Thomas C. Moser. Oxford: Oxford University Press.
Fordham, Finn. 2012. Introduction. In Joyce 2012 [1939], vii–xxxiv.
Forster, E. M. 1927. *Aspects of the Novel*. London: Edward Arnold.
Frank, Joseph. 1945. "Spatial Form in Modern Literature." In Frank 1991, 5–66.
———. 1977. "Spatial Form: An Answer to Critics." In Frank 1991, 67–106.
———. 1978. "Spatial Form: Some Further Reflections." In Frank 1991, 107–32.
———. 1991. *The Idea of Spatial Form*. New Brunswick, NJ: Rutgers University Press.
Fraps, Thomas. 2014. "Time and Magic—Manipulating Subjective Temporality." In Arstila and Lloyd 2014b, 263–85.
Freud, Sigmund. 1958 [1908]. "The Relation of the Poet to Day-Dreaming." In *On Creativity and the Unconscious: Papers on the Psychology of Art, Literature, Love, Religion*, ed. Benjamin Nelson, 44–54. New York: Harper & Row.
Friston, Karl, and Christopher Frith. 2015. "A Duet for One." *Consciousness and Cognition* 36:390–405.
Frith, Chris D. 2012. "The Role of Metacognition in Human Social Interactions." *Philosophical Transactions Royal Society B* 367: 2213–23.
Frith, Uta, and Chris D. Frith. 2010. "The Social Brain: Allowing Humans to Boldly Go Where No Other Species Has Been." *Philosophical Transactions Royal Society B* 365: 165–75.
Gadamer, Hans-Georg. 1993 [1960]. *Truth and Method*. 2nd rev. ed. Trans. Joel Weinsheimer and Donald G. Marshall. New York: Continuum.
Gallagher, Catherine. 2006. "The Rise of Fictionality." In *The Novel*, 2 vols., ed. Franco Moretti, 1:336–63. Princeton, NJ: Princeton University Press.
Gallagher, Shaun. 2005. *How the Body Shapes the Mind*. Oxford, UK: Clarendon Press.
———. 2012. *Phenomenology*. New York: Palgrave Macmillan.
Gallagher, Shaun, and Dan Zahavi. 2008. *The Phenomenological Mind: An Introduction to Philosophy of Mind and Cognitive Science*. New York: Routledge.
———. 2012. *The Phenomenological Mind*. 2nd ed. New York: Routledge.

Gallese, Vittorio, and George Lakoff. 2005. "The Brain's Concepts: The Role of the Sensory-Motor System in Conceptual Knowledge." *Cognitive Neuropsychology* 22 (3–4): 455–79.

Garrels, Scott R., ed. 2011. *Mimesis and Science: Empirical Research on Imitation and the Mimetic Theory of Culture and Religion*. East Lansing: Michigan State University Press.

Genette, Gérard. 1980. *Narrative Discourse: An Essay in Method*. Ithaca, NY: Cornell University Press.

Gerrig, Richard J. 2010. "Readers' Experiences of Narrative Gaps." *StoryWorlds* 2 (1): 19–37.

———. 2012. "Why Literature is Necessary, and Not Just Nice." In *Cognitive Literary Studies: Current Themes and New Directions*, ed. Isabel Jaén and Jacques Simon, 35–52. Austin: University of Texas Press.

Gerrig, Richard J., and Philip G. Zimbardo. 2005. *Psychology and Life*. 17th ed. Boston: Pearson.

Gibbs, Raymond W. Jr., and Tweenie Matlock. 2008. "Metaphor, Imagination, and Simulation: Psycholinguistic Evidence." In *The Cambridge Handbook of Metaphor and Thought*, ed. Raymond W. Gibbs, 161–76. New York: Cambridge University Press.

Gibson, James J. 1979. *The Ecological Approach to Visual Perception*. Boston: Houghton Mifflin.

Glenberg, Arthur M., and Michael P. Kaschak. 2002. "Grounding Language in Action." *Psychonomic Bulletin & Review* 9 (3): 558–65.

Gombrich, E. H. 1960. *Art and Illusion*. Princeton, NJ: Princeton University Press.

Gomes, Gilberto. 1998. "The Timing of Conscious Experience: A Critical Review and Reinterpretation of Libet's Research." *Consciousness and Cognition* 7 (4): 559–95.

Goodman, Nelson. 1978. *Ways of Worldmaking*. Indianapolis, IN: Hackett.

Gosetti-Ferencei, Jennifer Anna. 2018. *The Life of Imagination: Revealing and Making the World*. New York: Columbia University Press.

Greene, Joshua D. 2015. "The Cognitive Neuroscience of Moral Judgment and Decision Making." In Decety and Wheatley 2015, 197–220.

Greene, Robert Lane. 2016. "The Theories of the World's Best-Known Linguist Have Become Rather Weird." *Economist*, 26 March, 96.

Gross, Daniel M. 2010. "Defending the Humanities with Charles Darwin's *The Expression of the Emotions in Man and Animals* (1872)." *Critical Inquiry* 37 (1): 34–59.

Guerard, Albert J. 1958. *Conrad the Novelist*. Cambridge, MA: Harvard University Press.

Hagendoorn, Ivar. 2004. "Some Speculative Hypotheses about the Nature and Perception of Dance and Choreography." *Journal of Consciousness Studies* 11 (3–4): 79–110.

Haggard, Patrick, Sam Clark, and Jeri Kalogeras. 2002. "Voluntary Action and Conscious Awareness." *Nature Neuroscience* 5 (4): 382–85.

Haggard, Patrick, Yves Rossetti, and Mitsuo Kawato, eds. 2008. *Sensorimotor Foundations of Higher Cognition: Attention and Performance*. Vol. 22. Oxford: Oxford University Press.

Hakemulder, Jèmeljan. 2000. *The Moral Laboratory: Experiments Examining the Effects of Reading Literature on Social Perception and Moral Self-Concept*. Amsterdam: John Benjamins.

Hasson, Uri, Asif A. Ghazanfar, Bruno Galantucci, Simon Garrod, and Christian Keysers. 2012. "Brain-to-Brain Coupling: A Mechanism for Creating and Sharing a Social World." *Trends in Cognitive Sciences* 16 (2): 114–21.

Hasson, Uri, Ohad Landesman, Barbara Knappmeyer, Ignacio Vallines, Nava Rubin, and David J. Heeger. 2008. "Neurocinematics: The Neuroscience of Film." *Projections* 2 (1): 1–26.

Hasson, Uri, Yuval Nir, Ifat Levy, Galit Fuhrmann, and Rafael Malach. 2004. "Intersubject Synchronization of Cortical Activity during Natural Vision." *Science* 303 (5664): 1634–40.

Hauk, Olaf, and Friedemann Pulvermüller. 2004. "Neurophysiological Distinction of Action Words in the Fronto-Central Cortex." *Human Brain Mapping* 21:191–201.

Hebb, Donald O. 2002 [1949]. *The Organization of Behavior: A Neurophysiological Theory*. Mahwah, NJ: Erlbaum.

Heidegger, Martin. 1962 [1927]. *Being and Time*. Trans. John Macquarrie and Edward Robinson. New York: Harper & Row.

Hein, Grit, and Tania Singer. 2008. "I Feel How You Feel but Not Always: The Empathic Brain and Its Modulation." *Current Opinion in Neurobiology* 18 (2): 153–58.

Henrich, Joseph, Steven J. Heine, and Ara Norenzayan. 2010. "The Weirdest People in the World?" *Behavioral and Brain Sciences* 33 (2–3): 61–83.

Herman, David. 2002. *Story Logic: Problems and Possibilities of Narrative*. Lincoln: University of Nebraska Press.

———. 2010. "Narrative Theory after the Second Cognitive Revolution." In Zunshine 2010, 155–75.

———. 2011. "1880–1945: Re-Minding Modernism." In *The Emergence of Mind: Representations of Consciousness in Narrative Discourse in English*, ed. David Herman, 243–72. Lincoln: University of Nebraska Press.

———. 2013. *Storytelling and the Sciences of Mind*. Cambridge, MA: MIT Press.

Hickok, Gregory. 2009. "Eight Problems for the Mirror Neuron Theory of Action Understanding in Monkeys and Humans." *Journal of Cognitive Neuroscience* 21 (7): 1229–43.

———. 2014. *The Myth of Mirror Neurons: The Real Science of Communication and Cognition*. New York: Norton.

Hoffman, Martin. 2000. *Empathy and Moral Development: Implications for Caring and Justice*. Cambridge: Cambridge University Press.

Hogan, Patrick Colm. 2003. *The Mind and Its Stories: Narrative Universals and Human Emotion*. Cambridge: Cambridge University Press.

———. 2010. "Literary Universals." In Zunshine 2010, 37–60.

———. 2011a. *Affective Narratology: The Emotional Structure of Stories*. Lincoln: University of Nebraska Press.

———. 2011b. *What Literature Teaches Us about Emotion*. Cambridge: Cambridge University Press.

Hubel, David. 2011. "Thinking in the Brain." Cognitive Literary Studies Seminar, Mahindra Humanities Center, Harvard University, 8 December.

Humphrey, Nicholas. 2006. *Seeing Red: A Study in Consciousness*. Cambridge, MA: Harvard University Press.

Hunt, Lynn Avery. 2007. *Inventing Human Rights: A History*. New York: Norton.

Husserl, Edmund. 1964 [1928]. *The Phenomenology of Internal Time Consciousness*. Trans. James S. Churchill. Bloomington: Indiana University Press.

———. 1970 [1954]. *The Crisis of European Sciences and Transcendental Phenomenology*. Trans. David Carr. Evanston, IL: Northwestern University Press.

Hutchison, William D., Karen D. Davis, Andres M. Lozano, Ronald R. Tasker, and Jonathan O. Dostrovsky. 1999. "Pain-Related Neurons in the Human Cingulate Cortex." *Nature Neuroscience* 2 (5): 403–5.

Huth, Alexander G., Wendy A. de Heer, Thomas L. Griffiths, Frédéric E. Theunissen, and Jack L. Gallant. 2016. "Natural Speech Reveals the Semantic Maps that Tile Human Cerebral Cortex." *Nature* 532 (7600): 453–58.

Hutto, Daniel D. 2007. "The Narrative Practice Hypothesis: Origins and Applications of Folk Psychology." *Royal Institute of Philosophy Supplements* 60: 43–68.

Hyman, John. 2010 "Art and Neuroscience." In *Beyond Mimesis: Representation in Art and Science*, ed. Roman Frigg and Mathew J. Hunter, 245–54. Heidelberg: Springer.

Iacoboni, Marco. 2008. *Mirroring People: The Science of Empathy and How We Connect with Others*. New York: Farrar, Straus & Giroux.

Ingarden, Roman. 1973 [1931]. *The Literary Work of Art*. Trans. George G. Grabowicz. Evanston, IL: Northwestern University Press.

———. 1973 [1937]. *The Cognition of the Literary Work of Art*. Trans. Ruth Ann Crowley and Kenneth R. Olson. Evanston, IL: Northwestern University Press.

Iser, Wolfgang. 1974. *The Implied Reader: Patterns of Communication in Prose Fiction from Bunyan to Beckett*. Baltimore, MD: Johns Hopkins University Press.

———. 1978. *The Act of Reading: A Theory of Aesthetic Response*. Baltimore, MD: Johns Hopkins University Press.

———. 1993. *The Fictive and the Imaginary: Charting Literary Anthropology*. Baltimore, MD: Johns Hopkins University Press.

Jacobs, Arthur M. 2015. "Neurocognitive Poetics: Methods and Models for Investigating the Neuronal and Cognitive-Affective Bases of Literature Reception." *Frontiers in Human Neuroscience* 9:1–22.

Jahn, Manfred. 1997. "Frames, Preferences, and the Reading of Third-Person Narratives: Towards a Cognitive Narratology." *Poetics Today* 18 (4): 441–68.

———. 2005. "Cognitive Narratology." In *Routledge Encyclopedia of Narrative Theory*, ed. David Herman, Manfred Jahn, and Marie-Laure Ryan, 67–71. London: Routledge.

James, Henry. 1970a [1888]. *Partial Portraits*. Ann Arbor: University of Michigan Press.

———. 1970b [1883]. "Alphonse Daudet." In James 1970a [1883], 193–239.

———.1970c [1884]. "The Art of Fiction." In James 1970a [1884], 375–408.

———. 1987. *The Complete Notebooks of Henry James*, ed. Leon Edel and Lyall H. Powers. Oxford: Oxford University Press.

———. 2003 [1902]. *The Wings of a Dove*, ed. J. Donald Crowley and Richard A. Hocks. New York: Norton.

———. 2009 [1904]. *The Golden Bowl*, ed. Ruth Bernard Yeazell. New York: Penguin.

James, William. 1950 [1890]. *Principles of Psychology*. 2 vols. New York: Dover.

Jauss, Hans Robert. 1982. *Toward an Aesthetic of Reception*. Trans. Timothy Bahti. Minneapolis: University of Minnesota Press.

Jeannerod, Marc. 2006. *Motor Cognition: What Actions Tell the Self*. Oxford: Oxford University Press.

Johns, Louise C., and Jim Van Os. 2001. "The Continuity of Psychotic Experiences in the General Population." *Clinical Psychology Review* 21 (8): 1125–1141.

Joyce, James. 2007 [1916]. *A Portrait of the Artist as a Young Man*, ed. John Paul Riquelme. New York: Norton.

———. 2012 [1939]. *Finnegans Wake*, ed. Robbert-Jan Henkes, Erik Bindervoet, and Finn Fordham. Oxford: Oxford University Press.

Kandel, Eric. 2006. *In Search of Memory: The Emergence of a New Science of Mind*. New York: Norton.

Kearney, Richard. 2015. "The Wager of Carnal Hermeneutics." In *Carnal Hermeneutics*, ed. Richard Kearney and Brian Treanor, 15–56. New York: Fordham University Press.

Keen, Suzanne. 2007. *Empathy and the Novel*. Oxford: Oxford University Press.

———. 2011. "Introduction: Narrative and Emotions." *Poetics Today* 32 (1): 1–53.

———. 2015. "Intersectional Narratology in the Study of Narrative Empathy." In *Narrative Theory Unbound: Queer and Feminist Interventions*, ed. Robyn Warhol and Susan S. Lanser, 123–46. Columbus: Ohio State University Press.

Keller, Peter E. 2008. "Joint Action in Music Performance." In *Enacting Intersubjectivity: A Cognitive and Social Perspective on the Study of Interactions*, ed. Francesca Morganti, Antonella Carassa, and Giuseppe Riva, 205–21. Amsterdam: IOS Press.

Kelso, J. A. S. 1995. *Dynamic Patterns: The Self-Organization of Brain and Behavior*. Cambridge, MA: MIT Press.

———. 2000. "Fluctuations in the Coordination Dynamics of Brain and Behavior." In *Disorder versus Order in Brain Function: Essays in Theoretical Neurobiology*, ed. Peter Århem, Clas Blomberg, and Hans Liljenström, 185–203. Singapore: World Scientific Publishing.

Kermode, Frank. 1967. *The Sense of an Ending*. New York: Oxford University Press.

———. 1978. "Spatial Form: Some Further Reflections." *Critical Inquiry* 5 (2): 275–90.

Keymer, Thomas. 2001. Introduction to Samuel Richardson, *Pamela; or, Virtue Rewarded*, vii–xxxvi. Oxford: Oxford University Press.

Kidd, David Comer, and Emanuele Castano. 2013. "Reading Literary Fiction Improves Theory of Mind." *Science* 342 (6156): 377–80.

———. 2017. "Panero et al. (2016): Failure to Replicate Methods Caused the Failure to Replicate Results." *Journal of Personality and Social Psychology* 112 (3): e1–e4.

Kierkegaard, Søren. 1938. *The Journals of Søren Kierkegaard*. Trans. Alexander Dru. London: Oxford University Press.

Koelsch, Stefan. 2012. *Brain and Music*. Oxford: Wiley-Blackwell.

Kolers, Paul, and Michael von Grünau. 1976. "Shape and Color in Apparent Motion." *Vision Research* 16 (4): 329–35.

Konvalinka, Ivana, and Andreas Roepstorff. 2012. "The Two-Brain Approach: How Can Mutually Interacting Brains Teach Us Something About Social Interaction?" *Frontiers in Human Neuroscience* 6:215.

Kronegger, Maria Elisabeth. 1973. *Literary Impressionism*. New Haven, CT: College and University Press.

Kukkonen, Karin. 2014a. "Bayesian Narrative: Probability, Plot and the Shape of the Fictional World." *Anglia* 132 (4): 720–39.

———. 2014b. "Presence and Prediction: The Embodied Reader's Cascades of Cognition." *Style* 48 (3): 367–84.

———. 2016. "Bayesian Bodies: The Predictive Dimension of Embodied Cognition and Culture." In *The Cognitive Humanities: Embodied Mind in Literature and Culture*, ed. Peter Garratt, 153–67. London: Palgrave Macmillan.

———. 2017. *A Prehistory of Cognitive Poetics: Neoclassicism and the Novel*. Oxford: Oxford University Press.

Kukkonen, Karin, and Marco Caracciolo. 2014. "Introduction: What is the 'Second Generation'?" *Style* 48 (3): 261–74.

Kuzmičová, Anežka. 2012. "Presence in the Reading of Literary Narrative: A Case for Motor Enactment." *Semiotica* 189:23–48.

Lacey, Simon, Randall Stilla, and Krish Sathian. 2012. "Metaphorically Feeling: Comprehending Textural Metaphors Activates Somatosensory Cortex." *Brain and Language* 120 (3): 416–21.

Lakoff, George, and Mark Johnson. 1980. *Metaphors We Live By*. Chicago: University of Chicago Press.

———. 1999. *Philosophy in the Flesh: The Embodied Mind and Its Challenge to Western Thought*. New York: Basic Books.

Lawrence, Karen. 1981. *The Odyssey of Style in "Ulysses."* Princeton, NJ : Princeton University Press.

Lawtoo, Nidesh. 2013. *The Phantom of the Ego: Modernism and the Mimetic Unconscious*. East Lansing: Michigan State University Press.

Leavis, F. R. 1948. *The Great Tradition*. London: Chatto & Windus.

LeDoux, Joseph. 1996. *The Emotional Brain: The Mysterious Underpinnings of Emotional Life*. New York: Simon & Schuster.

Lessing, Gotthold Ephraim. 1962 [1766]. *Laocoön: An Essay on the Limits of Painting and Poetry*. Trans. Edward Allen McCormick. Baltimore, MD: Johns Hopkins University Press.

Levine, Caroline. 2015. *Forms: Whole, Rhythm, Hierarchy, Network*. Princeton, NJ: Princeton University Press.

Lewis, Mary Tompkins. 2007. "The Critical History of Impressionism." In *Critical Readings in Impressionism and Post-Impressionism*, ed. Mary Tompkins Lewis, 1–19. Berkeley: University of California Press.

Leys, Ruth. 2011. "The Turn to Affect: A Critique." *Critical Inquiry* 37 (3): 434–72.

Libet, Benjamin. 1993. "The Experimental Evidence for Subjective Referral of a Sensory Experience Backwards in Time: Reply to P. S. Churchland." In *Neurophysiology of Consciousness*, 205–20. Boston: Birkhäuser.

———. 2002. "The Timing of Mental Events: Libet's Experimental Findings and Their Implications." *Consciousness and Cognition* 11:291–99.

———. 2003. "Timing of Conscious Experience: Reply to the 2002 Commentaries on Libet's Findings." *Consciousness and Cognition* 12:321–31.

———. 2004. *Mind Time: The Temporal Factor in Consciousness*. Cambridge, MA: Harvard University Press.

Libet, Benjamin, Elwood W. Wright Jr., Bertram Feinstein, and Denies K. Pearl. 1979. "Subjective Referral of the Timing for a Conscious Sensory Experience: A Functional Role for the Somatosensory Specific Projection System in Man." *Brain* 102:193–224.

Lindenberger, Ulman, Shu-Chen Li, Walter Gruber, and Viktor Müller. 2009. "Brains Swinging in Concert: Cortical Phase Synchronization while Playing Guitar." *BMC Neuroscience* 10 (1): 22.

Lindquist, Kristen A., Tor D. Wager, Hedy Kober, Eliza Bliss-Moreau, and Lisa Feldman Barrett. 2012. "The Brain Basis of Emotion: A Meta-Analytic Review." *Behavioral and Brain Sciences* 35 (3): 121–43.

Lipps, Theodor. 1903. "Einfühlung, innere Nachahmung und Organempfindungen." In *Archiv für die Gesamte Psychologie*, vol. 1, pt. 2:185–204. Leipzig: Engelmann.

Livingstone, Margaret. 2002. *Vision and Art*. New York: Abrams.

Lloyd, Dan. 2016. "Inside Daniel Dennett: The Temporal Connectome." Paper presented at the conference of the Association for the Scientific Study of Consciousness, Buenos Aires, 15–18 June.

Lodge, David. 2001. *Thinks . . .* New York: Penguin.

———. 2002. *Consciousness and the Novel*. Cambridge, MA: Harvard University Press.

Lothe, Jakob. 2000. *Narrative in Fiction and Film*. Oxford: Oxford University Press.

———. 2018. "Characters and Narrators in Narrative Communication: James Phelan's Rhetorical Poetics of Narrative." *Style* 52 (1–2): 83–87.

Lotman, Yuri M. 1990. *Universe of the Mind: A Semiotic Theory of Culture*. Trans. Ann Shukman. Bloomington: Indiana University Press.

Maess, Burkhard, Stefan Koelsch, Thomas C. Gunter, and Angela D. Friederici. 2001. "Musical Syntax is Processed in Broca's Area: An MEG Study." *Nature Neuroscience* 4 (5): 540–45.

Malabou, Catherine. 2008. *What Should We Do with Our Brain?* Trans. Sebastian Rand. New York: Fordham University Press.

Malafouris, Lambros. 2013. *How Things Shape the Mind: A Theory of Material Engagement*. Cambridge, MA: MIT Press.

Mar, Raymond A., Keith Oatley, Jacob Hirsh, Jennifer dela Paz, and Jordan B. Peterson. 2006. "Bookworms versus Nerds: Exposure to Fiction versus Non-Fiction, Divergent Associations with Social Ability, and the Simulation of Fictional Social Worlds." *Journal of Research in Personality* 40 (5): 694–712.

Massumi, Brian. 1995. "The Autonomy of Affect." *Cultural Critique* 31:83–109.

———. 2002. *Parables for the Virtual: Movement, Affect, Sensation*. Durham, NC: Duke University Press.

Matz, Jesse. 2001. *Literary Impressionism and Modernist Aesthetics*. Cambridge: Cambridge University Press.

McCloud, Scott. 1993. *Understanding Comics: The Invisible Art*. New York: William Morrow.

McHugh, Roland. 1991. *Annotations to "Finnegans Wake."* Rev. ed. Baltimore, MD: Johns Hopkins University Press.

Merleau-Ponty, Maurice. 1963 [1942]. *The Structure of Behavior*. Trans. Alden L. Fisher. Boston: Beacon.

———. 1968 [1964]. *The Visible and the Invisible*, ed. Claude Lefort. Trans. Alphonso Lingis. Evanston, IL: Northwestern University Press.

———. 2012 [1945]. *Phenomenology of Perception*. Trans. Donald A. Landes. New York: Routledge.

Metz, Christian.1974. *Film Language: A Semiotics of the Cinema*. Trans. Michael Taylor. Chicago: University of Chicago Press.

Miall, David S. 2011. "Emotions and the Structuring of Narrative Response." *Poetics Today* 32 (2): 323–48.

Mitchell, W. J. T. 1980. "Spatial Form in Literature: Toward a General Theory." *Critical Inquiry* 6 (3): 539–67.

Mölder, Bruno. 2014. "Constructing Time: Dennett and Grush on Temporal Representation." In Arstila and Lloyd 2014b, 217–38.

Morson, Gary Saul. 1994. *Narrative and Freedom: The Shadows of Time*. New Haven, CT: Yale University Press.

Mumper, Micah L. and Richard J. Gerrig. 2019. "How Does Leisure Reading Affect Social Cognitive Abilities?" *Poetics Today* 40 (3): 454–73.

Murphy, Elliot. 2016. "The Human Oscillome and Its Explanatory Potential." *Biolinguistics* 10:6–20.

Nadeau, Stephen E. 2012. *The Neural Architecture of Grammar.* Cambridge, MA: MIT Press.

Nagel, Thomas. 1974. "What Is It Like to Be a Bat?" *Philosophical Review* 83: 435–50.

———. 2012. *Mind and Cosmos*. Oxford: Oxford University Press.

Nalbantian, Suzanne, Paul M. Matthews, and James L. McClelland, eds. 2011. *The Memory Process: Neuroscientific and Humanistic Perspectives*. Cambridge, MA: MIT Press.

Niedenthal, Paula M. 2007. "Embodying Emotion." *Science* 316 (5827): 1002–5.

Nietzsche, Friedrich. 1994 [1872]. *The Birth of Tragedy Out of the Spirit of Music.* Trans. Shaun Whiteside. New York: Penguin.

———. 2015 [1873]. *Über Wahrheit und Lüge im außermoralischen Sinne [On Truth and Lie in an Extramoral Sense]*. Stuttgart: Reclam.

Nodjimbadem, Kim. 2015. "What Happens to Your Body When You Walk on a Tightrope?" *Smithsonian.com*, 13 October. www.smithsonianmag.com/science - nature/what-happens-your-body-when-you-walk-tightrope-180956897.

Noë, Alva. 2004. *Action in Perception*. Cambridge, MA: MIT Press.

———. 2009. *Out of Our Heads: Why You are Not Your Brain, and Other Lessons from the Biology of Consciousness*. New York: Hill and Wang.

———. 2015. *Strange Tools: Art and Human Nature*. New York: Hill and Wang.

Norris, Margot. 2004. "*Finnegans Wake*." In *The Cambridge Companion to James Joyce*, ed. Derek Attridge, 149–70. Cambridge: Cambridge University Press.

Nussbaum, Martha C. 1997. *Cultivating Humanity: A Classical Defense of Reform in Liberal Education*. Cambridge, MA: Harvard University Press.

Oatley, Keith. 2016. "Fiction: Simulation of Social Worlds." *Trends in Cognitive Sciences* 20 (8): 618–28.

Palmer, Alan. 2004. *Fictional Minds*. Lincoln: University of Nebraska Press.

Pan, Yafeng, Xiaojun Cheng, Zhenxin Zhang, Xianchun Li, and Yi Hu. 2017. "Cooperation in Lovers: An fNIRS-Based Hyperscanning Study." *Human Brain Mapping* 38 (2): 831–41.

Panero, Maria Eugenia, Deena Skolnick Weisberg, Jessica Black, Thalia R. Goldstein, Jennifer L. Barnes, Hiram Brownell, and Ellen Winner. 2016. "Does

Reading a Single Passage of Literary Fiction Really Improve Theory of Mind? An Attempt at Replication." *Journal of Personality and Social Psychology* 111 (5): e46–e54.

Park, Sowon. 2012. "The Feeling of Knowing in *Mrs. Dalloway*: Neuroscience and Woolf." In *Contradictory Woolf*, ed. Derek Ryan and Stella Bolaki, 108–14. Liverpool, UK: Liverpool University Press.

———. 2018. "The Unconscious Memory Network," 22 May. https://unconsciousmemory.english.ucsb.edu.

Parkes, Adam. 2011. *A Sense of Shock: The Impact of Impressionism on Modern British and Irish Writing*. Oxford: Oxford University Press.

Patel, Aniruddh. 2008. *Music, Language, and the Brain*. New York: Oxford University Press.

Peretz, Isabelle, and Robert Zatorre, eds. 2003. *The Cognitive Neuroscience of Music*. Oxford: Oxford University Press.

Petitot, Jean, Francisco J. Varela, Bernard Pachoud, and Jean-Michel Roy, eds. 1999. *Naturalizing Phenomenology: Issues in Contemporary Phenomenology and Cognitive Science*. Stanford, CA: Stanford University Press.

Pettersson, Bo. 2018. *How Literary Worlds Are Shaped: A Comparative Poetics of Literary Imagination*. Berlin: De Gruyter.

Pettitt, Clare. 2016. "Henry James Tethered and Stretched: The Materiality of Metaphor." *Henry James Review* 37:139–53.

Phelan, James. 2002. "Narrative Progression." In Richardson 2002, 211–16.

———. 2005. *Living to Tell about It: A Rhetoric and Ethics of Character Narration*. Ithaca, NY: Cornell University Press.

———. 2006. "Narrative Theory, 1966–2006: A Narrative." In Scholes and Kellogg 2006 [1966], 283–336.

———. 2015. "Rhetorical Theory, Cognitive Theory, and Morrison's 'Recitatif': From Parallel Play to Productive Collaboration." In Zunshine 2015, 120–35.

———. 2017. *Somebody Telling Somebody Else: A Rhetorical Poetics of Narrative*. Columbus: Ohio State University Press.

———. 2018. "Authors, Resources, Audiences: Toward a Rhetorical Poetics of Narrative." *Style* 52 (1–2): 1–34.

Phillips, David P. 1974. "The Influence of Suggestion on Suicide: Substantive and Theoretical Implications of the Werther Effect." *American Sociological Review* 39 (3): 340–54.

Pinker, Steven. 1994. *The Language Instinct: How the Mind Creates Language*. New York: Harper.

———. 2011. *The Better Angels of Our Nature: Why Violence Has Declined*. New York: Viking.

Pöppel, Ernst, and Yan Bao. 2014. "Temporal Windows as a Bridge from Objective to Subjective Time." In Arstila and Lloyd 2014b, 241–62.

Prince, Gerald. 2018. "Response to James Phelan." *Style* 52 (1–2): 42–45.

Pronin, Emily, Jonah Berger, and Sarah Molouki. 2007. "Alone in a Crowd of Sheep: Asymmetric Perceptions of Conformity and Their Roots in an Introspection Illusion." *Journal of Personality and Social Psychology* 92:585–95.

Prum, Richard O. 2013. "Coevolutionary Aesthetics in Human and Biotic Artworlds." *Biology and Philosophy* 28:811–32.

Pulvermüller, Friedemann. 2018. "Neural Reuse of Action Perception Circuits for Language, Concepts and Communication." *Progress in Neurobiology* 160:1–44.

Pulvermüller, Friedemann, and Luciano Fadiga. 2010. "Active Perception: Sensorimotor Circuits as a Cortical Basis for Language." *Nature Reviews Neuroscience* 11 (5): 351–60.

Quiroga, R. Quian, Leila Reddy, Gabriel Kreiman, Christof Koch, and Itzhak Fried. 2005. "Invariant Visual Representation by Single Neurons in the Human Brain." *Nature*, 23 June, 1102–7.

Rabinowitch, Tal-Chen, Ian Cross and Pamela Burnard. 2012. "Musical Group Interaction, Intersubjectivity and Merged Subjectivity." In Reynolds and Reason 2012, 109–20.

Rabinowitz, Peter. 2002. "Reading Beginnings and Endings." In Richardson 2002, 300–313.

Raichle, Marcus E. 2011. "The Restless Brain." *Brain Connectivity* 1 (1): 3–12.

Raposo, Ana, Helen E. Moss, Emmanuel A. Stamatakis, and Lorraine K. Tyler. 2009. "Modulation of Motor and Premotor Cortices by Actions, Action Words and Action Sentences." *Neuropsychologia* 47 (2): 388–96.

Rapp, David N. 2008. "How Do Readers Handle Incorrect Information during Reading?" *Memory and Cognition* 36 (3): 688–701.

Rauscheker, Josef P. 2003. "Functional Organization and Plasticity of the Auditory Cortex." In Peretz and Zatorre 2003, 357–65.

Reynolds, Dee, and Matthew Reason, eds. 2012. *Kinesthetic Empathy in Creative and Cultural Practices*. Bristol, UK: Intellect Books.

Richardson, Alan. 2011. "Defaulting to Fiction: Neuroscience Rediscovers the Romantic Imagination." *Poetics Today* 32 (4): 663–92.

Richardson, Brian, ed. 2002. *Narrative Dynamics: Essays on Time, Plot, Closure, and Frames*. Columbus: Ohio State University Press.

———. 2015. *Unnatural Narrative: Theory, History, and Practice*. Columbus: Ohio State University Press.

Richardson, Michael J., Kerry L. Marsh, Robert W. Isenhower, Justin R. L. Goodman, and Richard C. Schmidt. 2007. "Rocking Together: Dynamics of Intentional and Unintentional Interpersonal Coordination." *Human Movement Science* 26:867–91.

Ricoeur, Paul. 1966. *Freedom and Nature: The Voluntary and the Involuntary*. Trans. Erazim V. Kohák. Evanston, IL: Northwestern University Press.

———. 1968. "Structure, Word, Event." In *The Philosophy of Paul Ricoeur*, ed. Charles E. Regan and David Stewart, 109–19. Boston: Beacon.

———. 1977. *The Rule of Metaphor: Multi-Disciplinary Studies of the Creation of Meaning in Language*. Trans. Robert Czerny, Kathleen McLaughlin, and John Costello. Toronto: University of Toronto Press.

———. 1980a. "Mimesis and Representation." In Ricoeur 1991, 137–55.

———. 1980b. "Narrative Time." *Critical Inquiry* 7 (1): 169–90.

———. 1984a. *Time and Narrative*. Vol. 1. Trans. Kathleen McLaughlin and David Pellauer. Chicago: University of Chicago Press.

———. 1984b. "Narrated Time." In Ricoeur 1991, 338–54.

———. 1987. "Life: A Story in Search of a Narrator." In Ricoeur 1991, 425–37.

———. 1991. *A Ricoeur Reader: Reflection and Imagination*, ed. Mario J. Valdés. Toronto: University of Toronto Press.

———. 1992. *Oneself as Another*. Trans. Kathleen Blamey. Chicago: University of Chicago Press.

Rizzolatti, Giacomo, and Laila Craighero. 2004. "The Mirror-Neuron System." *Annual Review of Neuroscience* 27:169–92.

Rizzolatti, Giacomo, and Leonardo Fogassi. 2014. "The Mirror Mechanism: Recent Findings and Perspectives." *Philosophical Transactions of the Royal Society B* 369:20130420.

Rizzolatti, Giacomo, and Corrado Sinigaglia. 2008. *Mirrors in the Brain: How Our Minds Share Actions and Emotions*. Oxford: Oxford University Press.

Robinson, Jenefer. 2005. *Deeper Than Reason: Emotion and Its Role in Literature, Music, and Art*. Oxford, UK: Clarendon Press.

Rubin, James H. 1999. *Impressionism*. New York: Phaidon.

Rüschemeyer, Shirley-Ann, Marcel Brass, and Angela D. Friederici. 2007. "Comprehending Prehending: Neural Correlates of Processing Verbs with Motor Stems." *Journal of Cognitive Neuroscience* 19 (5): 855–65.

Ruskin, John.1857. *The Elements of Drawing*. London: Smith, Elder.

Ryan, Marie-Laure. 2001. *Narrative as Virtual Reality: Immersion and Interactivity in Literature and Electronic Media*. Baltimore, MD: Johns Hopkins University Press.

Ryan, Vanessa. 2012. *Thinking without Thinking in the Victorian Novel*. Baltimore, MD: Johns Hopkins University Press.

Ryle, Gilbert. 2009 [1949]. *The Concept of Mind*. New York: Routledge.

Sänger, Johanna, Ulman Lindenberger, and Viktor Müller. 2011. "Interactive Brains, Social Minds." *Communicative and Integrative Biology* 4 (6): 655–63.

Samson, Séverine, and Nathalie Ehrlé. 2003. "Cerebral Substrates for Musical Temporal Processes." In Peretz and Zatorre, 192–203.

Sartre, Jean-Paul. 1962 [1947]. *What Is Literature?* Trans. Bernard Frechtman. New York: Harper & Row.

Saygin, Ayse Pinar, Stephen M. Wilson, Nina F. Dronkers, and Elizabeth Bates. 2004. "Action Comprehension in Aphasia: Linguistic and Non-Linguistic Deficits and Their Lesion Correlates." *Neuropsychologia* 42 (13): 1788–1804.

Schacter, Daniel L. 2002. *The Seven Sins of Memory: How the Mind Forgets and Remembers*. Boston: Houghton Mifflin.

Schacter, Daniel L., and Donna Rose Addis. 2007. "The Cognitive Neuroscience of Constructive Memory: Remembering the Past and Imagining the Future." *Philosophical Transactions of the Royal Society B* 362:773–86.

Schilbach, Leonhard, Bert Timmermans, Vasudevi Reddy, Alan Costall, Gary Bente, Tobias Schlicht, and Kai Vogeley. 2013. "Toward a Second-Person Neuroscience." *Behavioral and Brain Sciences* 36 (4): 393–414.

Schlesinger, I. M. 1968. *Sentence Structure and the Reading Process*. The Hague, Paris: Mouton.

Scholes, Robert, and Robert Kellogg. 2006 [1966]. *The Nature of Narrative*. Oxford: Oxford University Press.

Schulkin, Jay, ed. 2012. *Action, Perception, and the Brain*. New York: Palgrave Macmillan.

Schulkin, Jay, and Patrick Heelan. 2012. "Action and Cephalic Expression: Hermeneutical Pragmatism." In Schulkin 2012, 218–57.

Schwan, Stephan, and Sermin Ildirar. 2010. "Watching Film for the First Time: How Adult Viewers Interpret Perceptual Discontinuities in Film." *Psychological Science* 21 (7): 970–76.

Sheets-Johnstone, Maxine. 1966. *The Phenomenology of Dance*. Madison: University of Wisconsin Press.

———. 2011. *The Primacy of Movement*. 2nd rev. ed. Amsterdam: John Benjamins.

Shimamura, Arthur P. 2013a. *Experiencing Art: In the Brain of the Beholder*. Oxford: Oxford University Press.

———. 2013b. "Psychocinematics: Issues and Directions." In *Psychocinematics: Exploring Cognition and the Movies*, ed. Arthur P. Shimamura, 1–26. Oxford: Oxford University Press.

Shklar, Judith. 1990. *The Faces of Injustice*. New Haven, CT: Yale University Press.

Shklovsky, Viktor. 1965 [1917]. "Art as Technique." In *Russian Formalist Criticism: Four Essays*. Trans. Lee T. Lemon and Marion J. Reis, 3–24. Lincoln: University of Nebraska Press.

Silbert, Lauren J., Christopher J. Honey, Erez Simony, David Poeppel, and Uri Hasson. 2014. "Coupled Neural Systems Underlie the Production and Comprehension of Naturalistic Narrative Speech." *Proceedings of the National Academy of Sciences* 111 (43): e4687–e4696.

Silva, Alcino J. 2011. "Molecular Genetic Approaches to Memory Consolidation." In Nalbantian, Matthews, and McClelland 2011, 41–54.

Singer, Tania, Ben Seymour, John O'Doherty, Holger Kaube, Raymond J. Dolan, and Chris D. Frith. 2004. "Empathy for Pain Involves the Affective but Not Sensory Components of Pain." *Science* 303 (5661): 1157–62.

Smith, Tim J., Daniel Levin, and James E. Cutting. 2012. "A Window on Reality: Perceiving Edited Moving Images." *Psychological Science* 21 (2): 107–13.

Snyder, Frederick W., and N. H. Pronko. 1952. *Vision with Spatial Inversion*. Wichita, KS: University of Wichita Press.

Speer, Nicole K., Jeremy R. Reynolds, Khena M. Swallow, and Jeffrey M. Zacks. 2009. "Reading Stories Activates Neural Representations of Visual and Motor Experiences." *Psychological Science* 20 (8): 989–99.

Sperber, Dan, and Deirdre Wilson. 1995 [1986]. *Relevance: Communication and Cognition*. 2nd ed. Oxford, UK: Blackwell.

Spolsky, Ellen. 2015. *The Contracts of Fiction: Cognition, Culture, Community*. Oxford: Oxford University Press.

Starr, G. Gabrielle. 2013. *Feeling Beauty: The Neuroscience of Aesthetic Experience*. Cambridge, MA: MIT Press.

Stein, Edith. 1964 [1917]. *On the Problem of Empathy*. Trans. W. Stein. The Hague: Nijhoff.

Sternberg, Meir. 1987. *The Poetics of Biblical Narrative: Ideological Literature and the Drama of Reading*. Bloomington: Indiana University Press.

Stevens, Catherine, and Shirley McKechnie. 2005. "Thinking in Action: Thought Made Visible in Contemporary Dance." *Cognitive Processing* 6 (4): 243–52.

Stickgold, Robert. 2011. "Memory in Sleep and Dreams: The Construction of Meaning." In Nalbantian, Matthews, and McClelland 2011, 73–95.

Stratton, George M. 1897. "Vision without Inversion of the Retinal Image." *Psychological Review* 4:341–40.

Suddendorf, Thomas, and Michael C. Corballis. 2007. "The Evolution of Foresight: What is Mental Time Travel, and Is It Unique to Humans?" *Behavioral and Brain Sciences* 30 (3): 299–351.

Tabibnia, Golnaz, and Matthew D. Lieberman. 2007. "Fairness and Cooperation Are Rewarding." *Annals of the New York Academy of Sciences* 1118 (1): 90–101.

Tattersall, Ian. 2016. "At the Birth of Language." *New York Review of Books* 63 (13): 27–28.

Thompson, Evan. 2007. *Mind in Life: Biology, Phenomenology, and the Sciences of Mind*. Cambridge, MA: Harvard University Press.

Thompson, Evan, Antoine Lutz, and Diego Cosmelli. 2005. "Neurophenomenology: An Introduction for Neurophilosophers." In *Cognition and the Brain: The Philosophy and Neuroscience Movement*, ed. Andrew Brook and Kathleen Akins, 40–97. Cambridge: Cambridge University Press.

Todorov, Tzvetan. 1969. "The Structural Analysis of Narrative." Trans. Arnold Weinstein. *Novel: A Forum on Fiction* 3 (1): 70–76.

Tomasello, Michael. 2003. *Constructing a Language: A Usage-Based Theory of Language Acquisition*. Cambridge, MA: Harvard University Press.

———. 2014. *A Natural History of Human Thinking*. Cambridge, MA: Harvard University Press.

Tomasello, Michael, Malinda Carpenter, Josep Call, Tanya Behne, and Henrike Moll. 2005. "Understanding and Sharing Intentions: The Origins of Cultural Cognition." *Behavioral and Brain Sciences* 28 (5): 675–91.

Torgovnick, Marianna.1981. *Closure in the Novel*. Princeton, NJ: Princeton University Press.

Trehub, Sandra E. 2003. "Musical Predisposition in Infancy: An Update." In Peretz and Zatorre 2003, 3–20.

Troscianko, Emily T. 2014. *Kafka's Cognitive Realism*. London: Routledge.

Turner, Mark. 1996. *The Literary Mind: The Origins of Thought and Language*. Oxford: Oxford University Press.

Valdés, Mario J. 1991. "Introduction: Paul Ricoeur's Post-Structuralist Hermeneutics." In Ricoeur 1991, 3–40.

van Gelder, Tim. 1999. "Wooden Iron? Husserlian Phenomenology Meets Cognitive Science." In Petitot et al. 1999, 245–65.

Vannuscorps, Gilles, and Alfonso Caramazza. 2016. "Typical Action Perception and Interpretation Without Motor Simulation." *Proceedings of the National Academy of Sciences* 113 (1): 86–91.

Varela, Francisco J. 1999. "The Specious Present: A Neurophenomenology of Time Consciousness." In Petitot et al. 1999, 266–314.

Varela, Francisco J., Jean-Philippe Lachaux, Eugenio Rodriguez, and Jacques Martinerie. 2001. "The Brainweb: Phase Synchronization and Large-Scale Integration." *Nature Reviews Neuroscience* 2 (4): 229–39.

Varela, Francisco J., Evan Thompson, and Eleanor Rosch. 1991. *The Embodied Mind: Cognitive Science and Human Experience*. Cambridge, MA: MIT Press.

Vessel, Edward A., G. Gabrielle Starr, and Nava Rubin. 2012 "The Brain on Art: Intense Aesthetic Experience Activates the Default Mode Network." *Frontiers in Human Neuroscience* 6:66.

Vezzali, Loris, Sofia Stathi, Dino Giovannini, Dora Capozza, and Elena Trifiletti. 2015. "The Greatest Magic of Harry Potter: Reducing Prejudice." *Journal of Applied Social Psychology* 45 (2): 105–21.

Walsh, Richard. 2010. "Person, Level, Voice." In Alber and Fludernik, 2010a, 35–57.

Walton, Kendall L. 1990. *Mimesis as Make-Believe: On the Foundations of the Representational Arts*. Cambridge, MA: Harvard University Press.

Watt, Ian. 1979. *Conrad in the Nineteenth Century*. Berkeley: University of California Press.

Wehrs, Donald R. 2017. Introduction to *The Palgrave Handbook of Affect Studies and Textual Criticism*, ed. Donald R. Wehrs and Thomas Blake, 1–93. Cham, Switzerland: Palgrave Macmillan.

Weil, Kari. 2012. *Thinking Animals: Why Animal Studies Now?* New York: Columbia University Press.

Wertheimer, Max.1912. "Experimentelle Studien über das Sehen von Bewegung." *Zeitschrift für Psychologie* 61:161–265.

West, M. J., and A. P. King. 1988. "Female Visual Displays Affect the Development of Male Song in the Cowbird." *Nature* 334: 244–46.

Westmacott, Robyn, Sandra E. Black, Morris Freedman, and Morris Moscovitch. 2004. "The Contribution of Autobiographical Significance to Semantic Memory: Evidence from Alzheimer's Disease, Semantic Dementia, and Amnesia." *Neuropsychologia* 42 (1): 25–48.

Wicker, Bruno, Christian Keysers, Jane Plailly, Jean-Pierre Royet, Vittorio Gallese, and Giacomo Rizzolatti. 2003. "Both of Us Disgusted in My Insula: The Common Neural Basis of Seeing and Feeling Disgust." *Neuron* 40 (3): 655–64.

Wiesel, Thorstein N. and David Hubel. 1965. "Extent of Recovery from the Effects of Visual Deprivation in Kittens." *Journal of Neurophysiology* 28:1060–72.

Wilkowski, Benjamin M., Brian P. Meier, Michael D. Robinson, Margaret S. Carter, and Roger Feltman. 2009. "'Hot-headed' Is More Than an Expression: The Embodied Representation of Anger in Terms of Heat." *Emotion* 9 (4): 464–77.

Willems, Roel M., and Daniel Casasanto. 2011. "Flexibility in Embodied Language Understanding." *Frontiers in Psychology* 2 (116): 1–11.

Willems, Roel M., Peter Hagoort, and Daniel Casasanto. 2010. "Body-Specific Representations of Action Verbs: Neural Evidence from Right-and Left-Handers." *Psychological Science* 21 (1): 67–74.

Wilson, Deirdre, and Dan Sperber. 2012. *Meaning and Relevance*. Cambridge: Cambridge University Press.

Wilson, Edmund O. 1998. *Consilience: The Unity of Knowledge*. New York: Vintage.

Wittgenstein, Ludwig. 1980. *Remarks on the Philosophy of Psychology*. Vol 2. Oxford, UK: Blackwell.

Wittman, Marc. 2014. "Embodied Time: The Experience of Time, the Body, and the Self." In Arstila and Lloyd 2014b, 507–23.

Woolf, Virginia. 1950 [1924]. "Mr. Bennett and Mrs. Brown." In *The Captain's Deathbed and Other Essays*, 94–119. New York: Harcourt Brace Jovanovich.

———. 1984 [1921]. "Modern Fiction." In *The Common Reader: First Series*, ed. Andrew McNeillie, 146–54. New York: Harcourt.

Yao, Bo, Pascal Belin, and Christoph Scheepers. 2011. "Silent Reading of Direct Versus Indirect Speech Activates Voice-Selective Areas in the Auditory Cortex." *Journal of Cognitive Neuroscience* 23 (10): 3146–52.

Yarrow, Kielan, and Sukhvinder Obhi. 2014. "Temporal Perception in the Context of Action." In Arstila and Lloyd 2014b, 455–75.

Yeazell, Ruth Bernard. 1976. *Language and Knowledge in the Late Novels of Henry James*. Chicago: University of Chicago Press.

Zeki, Semir. 2003. "The Disunity of Consciousness." *Trends in Cognitive Sciences* 7 (5): 214–18.

———. 2004. "The Neurology of Ambiguity." *Consciousness and Cognition* 13:173–96.

———. 2012. "The Neurobiology Behind Beauty: Semir Zeki @ TEDxUCL." 2 July. www.youtube.com/watch?v=NlzanAwoRP4.

Zeki, Semir, and Tomohiro Ishizu. 2011. "Toward A Brain-Based Theory of Beauty." *PloS One* 6 (7) e21852 (July): 1–10.

Zeman, Adam, Fraser Milton, Alicia Smith, and Rick Rylance. 2013 "By Heart: An fMRI Study of Brain Activation by Poetry and Prose." *Journal of Consciousness Studies* 20 (9–10): 132–58.

Zunshine, Lisa, ed. 2010. *Introduction to Cognitive Cultural Studies*. Baltimore, MD: Johns Hopkins University Press.

———, ed. 2015. *The Oxford Handbook of Cognitive Literary Studies*. Oxford: Oxford University Press.